21世纪高等学校计算机专业实用规划教材

Design and Analysis of Algorithm Using Python

算法设计与分析
（Python）

程振波 李曲 王春平 编著

U0361126

清华大学出版社

北京

内 容 简 介

本书介绍了算法设计与分析的基本技巧，主要包括递归、分治、动态规划、贪心和随机等算法，以及利用这些算法求解计算问题的时间复杂度分析等内容。通过诸多有趣的实例，向读者介绍了算法设计的思想，以便读者能形成算法思维的固定模式去解决问题。在介绍每一类算法范式以及分析算法复杂度时，都力求建立直观的思维过程，而摒弃过深的数学证明。书中所有算法均采用 Python 语言描述，读者能从中学习到许多算法实现的技巧，从而提高编写程序的能力。

本书可作为高等学校计算机专业大一、大二或者学习过程序设计的非计算机专业学生的算法设计与分析教材。

图书在版编目(CIP)数据

算法设计与分析：Python/程振波，李曲，王春平编著.—北京：清华大学出版社，2018(2024.7重印)
(21 世纪高等学校计算机专业实用规划教材)
ISBN 978-7-302-47748-8

Ⅰ.①算…　Ⅱ.①程…②李…③王…　Ⅲ.①电子计算机－算法设计－高等学校－教材②电子计算机－算法分析－高等学校－教材　Ⅳ.①TP301.6

中国版本图书馆 CIP 数据核字(2017)第 166911 号

责任编辑：梁　颖　柴文强
封面设计：何凤霞
责任校对：焦丽丽
责任印制：宋　林

出版发行：清华大学出版社
　　　　网　　　址：https://www.tup.com.cn, https://www.wqxuetang.com
　　　　地　　　址：北京清华大学学研大厦 A 座　　　　邮　　编：100084
　　　　社 总 机：010-83470000　　　　　　　　　　邮　　购：010-62786544
　　　　投稿与读者服务：010-62776969, c-service@tup.tsinghua.edu.cn
　　　　质量反馈：010-62772015, zhiliang@tup.tsinghua.edu.cn
　　　　课件下载：https://www.tup.com.cn, 010-83470236
印 装 者：三河市君旺印务有限公司
经　　销：全国新华书店
开　　本：185mm×260mm　　　　印　张：15　　　　字　数：368 千字
版　　次：2018 年 1 月第 1 版　　　　　　　印　次：2024 年 7 月第 8 次印刷
定　　价：46.00 元

产品编号：069618-02

前　　言

"算法设计与分析"是计算机专业非常重要的一门基础课程，它不仅是诸多计算机专业课程的基础，也是许多信息科技类公司招聘程序员时，笔试与面试重点考核的内容。算法设计与分析已经有了诸多经典的著作，比如美国麻省理工学院（MIT）几位教授合著的《算法导论》[1]等。然而，这些经典著作当作教材使用时，都会存在对内容进行适当裁剪，以便更适合 48 或者 32 个学时教学的问题。我们写本书的目的就是对初等算法内容进行合理的编排，让初学者能很快地掌握解决计算问题的常用算法，以及分析算法效率的方法。

本书算法均采用 Python 语言进行描述，Python 是一类解释性语言，其语法简单直观，有一定程序设计基础的学生可以很快入门。Python 语法简单并不意味着功能弱，它在科学计算、Web 应用等诸多领域都有着广泛的应用。国外知名的高校，如麻省理工学院，也在算法设计课中采用 Python 语言描述。与采用伪代码描述算法的书比较而言，采用 Python 描述算法能给读者直接的运算结果，从而可以使读者更易于揣摩算法实现的技巧。

计算机算法不仅涉及诸多理论，还有各种技术细节。比如介绍随机算法时，有些执行时间的分析就需要较多的概率论知识；而算法实现技术细节则不仅关注如何存储数据，甚至对执行算法的硬件环境也会考虑在内。本书的内容安排则介于两者之间，在数学分析与实现之间期望取得合理的平衡。首先，在分析算法效率时尽量避免过深的数学证明，但关键步骤依然会给出直观的解释。其次，在实现算法时本书尽量利用 Python 已有的数据结构和库函数，从而简化算法实现的技术难度。

如果将要处理的数据、问题看作是食材，那么算法就是将食材"转化"成各种令人垂涎的美食的过程。中国菜肴到处都是充满想象力的转化，将原本普通的食材（如大豆和糯米等）转化为营养和美味的食物（豆腐、酒酿和酱料等）。本书的主线就是转化，它不仅有问题的转化，也有方法的转化（如图 1 所示）。通过问题的转化将问题"化繁为简"，通过方法的转化以便融会贯通各种算法设计的技巧。

本书主要内容

由于计算机已经成为现代科技、生活不可缺少的工具。因此，解决计算问题的算法涉及的内容可以说包罗万象，从简单的排序和查找到复杂的语音识别、文字翻译，甚至

---

① 见参考文献 [1]。

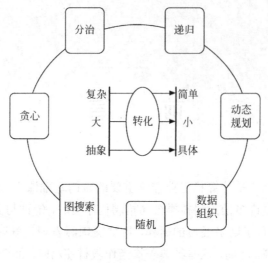

图 1　本书的主线 —— 转化

游戏等都离不开算法。本书内容涵盖了大部分的经典算法，主要内容包括递归算法、分治算法、排序算法、动态规划算法、图搜索算法、最大流算法、随机算法和算法复杂度。

第 1 章主要介绍算法的基本概念，通过实例向读者展示解决同一问题的不同算法的确存在效率上显著的差异。第 2 章介绍度量算法效率的记号，以及分析简单函数执行时间的常用技巧。第 3 章通过解决文档比较、单词拼写纠正和稳定匹配这三个有趣的问题，帮助读者熟悉 Python 语言。第 4 章介绍了递归算法以及递归函数求解，从而为后续章节复杂的算法设计与分析打下一定的基础。第 5 章介绍了组织数据的两个常用方法：排序和数据结构，主要强调递归在组织数据中的应用，帮助读者进一步熟悉采用递归求解问题的过程。

第 6 章到第 11 章则分别介绍了分治算法、图搜索、贪心、动态规划、最大流和随机算法。通过各种有趣的问题，向读者展示转化的基本技巧，以便更好地帮助读者建立采用算法思维去解决问题的习惯。第 12 章介绍了算法复杂度，帮助读者明确哪类问题"可解"，而哪类问题目前"不可解"。

本书由程振波总体设计和规划。第 2 到第 12 章由程振波编写，第 1 章由程振波、李曲和王春平编写。全书由程振波统稿。

如何使用本书

本书的内容框架是笔者在浙江工业大学"算法设计与分析"课程的讲义，内容的编排则参考了 MIT 的算法课程 6.006。[①] 因此，本书从内容安排来说非常适合学时为 48 或者 32 学时的算法课程。对于教师而言，可以直接按照本书的章节安排教学计划。为了便于教师安排教学，具体的教学建议如下：

---

① MIT 将"算法设计与分析"课程分解成了两门课。一门是 6.006，该课程主要是算法的入门课程，可以面向各个专业开设。另一门则是 6.046，这是一门面向有一定算法基础的学生开设的算法课程。

教学内容	学习要点及教学内容	课时安排
第 1 章　引言	● 掌握算法的定义。了解算法的来源，理解现实生活中解决问题的办法与算法之间的关系；掌握衡量算法的属性，尤其是正确性和时间效率对算法的意义。 ● 掌握算法效率的基本概念。理解直接计算某个输入规模的时间来衡量算法效率的不足；了解渐进分析法以及多项式时间复杂度与指数时间复杂度的区别。 ● 了解求解问题可能存在效率不同的算法。掌握求解一维高点问题的简单算法及改进算法。 ● 掌握哈希表的基本概念。	2
第 2 章　渐进分析与 Python 计算模型	● 掌握运行算法的简化模型。了解单处理器随机访问机器模型的结构，以及运行在该机器模型上常见指令的执行时间。 ● 掌握算法渐进分析的概念。熟悉三种渐进函数的定义，以及常见函数的渐进表示。 ● 熟练掌握基本函数的渐进分析。熟悉 Python 的判断、循环语句写法，熟练掌握 Python 的基本数据结构的使用。掌握较为复杂的函数的时间复杂度分析，如求最大值、二分搜索等。	2
第 3 章　问题求解 与代码优化	● 基本掌握使用 Python 求解较为复杂的问题。 ● 了解文档比较问题及其算法。 ● 了解单词拼写问题及其实现算法。 ● 了解稳定匹配问题及其实现算法。	2
第 4 章　递归算法与 递归函数	● 熟悉递归的组成结构。熟练掌握递归算法的两个基本组成，以及它们各自的作用。 ● 掌握递归算法执行的过程。了解递归算法在机器模型中的运行过程。 ● 熟练掌握常见问题的递归求解方法。熟悉回文、全排列和汉诺塔问题的递归算法。 ● 熟练掌握求解标准递归函数 $T(n) = aT(n/b) + f(n)$ 的方法。掌握替换法和主分析法求解递归函数的过程，理解主分析法的三类条件及其对应的解。	4 或 6

教学内容	学习要点及教学内容	课时安排
第 5 章　排序与树结构	• 熟悉插入排序、选择排序和合并排序算法。能熟练写出这三个排序算法的实现代码以及它们各自的时间复杂度。 • 掌握二叉搜索树的基本数据操作。能从使用场景的角度理解二叉树与数组、链表等数据结构的不同。掌握基于二叉搜索树常见的数据操作，比如插入、删除和查找等。 • 熟练掌握堆结构的应用场景和数据操作。熟悉建堆算法及其时间复杂度分析，了解基于堆的排序和合并 k 个有序序列等应用。	4
第 6 章　分治算法	• 掌握分治算法求解问题的三个基本步骤。 • 掌握利用分治法求解一些典型问题，如序列最大差值区间、统计逆序数、空间点最小距离和序列中第 k 小的数等问题。 • 熟悉如何将问题进行分解，以及合并子问题解的常用技巧。掌握分治算法的时间复杂度分析。	6
第 7 章　图搜索算法	• 熟悉图的两种常见表示方法，熟练掌握如何在计算机中存储图。了解图在计算机应用领域常见的应用场景。 • 熟练掌握图上宽度优先搜索算法及其算法复杂度分析，了解利用宽度优先搜索解决计算问题的建模过程。 • 熟练掌握图上深度优先搜索算法及其算法复杂度分析，了解利用深度优先搜索解决计算问题的建模过程。	4
第 8 章　贪心算法	• 了解贪心算法求解优化问题的过程。 • 熟练掌握利用贪心算法求解典型的计算问题，如硬币找零、间隔任务规划等问题。了解利用替换法证明贪心策略是否能获得全局最优解的过程。 • 熟练掌握贪心算法在两个典型图搜索中的应用，即单源最短路径和最小生成树。理解单源最短路径和最小生成树算法中，利用合理的数据结构优化算法复杂度的技巧。	4

续表

教学内容	学习要点及教学内容	课时安排
第 9 章　动态规划算法	● 理解动态规划求解优化问题的典型步骤，以及动态规划算法求解计算问题的时间复杂度分析。 ● 熟练掌握利用动态规划算法求解一维、二维等典型优化问题，如斐波那契数、拾捡硬币、连续子序列的最大值、矩阵的括号、0-1 背包问题等。 ● 对于简单问题能画出其动态规划表，并能从中得到问题的解。	6
第 10 章　最大流算法	● 掌握最大流问题的定义，了解流量、容量以及它们之间的关系。 ● 掌握通过增广路径求最大流问题的 Ford-Fulkerson 和 Edmond-Karp 算法，理解这两个算法之间的异同。 ● 了解将计算问题转化为最大流问题的基本过程。掌握通过最大流算法求解二向图最大匹配和文件传输中的不重合边等问题的方法。	2
第 11 章　随机算法	● 了解两种典型的随机算法：蒙特卡洛和拉斯维加斯算法，以及它们之间的异同。 ● 熟练掌握利用随机算法求解典型的计算问题，如矩阵乘积结果验证、快速排序、选择第 k 小的数和最小割验证等。 ● 了解随机快速排序算法复杂度分析过程。	2
第 12 章　算法复杂度	● 了解如何根据问题求解的难易程度对计算问题进行基本分类。 ● 理解 P 问题、NP 问题和 NPC 问题的定义。 ● 了解几个典型的 NPC 问题，理解为什么证明 P 是否等于 NP 是计算机领域最为重要的问题之一。	2

对学生而言，先阅读书中各章节内容，然后运行书中代码以便检验对算法的理解程度。特别是，学生还应该独立重复出书中各个问题的算法，这个过程就好比学习围棋的选手进行复盘一样。如果仅仅是了解算法原理，而没有通过写代码来实现算法，将不利于读者培养独立解决问题的能力。

此外，除了课后习题外，我们还建议学生在 leetcode[①] 上刷题。leetcode 上的题目

---

① https://leetcode.com/

不是国际计算机学会（ACM）的竞赛题目，而是各大 IT 企业的面试题目。通过解题不仅能提高学生算法设计的能力，也对编程能力有极大提高。

阅读本书需要学生能按照教程（http://www.python.org/）配置 Python 环境，知道如何写一个简单的包括循环的函数。因此，该课程安排在学生上过一门程序语言课程之后较为合适。

致谢

在本书编写过程中，许多浙江工业大学的同学阅读了初稿，尤其感谢李轶、陈明明、严凡等同学给出的许多建议。我们的许多同事也对本书提出了诸多宝贵建议，他们是吕慧强、钱能和黄德才老师。本书还受到浙江工业大学校级重点教材资助，特此感谢。对在本书出版过程中付出辛勤劳动的清华大学出版社的编辑致以特别的谢意。最后，作者程振波要对他的妻子王玉秀、女儿程静萱致以特别的谢意，感谢她们给予的爱和支持，让他能心无旁骛地完成书稿。

程振波　李　曲　王春平

czb/liqu/wangcp@zjut.edu.cn

2017 年 6 月

目　　录

第 1 章 引 言

本章学习目标

- 掌握算法的定义
- 掌握算法效率的基本概念
- 了解求解问题可能存在效率不同的算法

1.1 算法的定义

算法的英文 Algorithm 来自于一位叫 al-Khwārizmī 的波斯数学家。他在大约公元前 825 年，写了一本叫 *On the Calculation with Hindu Numerals* 的书，该书主要列举了加、减、乘、除和计算圆周率数值的计算方法。该书后被翻译成拉丁文 *Algoritmi de numero Indorum*，英文的 Algorithm 就来自拉丁文 Algoritmi。

什么是算法？简单地说，算法就是按照一定步骤解决问题的办法。这个定义里面蕴含了算法的两个重要属性：一个属性是，算法一般包括一系列有限的步骤，这些步骤能**快速**完成；另一个属性是，算法要能**正确**地给出具体问题的解。

"民以食为天"，下面通过一个与我们日常生活息息相关的例子来说明算法的这两个属性。红烧肉是中国一道非常经典的家常菜肴，烹制红烧肉的过程就可以总结为一个算法。这个算法的输入是五花肉和各种调料，如葱、姜、蒜、酱油和糖等，输出当然就是可口诱人的红烧肉（如图 1.1）。根据输入，烹制这道菜肴的步骤包括：

- 五花肉洗净，切 4cm 见方的块备用
- 葱切大段、姜切片、蒜剥好备用
- 用纱布将大料、花椒、桂皮包好封好口备用
- 锅中做少许油，凉油时下入白糖用铲子慢慢炒制
- 锅中的糖变成深红色时烹入酱油，下入切好的五花肉
- 不停地煸炒五花肉至糖色裹匀并微微出油
- 下入 60°C 左右的温水至刚好没过肉
- 下料酒、放入香料包后大火做开
- 盖盖改小火慢慢炖五花肉至 9 成熟
- 入盐和少许糖调味后继续焖五花肉至松软入味
- 捡去香料包，大火将汤汁收到红亮浓稠即可出锅食用

以上制作红烧肉的步骤就是一个算法。首先，以上步骤针对的是"如何烹制红烧肉"这一具体问题。其次，解决这个问题包括一系列特定的步骤，比如什么时候加水，什么时候加料酒等。根据这些步骤，大家都能做出色、香、味差别不大的红烧肉。

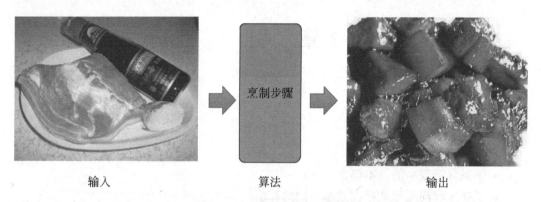

输入　　　　　　　　　　算法　　　　　　　　　　输出

图 1.1　烹制红烧肉示意图

当然，除了以上这两个重要的属性外，我们还可以发现烹制的步骤数是有限的，且整个烹制时间大约需要一小时左右。对于一道普通家庭常常烹制的菜肴而言，一小时是可以接受的。如果一道菜的烹制时间需要一天或者是一个月，那么它就很难成为流行的家常菜肴。也就是说，一个算法除了能解决问题，还要能在一个合理的时间内得到它的解。

此外，我们描述这个"烹制红烧肉"算法采用的是自然语言。也许读者会对此有些疑问，认为算法都是用计算机程序设计的语言，如大家熟悉的 C++、Java 等来描述。其实，是否是算法和采用什么语言来描述并没有直接的关系。只要描述算法的语言能让读算法的人看懂，哪怕是自然语言也能定义一个算法。

以上例子告诉我们，算法并不神奇，我们日常的生活就会遇到各种算法。当然，算法还有其他更为严谨的定义，我们并不准备一一列举这些定义，下面将从算法的两个重要属性来进一步讨论它。

1.1.1　算法的属性

本书所讨论的是计算机领域内的算法，也就是说解决问题的类型是**计算问题**。这种情况下，算法是一个定义明确的计算过程，可以以一些值或一组值作为**输入**，产生一些值或一组值作为**输出**。因此，算法也可以说是将输入转为输出的一系列有限计算步骤。比如，前面红烧肉的例子中，输入就是五花肉和各种配料，输出当然是如图 1.1 右图所示的红烧肉。

算法的第一个重要属性就是正确，也就是说能正确的求解问题。对于一个不能得到问题正确解的算法，不管这个算法设计得多么有技巧，具有何种奇思妙想，对给定的问题而言都没有意义。比如，现在的问题是烹制红烧肉，但是给出的算法却只能烹制出糖醋里脊，显然给出的这个算法对于烹制红烧肉这一问题而言没有意义。因此，设计某个问题的算法和分析该算法的前提，就是该算法要能求解出该问题的正确解。

在某些情况下，我们也能接受在一定概率下获得的正确解。比如我们常用的 RSA 公钥加密算法中[①]，需要确定给定大数（如数百位长度）是否为素数。三位 MIT 的教授设计了一个非常高效的算法来判断一个大数是否为素数，但是判断结果并不总是正确，即存在误判。也许读者会认为，既然 RSA 算法并没有得到正确解，怎么它依然是加密算法中最重要的算法呢，甚至这三位发明人还因为这个算法获得了 2002 年的图灵奖？这是因为，尽管存在误判，但这个误判出现的概率异常低——大约千万亿次才出现一次。因此，获得正确解也可以允许算法出错，只要这个出错的概率在我们可以控制的范围内就可以（见第 11 章）。

此外，为了在合理时间得到有些问题的解，我们往往会放弃获得精确正确解的可能，而是尝试得到该问题的一个近似的正确解。近似算法求解的问题一般属于 NPC 问题（12.3.4 节），这些问题目前没有多项式时间算法可以求解它们的最优解，但通过近似算法可以在多项式时间求得一个次优解。

算法的另一个重要属性就是快速。快速意味着对于一个问题，可能存在用不同的算法都能得到正确的解，但其中有的算法速度更快。我们希望找到那个速度最快的算法。

追求更快的速度，是受人类本能的驱使，人类科学技术的一个驱动力就是追求速度的极致。这里的速度含义广泛，比如要做到真正的"朝辞白帝彩云间，千里江陵一日还"，我们现在有了汽车、火车、高速列车（图 1.2）和飞机等交通工具。杜甫的"烽火连三月，家书抵万金"，表达了快速和远方亲人取得联系的遐思。现在的微信、电话和各种视频通信软件，真正实现了人们快速通信的愿望。当然，算法还有许多其他的属性，比如简洁、通用和模块化等。本书重点关注的就是**正确**和**快速**这两个属性。

图 1.2　高速列车

1.1.2　效率的定义

快速是衡量算法效率的一个重要属性。对于算法效率，除了包括算法的运行时间，也会包含算法执行过程中所占用的计算空间。在实际的分析过程中，往往假定算法效率是待处理问题输入规模 n 的函数。还是以烹制红烧肉为例，当输入从 2.5 千克五花肉增

[①] RSA 为该算法三位发明人姓氏首字母，他们分别是 Ron Rivest、Adi Shamir 和 Leonard Adleman

加到 25 千克五花肉，显然所需要的烹制时间会增加。随着输入规模 n 的增加，烹制时间 T 可能增加 5 倍、10 倍或是没变。这个增长趋势被称为算法的时间复杂度。

对于计算算法的时间复杂度，也许读者认为只需要取一系列不同规模的输入数据在机器上运行算法，得到各个输入数据的算法运行时间即可。比如，可以取输入规模 n 分别等于 50、500、5000 这三组数据，然后分别求出这三组输入数据对应的时间，就可以得到算法的时间复杂度。然而，这种直观的计算存在两点不足：

- 这种计算将依赖于算法所运行机器的性能。运算算法的机器硬件配置可能不同，如 CPU、内存等，这导致得到的计算时间也不一样。比如说，对于某个问题，张某和李某两人各自提出了两个不同的算法。张某的算法在他的机器上耗时为 5s，而李某的算法在其机器上耗时为 100s。这时，我们并不能得出张某的算法效率要优于李某这一结论。因为，他们各自算法的运算时间是在不同的机器上得到的。这就好比他们测量时用的尺的刻度不一样。那读者会想，如果用同一台机器运算他们的算法，不就可以比较了吗？用同一台机器依然会造成算法分析的困难，如选用的程序语言，编程技巧等都会造成两个算法运行时间的差异，然而这种差异并不是由于算法本身的差异造成。因此，算法效率的度量不应该受算法所运行的机器、实现算法的程序语言和编程技巧等因素影响。

- 以上计算方式并不能回答当输入规模 n 没有落在其给定范围时的算法效率。比如，当 $n = 1000$ 时，算法运行时间可能是以分钟计，似乎这个效率可以接受。但是，当 $n = 10000$ 时，算法的运行时间也许就是按年计了。因此，通过采样输入规模并不能确定算法的时间效率，算法时间复杂度的函数应该连续。

为了克服以上困难，就需要引入算法的渐进分析法。当采用渐进分析时，往往假定输入规模 n 趋向无穷大。将输入规模扩展到无穷大，再来量化算法效率这一想法，是算法分析最为重要的一个思想。这样做的好处是，不仅能得到一个算法运行时间的连续函数，而且其计算结果与算法运行的硬件配置无关、与实现算法的程序设计语言无关、与程序设计语言的编译环境无关（我们将在 2.3 节详细介绍渐进分析法）。比如，一个算法执行时间为 $35n + 102$。当 $n \geqslant 4$ 时，$35n$ 相对于 102 对算法时间有更大影响。随着 n 逐渐增大，n 就成为影响算法执行的主要因素。当 n 趋向无穷大时，$35n + 102$ 就可以写作 $O(n)$，意味着算法执行时间与输入规模呈线性关系。时间函数 $35n + 102$ 中的低次项 102 和系数 35 在算法时间复杂性度量时被去除，是因为它们可能是由机器配置、实现语言或者编译器版本等因素造成，而这些都不是影响算法执行时间的主要因素。

执行时间函数 $35n + 102$ 被记为 $O(n)$，其中的记号 O（读作大欧）表示算法执行时间的度量函数。比如一个算法的时间复杂度为 $O(n)$。这意味着，当输入规模 $n = 100$，其运行时间为 T；那么当输入规模增加到 $n = 1000$ 时，其运行时间则为 $10 \times T$，这表示这个算法的时间复杂度随着输入规模呈线性变化。也就是说，当输入规模增加时，算法运行时间也会增加，但增加的量变化不大。再比如，另一个算法的时间复杂度为 $O(2^n)$，则该算法时间复杂度随着输入规模呈指数变化。这意味着如果输入规模增加一点点，算法运行时间就会发生急剧的增加。

这里我们先给出一个简单的关于算法效率的度量。如果算法的时间复杂度随着输入规模 n 呈**多项式**规模变化，那我们认为从效率来说，这是一个可以接受的算法。形如 $O(\log n)$、$O(n)$、$O(n \log n)$ [①]、$O(n^2)$、$O(n^3)$ 的都是多项式时间复杂度。若算法时间复杂度是 $O(2^n)$、$O(1.5^n)$、$O(e^2)$ 等，则称它们是指数时间复杂度算法。对于指数时间复杂度算法，我们认为这是一个糟糕的算法（如图 1.3）。

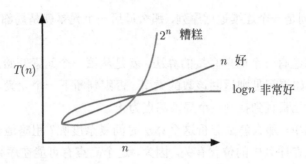

图 1.3　三个典型的时间复杂度函数

1.2　算法设计与分析举例

前节给出了算法的定义，也介绍了算法效率。那么对于一个具体的问题而言，真的可以通过设计从而得到一个相对高效的算法吗？下面将通过两个具体的例子来介绍的确存在设计技巧，可以得到更为快速的算法。

1.2.1　寻找局部高点 -1D

设想，2046 年，地球宇航员登陆了类地球行星 HD85512b。但是因为意外，登陆的宇宙飞船已经损毁，只剩下一辆运输车。宇航员需要找到一处水源地来补充给养，由于登陆的地点在该行星的一片山区，他必须坐着运输车在这片山区寻找水源地。假设该行星的水源一般都出现在山头。那么，他该如何快速找到水源地呢？

为了设计算法解决以上问题，我们首先需要将该问题转化成一个计算问题。也就是将问题形式化描述，尤其是需要量化问题的输入与输出。该问题可以看作是有 n 个数据的输入序列 A[0], A[1], $\cdots$, A[$n-1$]，每一个数据 A[i] 的索引 i 对应于山区的一个采样点，数据的值就是该采样点的海拔。输出为局部高点的索引 i，该点须满足 A[$i-1$]$\leqslant$ A[i]$\leqslant$A[$i+1$]。为了便于计算，我们假设序列以外的海拔为负无穷，即A[-1]$=$A[n]$=-\infty$。

如图 1.4 所示，A[2] 和 A[5] 都是满足条件的局部高点。注意题目要求返回的是一个局部高点，而不是最高点。此外，这个局部高点是整个输入序列中的任意一个。图 1.4 中的输入序列，返回 $i=2$ 或者 $i=5$ 都是正确的解。

1. 简单的算法

由于存在边界条件 A[-1] $=$ A[n] $= -\infty$，因此任意输入序列至少存在一个局部高

[①] 本书中除非特别说明，所有的对数均以 2 为底。

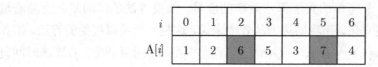

图 1.4　局部高点

点。比如，输入序列是一个连续递增序列，那么最后一个元素就是局部高点。读者可以自行证明这个结论。

　　求局部高点问题有一个简单直接的算法，就是从第一个元素开始，判断其是否满足局部高点的条件。如果满足则返回该数的索引，否则判断下一个元素。如此循环地判断输入序列的每一个元素直到找到一个局部高点为止。

　　该算法非常简单，那么怎么分析这个算法时间复杂度呢？粗略地看，似乎算法运行的快慢与局部高点在序列中的位置有关。因为，这个高点有可能在序列的第一个位置就出现，也有可能在最后一个位置出现。如果局部高点在第一个元素就出现，那么算法执行一次比较就能得到结果，这是**最好**情况下的执行效率。算法分析时基本不会将最好情况下的时间效率作为评价算法效率的标准。原因非常简单，我们并不能保证每一次处理的输入序列总能满足最好情况的条件，即第一个元素总是满足条件的局部高点。

　　如果局部高点在最后一个元素才出现，那么算法需要执行 n 次计算才能得到结果，这是**最坏**情况下的执行效率。需要强调的是，在最坏情况下的算法时间复杂度，可以用来表征算法的效率[①]。因此，该算法的时间复杂度 $T_1(n) = O(n)$。

2. 更好的算法

　　前一个算法直观，容易实现，但并不是最优的算法。现在考虑改进以上算法，改进的思路是减少查找次数。由于题目要求的是找到任意一个高点，这意味着并不一定需要扫描整个输入序列，而只需要尽快确定任意一个高点所在位置即可。为了提高查找的效率，首先需要确定从序列的哪个位置开始查找，然后再确定查找的范围。

　　究竟从序列的哪个位置开始查找呢？一个合理的选择就是从序列的中间位置开始查找。这是因为如果序列中存在一个高点，它要么是序列中间的这个元素，要么在中间元素左边部分的序列，要么在中间元素右边部分的序列。如果高点就在序列中间位置，那么就只需要一次查找。如果高点不在中间位置，只要能确定高点是在中间元素左边或右边部分的序列，就可以在执行一次查找后，缩小一半的搜索范围。也就是说，执行一次查找要么很幸运找到高点，要么可以缩小下一次搜索的范围。

　　当确定从中间元素开始查找后，下面需要考虑的就是一旦中间元素不是高点，那能否马上确定高点的搜索范围？可以根据中间元素与其相邻元素大小关系来确定高点的搜索范围。如图 1.5，假设中间元素索引为 $i = n/2$，比较中间元素与其相邻元素大小关系后存在以下三种情况：

　　(1) A[i] 满足局部高点的条件，即 A[$i-1$] $\leqslant$ A[i] $\leqslant$ A[$i+1$]，则返回 i（如图 1.5(a)）。

---

① 本书以后在未作特别说明的情况下，均采用最坏情况下的时间复杂度度量算法效率。

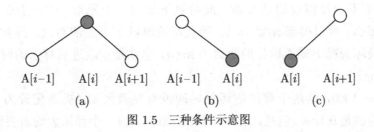

图 1.5　三种条件示意图

(2) 如果 $A[i] < A[i-1]$，在输入数组的左半部分一定存在一个局部高点，这是因为 $A[i]$ 往左边有上升趋势。因此，下一次需要搜索的序列就是 $A[0], A[1], \cdots, A[i-1]$（如图 1.5(b)）。

(3) 如果 $A[i] < A[i+1]$，在输入数组的右半部分一定存在一个局部高点（原因同 (2)），下一次需要搜索的序列则是 $A[i+1], A[i+2], \cdots, A[n-1]$（如图 1.5(c)）。

由于是找到一个高点，因此在做出一次比较后，就可以缩小一半的搜寻范围，只需在剩余的序列中寻找可能的高点。比如，初始情况下输入元素个数为 n，经过一次比较可以确定的是局部高点要么在输入序列的左半部分，要么在右半部分[①]。那么，下一次需要查找的元素大小就变成了 $n/2$。对这 $n/2$ 个元素，执行与以上相似的计算，即选择这 $n/2$ 个元素中的中间元素开始查找。经过第二次查找后，要么幸运地找到高点，要么可以将搜索范围缩小至 $n/4$（$n/2$ 的一半）。依此过程进行查找，直到找到输入序列的一个高点为止。

那么，该怎么分析以上算法的时间复杂度呢？如图 1.6 所示的序列，不妨将该序列想象成长度为 n 的蛋糕。经过第一次比较后，将长为 n 的蛋糕一分为二，长度变为 $n/2$。经过第二次比较，长度为 $n/2$ 的蛋糕变成长度为 $n/4$。由于序列一定存在一个高点，所

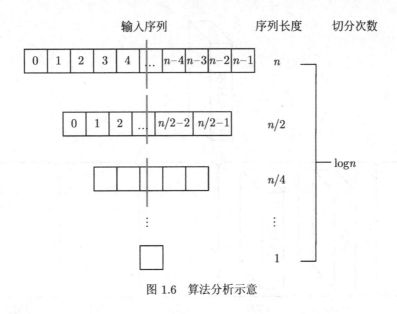

图 1.6　算法分析示意

---

① 不考虑最好情况，即经过一次比较马上就得到解的情况。

以最坏情况下不妨设需要切分 k 次, 此时剩下最后一个元素, 该元素必是序列中的一个高点。那么, 可以得到 $n/2^k = 1$, 等式两边取以 2 为底的对数, 得 $k = \log n$。因此, 该算法最坏情况下需要运行的次数为 $\log n$, 也就是说改进后算法的时间复杂度为 $T_2(n) = O(\log n)$。

如果 $n = 1000$, 这两个算法的运行时间没有显著区别 (机器配置为 CPU:i7, 内存:8G), 大约都是 0.1ms。但是, 当 $n = 1000000$ 时, 前一个算法大约需要运行 13s, 而改进后的算法所需时间大约为 0.001s。也就是说, 新的算法在输入规模较大时, 其效率相比较于第一个简单算法有显著提高。

1.2.2　图书管理

一个现代化的图书馆, 不仅需要馆藏丰富, 还需要能为读者提供快速查找图书的服务。不妨假设图书馆共能摆放 1 万本图书, 也就是有 1 万个书位供使用。那么, 随着这家图书馆不断的进书, 管理员该如何来摆放图书, 从而可以为读者提供快速查找图书的服务呢?

1. 按到序摆放

一个简单的摆放原则就是按照书进入图书馆的顺序, 依次摆放在书架上。如图 1.7 所示, 当前购买的是《昆虫学》这本书, 书架的空位是 1010, 就将《昆虫学》放在 1010 位。下次再进一本新书, 就将它放在 1011。如果一个读者借走了其中《概率》这本书, 那么管理员就将《概率》这本书之后的所有书向左推一位。也就是说, 书与书之间不留空位。这样不管是新书进馆, 还是读者还回《概率》这本书, 都只需要将它放在现有书的最后即可。

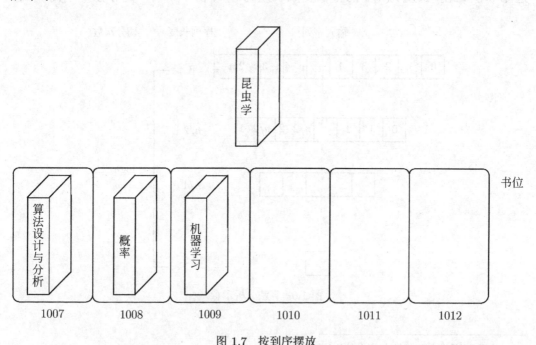

图 1.7　按到序摆放

　　按照以上规则管理书籍，对管理员而言书架上的书井井有条。然而，如果一位读者想借《昆虫学》这本书，管理员就必须从书架的第一个书位开始寻找，依次比对书架上每一本书名，直到找到《昆虫学》这本书为止。显然，按照以上方式管理图书，对于一个大型图书馆而言尽管进书时书的摆放简单清楚，但对于找书这项工作而言就显得费时费力。如果有 n 个书位，那么按序摆放组织图书，检索图书的耗时就是 $O(n)$，即检索的时间随着书位的多少呈线性时间规模变化。

2. 按哈希表摆放

　　为了解决找书费时的问题，管理员在进得一本新书后，可先将该书的书名 title 输入一个哈希函数 hash(title)，这个哈希函数 hash 运算后的输出结果为书位的索引。比如，书名 title=《昆虫学》，那么 hash(《昆虫学》)=1011。也就是说，《昆虫学》这本书应该放在编号为 1011 的书位。此时，各个书位就称为哈希表，如图 1.8 所示。

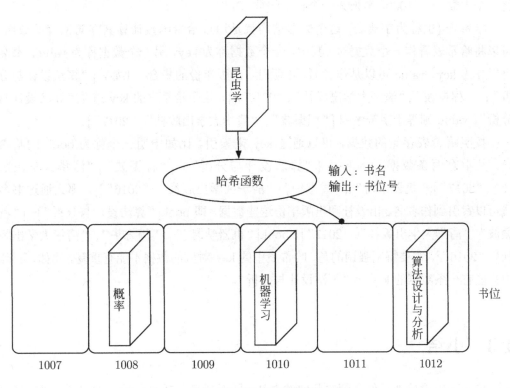

图 1.8　按哈希表摆放

　　按照以上方式摆放书的好处是可以实现快速搜索。当读者提出想借《昆虫学》这本书时，管理员只需要将书名《昆虫学》输入至哈希函数，得到 1011 返回结果，管理员就可以立即去书位 1011 取得该书。显然，按照哈希表方式组织图书可以显著提高检索书位的效率。此时，检索的时间效率与书位的多少没有关系，只与哈希函数的运算时间有关。哈希函数的一次计算时间往往为常数，因此按照哈希表方式组织图书，其搜索的执行时间为 $O(1)$。

$O(1)$ 为常数的执行时间，这个时间可以是几秒或几分钟，表示算法执行时间不随处理数据的大小变化。比如说，处理规模为 10 个数据的时间是 20s，那么处理百万数据规模的时间依然是 20s。

那么哈希函数到底采用什么函数呢？显然，该函数需要能将诸如书名这样的字符转换为存储位置的索引。这一点对计算机而言非常简单，因为计算机内存储的数据对象其本质都是数字。比如，"昆虫学"这个书名字符串，其计算机内存储的编码就是 "\u6606\u866b\u5b66"。那么，这数字串该如何变成存储位置的索引呢？这需要先确定存储位置的大小。由于存储空间总是有限的，我们也不能预先确定到底有多少数据存储。因此，一个合理的方法是先确定一个中等规模的哈希表空间 n。由于书名转换为数字 m 后，其大小可能超出 n 的范围。这时哈希函数就需要将较大的数 m 转化为一个较小的数，以便与数字 m 对应的书名能在大小为 n 的哈希表中确定其存储位置。最简单的哈希函数就是取余——mod 运算，比如，$mod(m=1000, n=13)=12$。通过取余，可以将一个大数 $m=1000$，转换为一个较小的数 12。

哈希表 (也称为字典表) 这个数据结构就是通过哈希函数计算其存储位置的数组。可以将哈希表看作一个数据对。其中，一个数据称为 key，另一个数据称为 value。书名可以作为 key，value 可以是作者名、出版社、出版年份的集合。比如，{"算法设计与分析"：["程振波"，"清华大学出版社"，"2017"]}，这个哈希表的 key 就是"算法设计与分析"，value 则等于字符序列 ["程振波"，"清华大学出版社"，"2017"]。

按照哈希表存储的数据，可以通过 key 来索引。比如申明一个称为 book 的哈希表，其中有两条数据，book = {"算法设计与分析"：["程振波"，"清华大学出版社"，"2017"]；"机器学习"：["周志华"，"清华大学出版社"，"2016"]}。那么通过书名就可以索引到作者名、出版社和出版年份这些数据，即 book["算法设计与分析"]=["程振波"，"清华大学出版社"，"2017"]，book["机器学习"]=["周志华"，"清华大学出版社"，"2016"]。需要特别强调的是，哈希表中的 key 对应的数据不能有重复。比如，book 中只能有一条数据的 key 为"算法设计与分析"。

1.3　小结

算法可以简单地看作是解决问题的办法。面对或简单或复杂的各种问题，解决问题的办法可以是"条条大路通罗马"。哪怕是针对相同的一个问题，求解该问题的算法往往也各不相同，其运算的时间也会有很大的差异。而为了得到高效的算法，不仅可以通过与寻找局部高点类似的改变计算过程得到，也可以通过如图书管理中介绍的改变数据组织模式得到。

在确保算法正确的前提下，如何筛选出一个高效的算法呢，为此，就需要通过渐进分析法量化算法的时间复杂度，从而为不同算法之间的取舍建立一个一致的标准。算法不是万能的，并不是所有的问题都能给出一个解。但是，解决问题的办法依然有迹可循。

本书后面各章将通过提炼解决类似问题算法的特征,帮助读者建立计算思维,从而提高读者利用算法解决计算问题的能力。

课后习题

习题 1-1 现实生活中的算法

请给出至少两个现实生活中使用算法的实例。

习题 1-2 算法的定义

(a) 给出一种算法的定义。

(b) 列出至少三个算法的属性。

(c) 渐进分析法为什么可以做到与算法运行硬件环境无关?

(d) 为什么说多项式时间复杂度的算法要优于指数时间复杂度的算法?

习题 1-3 寻找局部高点-1D

(a) 证明:给定任意序列,一定存在一个局部高点。

(b) 使用熟悉的高级语言,实现算法复杂度为 $O(n)$ 的寻找一维局部高点的算法。

(c) 使用熟悉的高级语言,实现算法复杂度为 $O(\log n)$ 的寻找一维局部高点的算法。

(d) 当输入规模 $n = 10000000$ 时,复杂度为 $O(n)$ 的算法在机器上运行的时间为多少?

(e) 当输入规模 $n = 10000000$ 时,复杂度为 $O(\log n)$ 的算法在机器上运行的时间为多少?

习题 1-4 寻找局部高点-2D

某数如果大于等于该数上、下、左、右这四个相邻的数,则称该数为二维情况下的高点。给定大小为 $n \times n$ 的二维数组,设数组边界外的值为 $-\infty$,求给定二维数组中的任意一个局部高点。如图 1.9 所示,有 4 行 4 列的二维数组,图中深色方格内的数字 [10, 20, 21] 均为满足条件的局部高点。

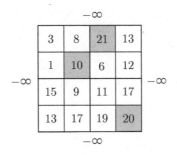

图 1.9 2D 局部高点

(a) 按照二维情况下局部高点的定义，给出一个复杂度为 $O(n^2)$ 的算法。

(b) 改进以上算法，给出一个复杂度为 $O(n \log n)$ 的算法。

习题 1-5　哈希表

班级有 10 位同学，每位同学的数据有姓名、籍贯和成绩。请使用你最熟悉的一种语言，按照哈希表存储这 10 位同学的数据。

第 2 章　渐进分析与 Python 计算模型

本章学习目标

- 熟悉随机访问机器模型的结构
- 掌握三个渐进符号的定义
- 熟练掌握 Python 常用函数的时间复杂度
- 掌握利用渐进分析法分析复杂函数的时间复杂度

2.1　引言

　　求解问题的算法往往并不唯一,为了量化不同算法的效率,就需要通过渐进分析的方法来计算算法的时间复杂度。由第 1 章的求一维局部高点的例子可知,通过巧妙地设计可以缩短寻找到局部高点的时间,算法的时间复杂度可以从 $O(n)$ 提高到 $O(\log n)$。在处理的数据规模较大时,时间复杂度为 $O(\log n)$ 算法的效率显著优于时间复杂度为 $O(n)$ 的算法。

　　由于引进了渐进分析,大大简化了算法时间复杂度的计算。这是因为渐进分析下,并不需要精确计算算法的执行时间,而只需要计算时间函数在输入规模 n 增长时的增长趋势。也就是说,算法执行的时间函数中,n 的低次项和高次项前的常数项均可略去。这是因为在 n 变得较大时,n 的高次项决定了函数的增长趋势。

　　为了简化算法复杂度的分析,本章将首先介绍一个简化的计算机模型,算法可以在该模型上运行。接着,将介绍渐进分析的数学定义,尤其是三个渐进符号:上界 O、下界 Ω 和上下界 (又称确界)Θ。最后,简单介绍 Python 的基本语法,以及 Python 常用函数和简单算法 Python 实现的时间复杂度分析。

2.2　计算模型

　　在进行算法分析之前,需要确定算法的运行环境。我们假定实现本书算法的机器模型,是一个单处理器随机访问机器模型 (Random-Access Machine, RAM)。可以将这个机器模型想象成一个由诸多单元构成的数组（如图 2.1 所示）,每一个单元都有唯一的地址编号。每一个单元可以存储数值元素,也可以存储单元的地址。数值元素包括整数、浮点数或者字符串等基本数据类型。实现本书算法的指令均可在该机器模型上运行,且指令只能串行执行。

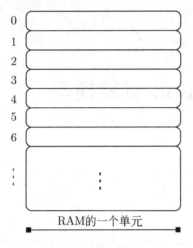

图 2.1 随机访问机器模型

RAM 除了能够存储数据，更为重要的是可以执行指令。需要指出的是，RAM 中并不包含如排序、取最大值这样的指令，这是因为实际的计算机也并不包含这样的指令。因此，RAM 中包含的指令都是现代计算机中常见的最基本的指令。常见的指令包括各种运算，如加法、减法、乘法、除法、取对数、开根号等数值运算；并、或、比较等条件运算；加载、移动、拷贝等数据移动运算。

该简化的模型可以在常数时间内完成加载一个整数，也可以在一个常数时间内完成数值、条件或者移动运算。如果一个函数被调用，则会分配一个用于执行该函数的空间，我们称这个空间为一个活动记录。函数执行完成，这个空间被释放。

为了便于索引数据，我们假设 RAM 中的数据有 $c\log n$ 个比特位，其中 c 为大于等于 1 的常数，n 为输入数据规模。直观而言，就是一个整数或者一个浮点数，只占用图 2.1 中的一个单元格。

有了 RAM 模型以及各指令的执行时间，就可以分析在 RAM 机器上运行的代码的执行时间。对于包含多条指令的算法实现，需要逐条确定各个指令的执行时间，将所有指令执行时间累加就得到整个算法的执行时间。

有如代码 2.1 所示的算法运行在 RAM 机器上，下面我们逐条分析各个指令执行时间。代码 2.1 第 2 行为加载数据，该指令可在常数 c_1 时间内执行完成；第 3 行的判断两个元素大小的指令其运行可在常数 c_2 时间内完成；第 4 行和第 6 行返回指令的运行时间同样为常数 c_3 和常数 c_4。整个算法的运行时间就是三个常数时间相加，常数的累加和依然等于常数。因此，代码 2.1 将在常数时间内执行完成。

代码 **2.1** 比较两数大小

```python
def compare_num(i, j):
    k = 3
    if i > j:
        return i
    else:
        return k
```

2.3 算法的渐进分析

一般来说，算法的执行时间会随着需要处理数据规模的增加而增加。如果一个问题需要处理的输入数据只有 10 个，那么解决该问题的不同算法之间的效率并不会有显著差异。当问题的输入数据规模较大，不同算法的运行时间的差异就会非常显著。

假设在高速处理器（如因特尔的酷睿系列处理器）的机器上运行算法。当输入数据规模 $n = 10$，那么时间复杂度为 $O(n)$、$O(n\log n)$、$O(n^2)$ 和 $O(2^n)$ 的算法执行时间均小于 1s；当输入数据规模 $n = 50$，时间复杂度为 $O(n)$、$O(n\log n)$ 和 $O(n^2)$ 算法的运行时间依然小于 1s，而时间复杂度为 $O(2^n)$ 的算法运行时间就是 11min；当 $n = 10000$，时间复杂度为 $O(n)$、$O(n\log n)$ 的算法运行时间依然小于 1s，时间复杂度为 $O(n^2)$ 算法的运行时间大约为 2min，时间复杂度为 $O(2^n)$ 的算法的运行时间则是按照"年"来记的天文数字。这也是在 1.1.2 节我们说一个指数时间复杂度的算法是难以接受的原因。当然，如果问题输入数据 n 的规模非常小，指数时间复杂度的算法也是可以接受的。

用记号 $T(n)$ 表示算法效率函数，其中 n 为输入数据规模，这表明算法效率是输入数据规模 n 的函数。当 n 变得很大，甚至趋向于无穷大时，$T(n)$ 的增长只与函数中 n 的高次项有关。这样在分析算法复杂度时，就只需要关注 $T(n)$ 的高次项，忽略掉它的低次项和高次项的常数，从而大大简化了分析时计算的复杂程度。

对于某个问题，若存在两个不同的算法，它们的效率分别为 $T_1(n) = n^2$ 和 $T_2(n) = 1.1n^2 + (n^{1.9})\sin(10n + 1.7) + 45$。最终选择哪个算法，需要考虑这两个函数随着 n 的增加而发生的变化。当 n 变得足够大时，$T_2(n)$ 中的低次项、常数项相比较于式中的高次项 n^2 会变得不重要，也就是说高次项 n^2 决定了函数 $T_2(n)$ 值的大小。因此，我们可以说当 n 趋近无穷大时，$T_1(n)$ 和 $T_2(n)$ 渐进相等。

如图 2.2(a) 所示，当 n 规模很小时，$T_1(n)$ 和 $T_2(n)$ 显著不同，且 $T_2(n)$ 的值均大于 $T_1(n)$ 的值。然而，当 n 增加 1000 倍，$T_1(n)$ 和 $T_2(n)$ 的增长趋势就变得接近，如图 2.2(b) 所示。因此，经由渐进分析，当算法的时间复杂度分别为 $T_1(n)$ 和 $T_2(n)$ 时，我们说这两个算法的效率并没有显著区别。

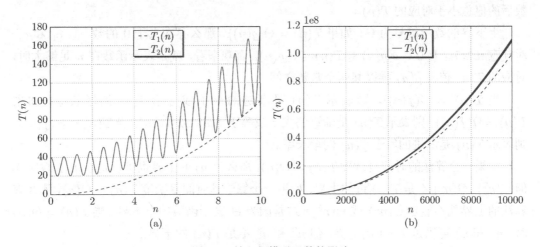

图 2.2　输入规模对函数的影响

算法分析时往往假设输入规模 n 足够大，甚至趋近于无穷大。这样的假设，意味着我们关注的是算法运算时间的增长率，也就是，随着输入规模 n 的增长，$T(n)$ 的增长率。当 n 趋向于无穷大时，决定 $T(n)$ 增长率的便是 $T(n)$ 中的高次项，从而可以忽略

$T(n)$ 中的低次项以及高次项前的常数项。这些低次项或者高次项前的常数项，往往是由机器性能、程序设计语言的性能和编译器性能等因素产生，而这些在算法时间复杂度分析中都是需要略去的次要因素。

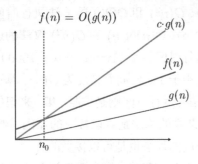

图 2.3　上界函数示意图

最为常见的渐进符号有上界、下界和上下界（或称为确界）。其中，上界的数学符号为 O，如果 $T(n) = O(g(n))$，那么存在大于 0 的数 n_0 和 c，对任意 $n \geqslant n_0$ 有 $0 \leqslant T(n) \leqslant cg(n)$。直观来看，就是表示在 n 足够大时，$g(n)$ 乘以某个常数后的值总大于对应的 $T(n)$。如图 2.3 所示，$g(n)$ 为函数 $f(n)$ 的上界。

在实际的应用中，可以简单地忽略 $T(n)$ 中的低次项、常数项因子。如式 (2.1):

$$
\begin{aligned}
n + 137 &= O(n) \\
3n + 42 &= O(n) \\
n^2 + 3n - 2 &= O(n^2) \\
n^3 + 10n^2 \log n - 15n &= O(n^3) \\
2^n + n^2 &= O(2^n) \\
1.1n^2 + (n^{1.9})\sin(10n + 1.7) + 45 &= O(n^2)
\end{aligned}
\tag{2.1}
$$

下界的数学符号为 Ω，如果 $T(n) = \Omega(g(n))$，那么存在大于 0 的数 n_0 和 c，对任意 $n \geqslant n_0$ 有 $0 \leqslant cg(n) \leqslant T(n)$。直观来看，就是表示函数在 n 足够大时，$g(n)$ 乘以某个常数后的值总小于对应的 $T(n)$。

上下界的数学符号为 Θ，如果 $T(n) = \Theta(g(n))$，那么存在大于 0 的数 n_0、c_1 和 c_2，对任意 $n \geqslant n_0$ 有 $0 \leqslant c_1 g(n) \leqslant T(n) \leqslant c_2 g(n)$。直观来看，就是表示函数在 n 足够大时，对应的 $T(n)$ 值在 $g(n)$ 乘以某两个常数之间。

当 $T(n) = O(f(n))$，则表示 $T(n)$ 是渐进的小于或等于 $f(n)$ 的增长率。如果 $T(n) = \Omega(f(n))$，则表示 $T(n)$ 是渐进的大于或等于 $f(n)$ 的增长率。当 $T(n) = \Theta(f(n))$，则表示 $T(n)$ 是渐进的等于 $f(n)$ 的增长率。

如果一个算法的时间复杂度 $T(n) = O(n)$，那么 $T(n)$ 的上界也可以是 $O(n^2)$、$O(n^3)$，但 $O(n^2)$、$O(n^3)$ 不是 $T(n)$ 近的上界。如果一个算法其时间复杂度 $T(n) = \Theta(n)$，那么该算法的上界就不能是 $\Theta(n^2)$ 或 $\Theta(n^3)$。这是因为 Θ 表示函数的上下界，当 $T(n) = \Theta(n)$ 时，n^2 和 n^3 可以是 $T(n)$ 的上界，但 n^2 和 n^3 不是 $T(n)$ 的下界。

渐进符号能描述一个函数增长或递减的速度。对算法分析而言，其执行时间 T 是输入规模 n 的函数。我们将在本章的后几节中通过实例，来说明渐进符号在算法分析中的应用。

2.4　Python 计算模型

本书所有算法的描述均采用 Python。Python 是一种面向对象、解释型计算机程序设计语言，由 Guido van Rossum 于 1989 年底发明，第一个公开发行版发行于 1991年。2015 年 7 月，Python 有两个官方版本，V2.7 和 V3.4 [①]。本书代码均使用 V3.4 版 Python 编译通过。

Python 语法简洁而清晰，具有丰富和强大的类库。它常被昵称为胶水语言，能够把用其他语言制作的各种模块（尤其是 C/C++）很轻松地联结在一起。众多开源的科学计算软件包都提供了 Python 的调用接口，例如著名的计算机视觉库 OpenCV、三维可视化库 VTK、医学图像处理库 ITK。而 Python 专用的科学计算扩展库就更多了，例如常用的科学计算扩展库：NumPy、SciPy 和 matplotlib，它们分别为 Python 提供了快速数组处理、数值运算以及绘图功能。因此 Python 语言及其众多的扩展库所构成的开发环境十分适合工程技术、科研人员处理实验数据、制作图表，甚至开发科学计算应用程序。

需要指出的是，本节不是 Python 的教程。入门的 Python 教程，可参考 http://www.pythondoc.com/pythontutorial3/index.html。当然，Python 的官方文档 https://docs.python.org/3/index.html 也可作为参考。本节的主要内容是介绍在描述算法时最常用的 Python 语法，以及涉及这些语法的时间复杂度分析。

2.4.1　控制流语句

一个算法往往对应于一个函数，对于复杂的算法则有可能对应多个函数。Python 的函数就是由一组语句组成，实现某个功能的程序单元。代码 2.2 是实现判断输入数据范围的函数。其中，def 是 Python 定义函数的关键字，numVerify 为函数名，num 是该函数的参数。

代码 2.2　条件语句的示例

```python
 1  def num_verify(num):
 2      if num < 0:
 3          num = 0
 4          print('非负数转换为 0!')
 5      elif num == 0:
 6          print('零')
 7      elif num == 1:
 8          print('等于 1')
 9      else:
10          print('大于 1')
11      return num
```

---

① Python 语言每隔一段时间其版本会发生升级，关于各个版本之间的异同请参看 Python 的官方文档。

条件语句

代码 2.2 中包括算法最常用的一类控制语法，即条件判断。条件判断是根据条件是否成立，选择执行满足条件的语句模块。代码 2.2 的第 2 行是一个条件判断语句，判断传入的参数是否小于 0。如果该条件成立，也就是传入参数小于 0，则执行第 3 行和第 4 行语句，将 num 赋值为 0 并由 print 打印结果。print 是 Python 内建的输出结果到屏幕的函数。

elif 是条件语句中列出其他条件的关键词，代码 2.2 第 5 行与第 7 行分别判断输入参数是否等于 0，或者等于 1。如果以上条件均不满足，则会执行第 9 行 else 语句控制块的语句，即第 10 行。最后，函数通过 return 返回 num 的值。Python 并不需要在函数名中显式确定返回值的类型与返回值的个数。

下面来分析函数 numVerity( ) 的时间复杂度。分析的过程非常简单，就是分别计算每一条语句的时间，然后累加各条语句的执行时间以便得到函数 numVerity( ) 最终的时间复杂度。numVerity( ) 函数的执行时间由两个部分组成：分别是条件判断的时间加上条件成立后执行其模块的时间和返回语句的执行时间。也就是

$$T(n) = \max[(\text{time}(\text{cond}_1) + \text{time}(\text{block}_1)), (\text{time}(\text{cond}_2)$$
$$+ \text{time}(\text{block}_2)), (\text{time}(\text{cond}_3) + \text{time}(\text{block}_3)), \qquad (2.2)$$
$$(\text{time}(\text{cond}_4) + \text{time}(\text{block}_4))] + \text{time}(\text{return})$$

其中，cond_1 对应第 2 行的条件判断语句，block_1 对应于第一个条件成立的模块，即第 3 行与第 4 行。cond_2 对应第 5 行的条件判断语句，block_2 对应于第二个条件成立的模块，即第 6 行的语句。cond_3、cond_4 分别对应第 7 行、第 9 行的条件判断语句，block_3 和 block_4 则分别对应于第 8 行和第 10 行。$\text{time}(\text{return})$ 则是第 11 行语句的执行时间。

根据 2.2 节介绍的 RAM 模型可知，代码 2.2 中的四个条件判断与对应的 block 语句各自执行时间均为常数，常数取最大值依然是常数。返回语句的指令执行时间也是常数。因此，$T(n) - O(1)$，$O(1)$ 表示常数时间复杂度。需要特别指出的是，条件语句中时间复杂度的计算需要计算各个分支的时间，然后取其中时间的最大值作为条件语句的最终执行时间。之所以取最大值，是因为本书一般都是考虑算法最坏情况下的时间复杂度。

循环语句

除了条件判断，另一个控制流就是循环，可以说循环是算法之魂。循环的语法也非常简单，当满足条件时重复地执行一个语句模块。代码 2.3 第 6 行到第 8 行所示的就是一个典型的循环语句，它累加从变量 low 到 high 的和。第 6 行为循环条件，可以看作 i 分别取序列 [low, low+1, $\cdots$, high] 中的值，注意 range 缺省是从 0 开始索引。

除了 for 之外，while 也可以实现循环，for 通过循环次数来控制循环何时结束，而由 while 实现的循环则按照条件来设定循环何时结束。不管是哪种形式的循环，最重要的是通过循环实现某个计算目标。而判断该计算目标是否可由循环完成，则需要用到循环不变性（Loop Invariants）。循环不变性与程序变量的等式有关，即该等式在循环开始、

执行过程和结束后都成立。

　　通过循环不变性可以检查写出的循环是否实现了我们预期的目标，即是否计算了从 low 到 high 的累加和。以代码 2.3 为例，其循环部分的循环不变性就是"变量 sumnum 是从 low 到 high 的累加和"。如果将它表示成等式，就是 sumnum=low+(low+1)+$\cdots$+ high。该等式在循环开始时，i=low，此时 sumnum=low。循环过程中，等式依然成立。在循环结束时，i=high，等式依然成立。

　　循环中除了不变的部分，当然还有变化的部分。对代码 2.3 而言，变化的就是变量 i 和 sumnum。i 可以看作是循环的索引，也就是索引从 low 到 high 之间的值。每一次循环 i 累加 1，比如第一次循环 i 等于 low，第二次循环时 i 就等于 low+1。for 形式下的循环中，i 还起到终止条件的角色。也就是，当 i =high 时，for 循环终止。如果是采用 while 形式的循环，则需要写出循环终止的条件。

　　下面我们来分析含有循环的函数的时间复杂度。同样地，需要计算每一个语句的时间复杂度。代码 2.3 第 2 行到第 4 行是一个条件体，不难得出其时间复杂度为常数 $O(1)$。循环语句中的时间复杂度就是循环次数乘以执行一次循环体的时间。循环体是一个加法运算，按照 RAM 模型可知该计算的时间为常数。循环的次数则是 high−low+1。因此，如果 low=0，high=n，那么代码 2.3 所示函数的时间复杂度为 $O(n)$。

代码 2.3　循环语句示例

```
1  def sum_nums(low, high):
2      if high<low:
3          print("error")
4          return
5      sumnum = 0
6      for i in range(low,high+1):
7          sumnum += i
8      return sumnum
```

2.4.2　数据结构

　　在实现算法时，常常需要用到数据结构组织数据。Python 内建了许多有用的数据结构，最为常用的就是 list。需要指出的是，Python 语言的 list 本质是一个数组，而非链表。代码 2.4 列出了 list 的几个常用操作，具体使用可见代码说明。

　　由于 Python 中 list 的实现是一个数组，因此往类型为 list 的序列 a 中添加一个元素 a.append( ) 的时间复杂度为 $O(1)$[①]。而往 a 中插入一个元素 a.insert( ) 最坏情况下的时间复杂度则为 $O(n)$，这是因为插入元素会导致原来 list 中数据发生移动。得到 a 中元素个数的函数为 len(a)。由于 list 中会记录元素个数，因此 len(a) 的时间复杂度为 $O(1)$。索引 a.index( ) 和移除 a.remove( ) 均需要在 a 中找到要处理的元素，因此它们的时间复杂度均为 $O(n)$。

---

　　① 假设 a 中元素个数为 n。

代码 2.4 list 使用示例

```
1   >>> a = [66.25, 333, 333, 1, 1234.5]
2   >>> print(a.count(333), a.count(66.25), a.count('x'))   # 计算列表中元素个数
3   2 1 0
4   >>> a.insert(2, -1)                                     # 在 a 中 2 号位插入元素 -1
5   >>> a.append(333)                                       # 将 333 插入到 a 的末尾
6   >>> a
7   [66.25, 333, -1, 333, 1, 1234.5, 333]
8   >>> a.index(333)                                        # 获得元素的索引
9   1
10  >>> a.remove(333)                                       # 移除指定元素 333
11  >>> a
12  [66.25, -1, 333, 1, 1234.5, 333]
13  >>> a.reverse()                                         # 将 a 中元素反向
14  >>> a
15  [333, 1234.5, 1, 333, -1, 66.25]
16  >>> a.sort()                                            # 对 a 中元素排序
17  >>> a
18  [-1, 1, 66.25, 333, 333, 1234.5]
19  >>> a.pop()                                             # 移除 a 中最后一个元素
20  1234.5
21  >>> a
22  [-1, 1, 66.25, 333, 333]
```

在生成 list 中元素时，往往需要通过循环，但更为常用的是列表推导式。如需要生成序列 $[0, 1, 4, 9, 16, 25, 36, 49, 64, 81]$，就可以使用如下语句：

```
[x**2 for x in range(10)]
```

以上语句的意思就是分别取 x=0, 1, 2, 3, 4, 5, 6, 7, 8, 9，计算每一 x 值的平方并存储于 list 中。

为了生成 10 个元素，元素取值在 1 到 1000 间，可以使用如代码 2.5 所示的函数 generate_rand_array()。这里需要先导入 Python 的随机数库 random，代码 2.5 第 3 行同样使用了列表推导，表示循环 num 次，每次从 1 到 maxnum 之间随机取整数值。第 4 行与第 5 行则是随机打乱 array 中的数据。

代码 2.5 列表推导式生成随机数组

```
1   import random
2   def generate_rand_array(num=10, maxnum=1000):
3       array = [random.randint(1,maxnum) for i in range(num)]
4       random.shuffle(array)      # 随机打乱 array 中元素
5       random.shuffle(array)
6       return array
```

在序列中循环时，索引位置和对应值可以使用 enumerate( ) 函数同时得到：

```
for i, v in enumerate(['tic', 'tac', 'toe']):
```

第一次循环时，i 等于 0，v 等于 'tic'。第二次循环时，i 等于 1，v 等于 'tac'。如果需要同时得到序列的元素值和该元素值的索引，采用 enumerate( ) 函数遍历序列是一个好的选择。

除了 list，另一个常用的数据结构是字典，或者称为哈希表 (见 1.2.2 节)。理解字典的最佳方式是把它看作无序的键: 值对（key:value 对）集合，键必须是互不相同。字典以键值为索引，键值可以是任意不可变类型，通常用字符串或数值作为键值。字典的主要操作是依据键来存储和析取值。下面是字典最常用的一些操作，见代码 2.6。

代码 2.6　Python 字典结构使用示例

```
1  >>> tel = {'jack': 4098, 'sape': 4139}              # 构造字典
2  >>> tel['guido'] = 4127                              # 添加新的键值对
3  >>> tel
4  {'sape': 4139, 'guido': 4127, 'jack': 4098}
5  >>> tel['jack']                                      # 根据键得到对应的值
6  4098
7  >>> del tel['sape']                                  # 删除一个键值对
8  >>> tel['irv'] = 4127
9  >>> tel
10 {'guido': 4127, 'irv': 4127, 'jack': 4098}
11 >>> list(tel.keys())                                 # 列出所有的键
12 ['irv', 'guido', 'jack']
13 >>> sorted(tel.keys())                               # 按键进行排序
14 ['guido', 'irv', 'jack']
15 >>> 'guido' in tel                                   # 某个键是否在字典中
16 True
17 >>> 'jack' not in tel
18 False
```

在 Python 实现的字典结构函数中，得到对应键值的 value 的时间复杂度为 $O(1)$，删除一个键值对的时间复杂度也是 $O(1)$，判断某个键是否在哈希表中的时间复杂度依然是 $O(1)$。这些操作之所以是常数时间复杂度，是因为哈希结构的操作是采用直接寻址的方式实现。

2.5　算法分析实例

我们已经知道判断和循环这些常见语法结构的时间复杂度分析，也了解了基本的数据结构操作的时间复杂度。下面将通过几个典型的算法，来说明如何使用渐进分析法来分析算法的时间效率。这里，我们假设输入序列中元素的个数均为 n。

2.5.1 求最大值

第一个算法是给定数组 A，得到数组 A 的最大元素。由于 A 中元素无序，需要遍历其中的每一个元素才能得到 A 中的最大值。因此，用一个变量 max 记录当前最大元素。当索引到 A 中有超过 max 的元素，则将该值赋给 max，算法见代码 2.7。

代码 2.7 求最大值

```
1  def get_max(A):
2      n=len(A)
3      max = A[0]
4      for i in range(1, n):
5          if A[i]>max:
6              max=A[i]
7      return max
```

下面来分析代码 2.7 中函数 get_max(A) 的时间复杂度。第 2 行为计算 A 中元素的个数，并将它赋值给变量 n。由于数组元素个数可以通过元素类型偏移量得到，因此其指令在 RAM 中的执行时间为常数 c_1。第 3 行的赋值运算在 RAM 中的运行时间也是常数 c_2。第 4 行循环的次数为 $n-1$，对索引 i 赋值的时间为常数 c_3，其总时间的消耗为 $c_3 \times (n-1)$。第 5 行为循环内的条件判断，if 中条件判断执行时间为常数 c_4，共执行 $n-1$ 次，因此第 5 行的运行时间为 $c_4(n-1)$。第 6 行由 if 语句控制，其赋值的执行时间为常数 c_5。由于第 6 行是否执行是由第 5 行的条件决定的，因此其执行时间可写为 $c_5 \sum_{j=1}^{n-1} t_j$，其中 t_j 在该句执行时等于 1，否则等于 0。最后一行返回结果的执行时间为常数 c_6。因此，代码 2.7 中算法总的运行时间 $T(n)$ 等于

$$T(n) = c_1 + c_2 + c_3(n-1) + c_4(n-1) + c_5 \sum_{k=1}^{n-1} t_k + c_6 \tag{2.3}$$

将以上各项累加，不难得到代码 2.7 的时间复杂度为 $T(n) = O(n)$。

2.5.2 二分搜索

给定一个**有序**的序列 A，判断元素 k 是否存在于这个序列，如果存在返回 True，否则返回 False。

以上问题可以采用二分搜索算法，它与 1.2.1 节的算法相同，均是通过设定查找位置来缩小搜索范围。首先，将 k 与 A 的中间元素进行比较，如果相等则返回 True。如果 k 比中间元素大，那么 k 只可能存在于 A 中间元素的右边部分的序列；否则存在于 A 中间元素的左边部分的序列。也就是说，每次将元素 k 与 A 中的元素比较一次，要么直接返回结果，要么可以缩小一半的搜索范围。

算法实现可见代码 2.8。索引变量 first 和 last 用于确定搜索范围，初始情况 first=0 指向序列的第一个元素，last=len(alist)-1 指向序列的最后一个元素。代码中的循环不变性是 "k 如果在序列中，那么它一定在 first 和 last 确定的序列范围内"。在循环开始前，该

不变性显然成立。循环过程中：当 k 小于序列的中间元素，那么 k 只可能存在于 A 中间元素的左边部分，代码的第 11 行将 last 指向与中间元素相邻的左边元素，first 依然指向序列的第一个元素；当 k 大于序列的中间元素，那么 k 只可能存在于 A 中间元素的右边部分，代码的第 13 行将 first 指向与中间元素相邻的右边元素，last 则保持不变还是指向最后一个元素。因此，循环过程中 k 如果在序列中，那么它一定在 first 和 last 确定的序列范围内。直观来看，随着循环次数的累加，由 first 和 last 确定的搜索范围逐渐缩小，直到 fist 大于 last，则结束循环。另一个结束循环的条件是 k 在 A 中，此时 found 等于 True。

代码 2.8　二分搜索

```
1  def binary_search(A, k):
2      first = 0
3      last = len(A)-1
4      found = False
5      while first<=last and not found:
6          midpoint = (first + last)//2
7          if A[midpoint] == k:
8              found = True
9          else:
10             if k < A[midpoint]:
11                 last = midpoint-1
12             else:
13                 first = midpoint+1
14     return found
```

　　二分搜索算法的运行时间依然需要计算整个算法运行步数总的时间消耗。从算法的设计可知，算法有可能会非常幸运，只需要比较一次就能直接返回结果。我们已经知道，这是最好情况下的分析结果，它并不能用于衡量算法效率。实际算法分析往往考虑算法在某个输入情况下，其最坏情况下的执行时间。

　　二分搜索的最坏情况下的分析，就是将 A 一直分解到不可再分时才能确定 k 是否在 A 中，这时 A 只剩下 1 个元素。不妨设共分解了 l 次。在分解之前，输入序列元素个数为 $n = n/2^l, l = 0$。一次分解后元素少了一半，为 $n/2 = n/2^l, l = 1$。再次分解是在上一次分解的基础上，元素再少一半，即 $n/4 = n/2^2$。分解到不可再分时，元素个数为 1，也就是 $n/2^l = 1$。因此，可得 $l = \log n$，即经过 $\log n$ 次分解后输入序列的长度为 1。

　　代码 2.8 的第 2 ～ 4 行的运行时间均为常数，即 $O(1)$。第 5 ～ 13 行的循环次数即为输入序列 A 的分解次数 l，循环内的判断与赋值的运行时间均为常数。因此，可以得到二分搜索最坏情况下的时间复杂度为 $O(\log n)$。

2.5.3　子集和问题

　　子集和问题是计算机算法领域里非常著名的一个问题。它的问题描述非常简单，就是给定整数集，问是否存在该整数集的一个子集，使得该子集元素的和为 0。如给定的整

数集合为 $[-7, -3, -2, 5, 8]$，存在集合的子集 $[-3, -2, 5]$，该子集和为 0。

一个简单的算法是求出所有输入集合 A 的子集，逐一验证其和是否为 0。为了实现这个算法，其关键是要能给出输入集合所有的子集。为了要实现这一计算，我们首先来确定一个含有 n 个元素的集合到底有多少个子集。显然，由于 A 中的每一个元素要么出现在子集中，要么不出现，只有这两种情况。因此，子集的总数是 2^n。

不妨设 A 中有三个元素，A 的一个子集可以是只有第一个元素，另外两个元素都不在。如果用 1 表示元素出现，0 表示元素不出现，那么只有一个元素的子集就是 [100]、[010] 和 [001]，它们分别表示第 1 个或者第 2 个或第 3 个元素出现在子集中。我们可以列出 A 中所有子集的索引，分别为 $[100]_4$、$[010]_2$、$[001]_1$、$[110]_6$、$[101]_5$、$[011]_3$、$[111]_7$、$[000]_0$。其中，方括号内的二进制数 (如 111) 对应着方括号右下角的十进制数 (7)，即 $1 \times 2^2 + 1 \times 2^1 + 1 \times 2^0 = 7$。也就是说，表示元素是否出现的 0 和 1 组合成的二进制数，分别对应着 0 到 7 这 8 个十进制数字。

因此，不难得到算法的实现，见代码 2.9。第 3 行的 bin(i)[2:] 是将 i 转换成二进制数。比如，bin(7)[2:] = 111，bin(4)[2:] = 100。代码 2.9 中的第 7 行是按照 lst 的位数扩展 m，如 m=11，lst 的位数为 5，那么扩展后 m=00011。第 8 行则是根据 m 中 0 和 1 的分布取得 lst 中对应位置的元素。比如，lst=$[-7, -3, -2, 5, 8]$，m=11，那么 mask(lst, m) 的输出就是 [5, 8]。因此，函数 mask() 的功能是将集合 lst 的元素按照二进制数 m 中 0 和 1 的分布取得 lst 中对应的元素。需要注意的是，第 8 行采用了 Python 语言中诸多高级的语法元素，比如 lambda 表达式等。读者可以尝试修改第 8 行，采用常规的循环和判断来实现其功能。

代码 2.9 求子集和

```
1  def subset_sum(lst, target):
2      for i in range(1,2**len(lst)):
3          pick = list(mask(lst, bin(i)[2:]))
4          if sum(pick) == target:
5              yield pick
6  def mask(lst, m):
7      m = m.zfill(len(lst))        # 按照 lst 的位数扩展 m
8      return map(lambda x:  x[0], filter(lambda x:  x[1] != '0', zip(lst, m)))
```

代码 2.9 有 $O(2^n)$ 个循环，每一个循环共有常数个执行步骤，每一个步骤的执行为常数时间。因此该算法的运行时间 $T(n) = O(2^n)$。也就是说算法是一个指数函数的时间复杂度，如果 $n = 1000$，算法的运行时间将是以 "年" 为单位的天文数字。

2.6 小结

通过假定实现算法的单处理器随机访问机器模型，让算法分析过程变得更加简单。由渐进分析可知，算法间效率的比较在简化其计算过程的同时依然能得到准确的结果。

本章介绍了三个渐进符号，上界 O、下界 Ω 和确界 Θ。一个算法其最坏情况下的上界往往更容易求得，而求得最坏情况下的下界有时并不容易。因此，在算法复杂度分析时，上界 O 是最为常用的。

由于本书的算法均由 Python 语言描述，所以熟悉 Python 的基本语法有助于读者掌握后续章节的内容。在算法描述中，最为常用的语法结构就是判断与循环。循环往往在描述算法时起核心作用，因此写出正确的循环是算法实现的关键。为了更好地理解循环，读者应该能区分循环中的变量和不变量。通过分析循环不变量，检验循环结构是否实现了预期的计算目标。

课后习题

习题 2-1　计算模型

RAM 计算模型如何实现链表式的数据结构，画出其原理图。

习题 2-2　渐进分析

(a) 分别给出上界、下界和确界的渐进符号。

(b) 将以下 5 个函数按照增长率从小到大排序：$f_1(n) = n$，$f_2(n) = 2n^3$，$f_3(n) = n + 5 \times 10^3$，$f_4(n) = n^2$，$f_5(n) = n^3$。

(c) 将以下函数按照其增长率从小到大排序：$f_1(n) = \log n$，$f_2(n) = \log(\log n)$，$f_3(n) = \log(n^2)$，$f_4(n) = \log(2^n)$。

(d) 将以下函数按照其增长率从小到大排序：$f_1(n) = n^2$，$f_2(n) = n \log n$，$f_3(n) = n^{\log n}$，$f_4(n) = (\log n)^n$，$f_5(n) = 1.0001^n$。

习题 2-3　Python 算法实现

(a) 请使用 while，改写代码 2.3。

(b) 分别使用 while 和 for 实现从 1 到 100 的累加求和。

(c) 实现一个可以移除 list 中重复元素的算法。

(d) 给定两个字典结构，将它们相同 key 对应的 value 值累加。比如，输入分别是 d1 = {'a': 100, 'b': 200, 'c':300}和 d2 = {'a': 300, 'b': 200, 'd':400}，输出为 {'a': 400, 'b': 400, 'd': 400, 'c': 300}

习题 2-4　二分搜索

一个有 n 个元素的有序数组 A$[0 \cdots n-1]$，其中 A$[i] \leqslant$ A$[i+1]$，$i = 0,1,\cdots,n-1$。数组 A 有可能包含重复的数值，如：

$$A = [0, 1, 1, 2, 3, 3, 3, 3, 4, 5, 5, 7, 7, 7]$$

(a) 写出一个算法 L(A, x) 返回 i，要求 A$[i] \geqslant x$。比如 L(A, 5)=9，因为 A$[9] \geqslant 5$。要求给出的算法采用二分搜索。

(b) 证明算法中的循环可以结束。

(c) 算法中的循环不变式是什么?

(d) 分析给出算法的时间复杂度。

习题 2-5 子集和问题

(a) 写出集合 A=[5, −2, 4, 2] 的所有子集。

(b) 给出与本章不同的求解子集和问题的算法,并分析其时间复杂度。

第 3 章　问题求解与代码优化

本章学习目标

- 基本掌握使用 Python 求解较为复杂的计算问题
- 了解文档比较问题及其算法
- 了解单词拼写问题及其实现算法
- 了解稳定匹配问题及其实现算法

3.1　引言

第 2 章简要介绍了 Python 语言最基本的语法和常用数据结构（如列表和字典），以及如何分析简单算法实现的时间复杂度。本章将通过三个有趣的问题，学习如何建立问题的计算模型，并设计算法求解。第一个问题是如何比较两个文档之间的相似度；第二个问题是如何检查单词的拼写错误；第三个问题则是如何形成稳定的匹配关系。通过完成这三个问题的算法及其实现，帮助读者进一步熟悉使用 Python。

在本章学习中，读者不仅可以学习到 Python 语言的一些高级语法，更重要的是学习对于一个具体的问题如何得到其简化的计算模型。当问题转化成计算模型后，就可以较容易地设计算法来求解它。此外，本章还会继续使用到 Python 中常用的各种数据结构，比如列表和字典等。

3.2　文档比较

3.2.1　问题提出

随着计算机的迅速普及，大学各类课程作业往往都是提交电子版。电子版作业由于其格式规范，字体标准，相比较于传统的手写作业，更利于教师的批改和保存。然而，电子化带来的坏处是，作业内容更容易拷贝和粘贴。作业抄袭与考试作弊一样，都应该是严令禁止的。

假设某门课程的教师收到了 40 份作业，为了检查这 40 份作业是否有相互抄袭，这位教师需要开发一个软件系统，能自动检查各作业间是否存在雷同。若某两份作业雷同率达到一个阈值，则认为这两份作业有相互抄袭的嫌疑。因此，本章的第一个问题就是实现一个比较两份电子文档相似度的算法。

3.2.2 算法设计

为了解决文档相似度比较问题，需要先将问题进行形式化描述。假设每一份作业即为一个文档，共有 n 份文档。不妨将每一个文档看作单词的集合，也就是说忽略单词之间的空格以及标点符号。因此，文档可以用一个向量来表示，向量的每一元素即为某个单词出现的次数。比如文档为 "to be or not to be"，那么表示这个文档的向量 $D_1 = [2, 2, 1, 1]$，即词 to 和 be 在文档中均出现两次，而词 or 与 not 各出现一次。如果两份文档雷同，那么表示这两份文档的向量将会相似。

因此，以上问题便转化为如何计算两个向量的相似度。向量相似度可以通过计算两向量的夹角来度量。相似的文档其向量夹角为 0，两份完全不一样的文档其向量夹角为 90°。由此可得，文档相似性度量的算法如下：

(1) 将文档分解成单词的集合；

(2) 根据单词集构建文档向量，向量的每一个元素就是单词在文档内出现的频率；

(3) 计算两文档向量的夹角。

下面将按照以上算法，逐步完善文档比较的实现。首先，将文档从文件中读入到列表中，从而形成文档向量（见代码 3.1）。代码第 3 行为打开一个文件名为 filename 的文件，第 4 行则是按行读取文件，将每一行按字符串的形式存于一个列表变量 L 中。如果在读入文件中存在异常，将抛出 IOError 这个异常。由于需要从文件逐行读入数据，因此该函数的执行时间与文件大小相关。

代码 3.1 读入文件

```
1  def read_file(filename):
2      try:
3          fp = open(filename)
4          L = fp.readlines()
5      except IOError:
6          print ("Error opening or reading input file: ",filename)
7          sys.exit()
8      return L
```

函数 get_words_from_string( ) 将字符组合成单词（见代码 3.2），函数的输入参数 line 是文档一行中的字符。代码第 4 行用于循环 line 中的数据，首先通过函数 isalnum( ) 检测字符串是否由字母和数字组成，将数字、字母串添加于列表 character_list 中。如果遇到非数字或字母，则将 character_list 中的字符通过函数 join 连接成 word。如果输入串 line='a cat a 12'，那么输出结果将是 ['a', 'cat', 'a', '12']。

如果一行的字符数为 k，代码 3.2 将循环 k 次。循环体内第 8 行的 join 方法将 line 中每一个字符组合一次，因此第 8 行总的执行时间为 $O(k)$。循环体内除第 8 行之外其他语句的执行时间均为常数，因此代码 3.2 的执行时间为 $O(k)$。

代码 3.2 将字符组合成单词

```
1  def get_words_from_string(line):
2      word_list = []
3      character_list = []
4      for c in line:
5          if c.isalnum():
6              character_list.append(c)
7          elif len(character_list)>0:
8              word = "".join(character_list)
9              word = str.lower(word)
10             word_list.append(word)
11             character_list = []
12     if len(character_list)>0:
13         word = "".join(character_list)
14         word = str.lower(word)
15         word_list.append(word)
16     return word_list
```

有了将字符组合成单词的函数，就可以得到文档中的所有单词（见代码 3.3）。第 4 行通过调用函数 get_words_from_string() 得到一行的单词，第 5 行再把一行中各个单词串存于 word_list 中。

代码 3.3 只有一个一重循环。循环次数即为文档的行数，假如文件的单词总数为 W，每一行有 k 个单词，那么文件共有 W/k 行。代码 3.3 第 4 行的执行时间为 $O(k)$。第 5 行通过 + 实现两个列表的组合，第一次循环得到 k 个单词，第二次循环需要组合两个大小为 k 的列表，共循环 W/k 次，第 5 行总的执行次数等于 $k+2k+3k+\cdots+W = k(1+2+\cdots+W/k)$。因此，代码 3.3 的执行时间为 $O(W^2/k)$。

代码 3.3 得到文档的单词

```
1  def get_words_from_line_list(L):
2      word_list = []
3      for line in L:
4          words_in_line = get_words_from_string(line)
5          word_list = word_list + words_in_line
6      return word_list
```

在得到文档的每一个单词后，就需要根据单词列表计算每一个单词出现的次数（见代码 3.4）。在该实现中，可以看到 for 语句还具有一个可选的 else 块。如果 for 循环未被 break 终止，则执行 else 块中的语句，见第 9 行。变量 L 记录当前添加的单词列表，第 5 行到第 7 行判断当前处理的单词是否存在于 L 中，如果存在则将该单词的出现次数加 1。当输入参数 word_list=['to', 'be', 'or', 'not', 'to', 'be']，那么代码 3.4 的输出就是 [['to', 2], ['be', 2], ['or', 1], ['not', 1]]，即计算出了每一个单词出现的频次。

当文档中的单词各不相同，代码 3.4 的执行时间就是最坏情况下的执行时间。此时，假设文档有 W 个单词，那么代码 3.4 的执行时间为 $O(W^2)$。

代码 3.4 计算文件中每一个单词出现频次

```python
def count_frequency(word_list):
    L = []
    for new_word in word_list:
        for entry in L:
            if new_word == entry[0]:
                entry[1] = entry[1] + 1
                break
        else:
            L.append([new_word,1])
    return L
```

在完成了将文档转换为向量后，下面就可以计算向量的夹角，以便得到文档的相似度。如果两向量分别为 L_1 和 L_2，其夹角计算公式为：

$$\arccos\left(\frac{L_1 L_2}{|L_1||L_2|}\right) = \arccos\left(\frac{L_1 L_2}{\sqrt{(L_1 L_1)(L_2 L_2)}}\right) \tag{3.1}$$

代码 3.5 中函数 inner_product( ) 计算两向量内积，然后由代码 3.6 中函数 vector_angle( ) 再计算两个向量之间的夹角。

代码 3.5 计算两向量内积

```python
def inner_product(L1,L2):
    sum = 0.0
    for word1, count1 in L1:
        for word2, count2 in L2:
            if word1 == word2:
                sum += count1*count2
    return sum
```

求内积函数有两个循环，假设两个文档内各自向量的大小分别为 L_1 和 L_2，那么该函数时间复杂度为 $O(L_1 L_2)$。需要注意的是，求内积的代码 3.5 中，只计算了各自向量相同单词的积。如果对向量按照单词字母排序，那么就不需要两重循环，而只需要一重循环就可以实现内积计算。

代码 3.6 计算两向量夹角

```python
def vector_angle(L1,L2):
    numerator = inner_product(L1,L2)
    denominator = math.sqrt(inner_product(L1,L1)*inner_product(L2,L2))
    return math.acos(numerator/denominator)
```

3.2.3 算法优化

以上算法尽管可以实现比较两文档相似度的功能，但其实现仍然有许多可以改进的地方。为了易于看出修改后性能的变化，可以通过调用 import cProfile 查看每个函数占用的处理器时间，主函数见代码 3.7。

代码 3.7 文档比较主函数

```
1  def main():
2      filename_1 = "t1.verne.txt"
3      filename_2 = "t1.verne.txt"
4      sorted_word_list_1 = word_frequencies_for_file(filename_1)
5      sorted_word_list_2 = word_frequencies_for_file(filename_2)
6      distance = vector_angle(sorted_word_list_1,sorted_word_list_2)
7      print ("The distance between the documents is: %0.6f (radians)"%distance)
8
9  if __name__ == "__main__":
10     import cProfile
11     cProfile.run("main()")
```

函数执行后得到的输出中有一行为 ncalls:2, tottime:0.063, percall:0.032。表示，函数 get_words_from_line_list( ) 的调用次数为 2，总的执行时间为 0.063s，每次调用时间为 0.032s。有了这些数据，可便于读者确定哪个函数是整个算法的效率瓶颈。

下面依次来分析如何进一步提高以上实现的效率。第一处修改的是代码 3.3 中用加号来实现连接两个列表的操作，可以将代码 3.3 第 5 行改为

word_list.extend(words_in_line)

通过 + 实现的添加会生成一个新的列表，然后将两个列表中的元素添加到新列表，这样它的运行时间就是 $O(n+m)$。而 extend 方法直接将 m 个元素的列表添加到 n 个元素的列表后，因此其运行时间为 $O(m)$。这里我们假设第一个列表长度为 n，第二个列表长度为 m。

此外，可以将文档中的向量表示按照其中的单词字母顺序进行排序（见代码 3.8），假如原来代码 3.4 中的输出为 [['a', 2], ['cat', 1], ['in', 1], ['bag', 1]]，经过排序后为 [['a', 2], ['bag', 1], ['cat', 1], ['in', 1]]。

代码 3.8 对向量内的元素进行排序预处理

```
1  def word_frequencies_for_file(filename):
2      line_list = read_file(filename)
3      word_list = get_words_from_line_list(line_list)
4      freq_mapping = count_frequency(word_list)
5      sorted_freq_mapping = sorted(freq_mapping)
6
```

```
7    print ("File",filename,":",)
8    print (len(line_list),"lines,",)
9    print (len(word_list),"words,",)
10   print (len(sorted_freq_mapping),"distinct words")
11
12   return sorted_freq_mapping
```

经过排序后，就可以优化原来内积的计算。这是因为求内积的代码 3.5 中，只计算了各自向量相同单词的积。如果对向量按照单词字母排序，那么就不需要两重循环，而只需要一重循环按照索引就可以计算各自向量对应单词的向量。优化后计算内积的实现见代码 3.9。优化后因为只有一个循环，其时间复杂度由原来的 $O(L_1 L_2)$ 提高为 $O(L_1 + L_2)$。

代码 3.9 内积计算优化

```
1    def inner_product(L1,L2):
2        sum = 0.0
3        i = 0
4        j = 0
5        while i<len(L1) and j<len(L2):
6            if L1[i][0] == L2[j][0]:
7                # 两个都有的单词才计算内积
8                sum += L1[i][1] * L2[j][1]
9                i += 1
10               j += 1
11           elif L1[i][0] < L2[j][0]:
12               # 单词 L1[i][0] 在 L1 不在 L2
13               i += 1
14           else:
15               # 单词 L2[j][0] 在 L2 但不在 L1
16               j += 1
17       return sum
```

另一个需要优化的是代码 3.4，原来存储单词与单词出现频次的是列表，可以将它改为字典结构。将单词与其出现频率看作一对数据，分别对应字典的关键字和值（见代码 3.10）。Python 的字典数据结构是哈希表，基于哈希表的插入与查询操作时间复杂度均是 $O(1)$。通过这个优化，函数 count_frequency( ) 的时间复杂度将从原来的 $O(W^2)$ 变为 $O(W)$。

代码 3.10 利用字典数据结构计算每一个单词出现频次

```
1    def count_frequency(word_list):
2        D = {}
3        for new_word in word_list:
```

```
4          if D.has_key(new_word):
5              D[new_word] = D[new_word]+1
6          else:
7              D[new_word] = 1
8      return D.items()
```

3.3　拼写矫正

3.3.1　问题提出

读者对文档编辑软件,如 Pages、Office Word 或者 WPS 等一定不会陌生,这些软件一般都会有拼写检查的功能。当写好一份文档后,这些文字编辑软件会检查文档中的每一个单词。如果发现错误,它甚至会将错误的单词直接纠正为正确的单词。比如,如果文档中有单词"acacss",软件会直接将它改为"across"。纠正后的单词往往就是原来期望的结果,这些文档编辑软件是如何实现这一功能呢?

如果软件的功能仅仅是标识错误的单词,那这个功能并不复杂,其基本的流程就是:

(1) 构造一个正确单词的词典。

(2) 分解文档为单词集。

(3) 查询文档中出现的单词是否包含在词典中。

然而,如需对错误的单词进行纠正,问题的难度就增加了。这是因为软件不仅要指出错误的单词,还要给出纠正后正确的单词,就好比软件是站在学生身后的语文老师,随时发现该学生可能的书写错误,并给予纠正。Google 公司的研究主管 Peter Norvig 曾经实现了一个非常简洁的单词拼写纠正程序,该程序利用贝叶斯原理进行拼写纠正 [①]。下面将介绍 Peter Norvig 是如何在短短 21 行 Python 代码里面完成一个单词拼写纠正算法的。

3.3.2　算法设计

假设输入的语言是英文,比如输入单词 the,常常发生的错误是 tha,或者 th 等。因此,可以设计一个函数 correct( ),该函数输入的是给定的单词,输出是这个程序纠正后的单词,如 correct("tha"): the,correct("asj"): ask。当然,如果输入的是一个正确的单词,那么该程序返回的就是这个单词本身,如 correct("book"): book。

单词输入的错误来源在哪儿?当然有些是记忆的差错,而更多的往往则是由键盘敲击的错误引起,如少打了一个字符,多打了一个字符等。也有可能是由于键盘上键靠得近,而发生误击,如键盘上 j 和 k 这两个键相邻,常常会将 j 误击成 k。

---

① 读者不了解贝叶斯公式并不影响理解本节内容。

以上都是可能的错误来源，那么拼写纠正程序如何发现这种错误呢？可以将输入单词进行变换，如"tha"经过一次替换后成为"the"，如果替换后是一个合法的单词，那么我们就直接返回这个结果。

也许会有读者会问，"tha"也有可能是"them"，或者"haar"。其实，这里有一个假设就是输入单词发生一次错误的可能性比发生两次错误的可能性大。也就是说，用户在输入单词"tha"时，最后一个字符 a 经过一次替换，就可以变为合法的单词"the"。而变为合法单词"them"，需要将"tha" 中的 a 替换为 e，再添加一个字符 m，也就是经过了两次变换。因此，"tha"更可能是输入"the"误击造成的。其实，这个原理就是著名的"奥克姆剃刀"，意即对于同一现象有两种不同的假说，我们应该采取相对简单的那个假说。

"tha"经过一次变化可以得到"the"，也可以得到"that"。前者是经由一次替换，后者是一次添加。由于"the"和"that"都是合法的单词，那么程序该返回哪一个呢？直观的感觉应该是返回"the"，因为"the"比"that"这个单词更常见。因此，在决定返回这两个单词中的哪一个时，除了需要确定这两个单词是合法单词，还需要量化哪个单词更常见这一概念。

单词是否常见可以通过统计各类文档中单词出现的次数进行量化。为此，Peter Norvig 通过在 Wiktionary 和 British National Corpus 上下载一些书籍和文档用于计算单词是否常见这一变量，这些文档或书籍存储于一个叫 big.txt 的文件中。这里考虑使用 Python 中的字典数据结构来存储，字典的 key 就是合法的单词，value 是 Wiktionary 和 British National Corpus 上文档中单词出现的次数。

以上分析的过程其实就是贝叶斯推理，即"tha"的输出结果与"tha"数据本身有关（似然），也与输出单词出现的频率有关（先验）。有了以上分析，下面就可以来分析 Peter Norvig 这 21 行代码的实现过程。

首先，通过代码 3.1 实现文件读入，这与 3.2 节中文件读入的代码类似。其次，通过 Python 的正则表达式，将读入文件分解成单词序列，并将所有单词字符转换为小写，见代码 3.11。为此需要导入正则表达式的库，import re，re 是正则表达式库的名字。正则表达式是用于处理字符串的强大工具，它一般用于表达字符集合的规则。比如，正则表达式 [a–z]+ 就是表示所有字母构成的串，这个串可以是'took', 'b', 'alwaystoo'等，但如果串中有数字或者其他特殊字符，如'food3'和'safl#' 等就不属于这个正则表达式。

代码 3.11 将文件分解成单词序列

```
1  def words(text):
2      return re.findall('[a-z]+', text.lower())
```

然后，通过代码 3.12 统计单词序列中每一个单词出现的次数。代码第 3 行构造了一个变量 model，它是字典类型。变量 model 使用了 Python 中的容器，因此需要导入 collections 库。代码第 4 行的循环实现的功能是，当遇到新的单词就将它添加到 model 这一字典变量中，并将对应的 value 加 1。

代码 3.12　计算单词出现次数

```
1  def train(features):
2      # 生成了一个默认 value=1 的带 key 的数据字典
3      model = collections.defaultdict(lambda: 1)
4      for f in features:
5          model[f] += 1
6      return model
```

通过以下语句实现对以上函数调用，并将结果存储于 NWORDS 变量中。

```
NWORDS = train(words(read_file('big.txt')))
```

NWORDS 中的结果形如 the: 80031, they: 3939，表示输入文档 'big.txt' 中单词 the 出现了 80031 次，而单词 they 出现了 3939 次。因此，通过统计发现，单词 the 的确比 they 更为常见。

用户输入的单词存在多种可能。第一种就是这个单词在 big.txt 中，说明它是一个合法的单词。可以在 NWORDS 中查找是否存在用户输入的单词，如果存在则返回该单词，否则返回空，其实现代码见 3.13。该代码的第 2 行到第 6 行还可以写得更简洁，需要利用列表推导式技巧，其等价的代码为

```
return set(w for w in words if w in NWORDS)
```

由于 NWORDS 是字典数据结构，我们已经知道 Python 的字典是哈希表，它可以在 $O(1)$ 时间内完成搜索。因此，代码 3.13 的执行时间与单词的个数相关，也就是时间复杂度为 $O(\text{len}(\text{words}))$。

代码 3.13　单词是否存在

```
1  def known(words):
2      wordintxt = set([])
3      for w in words:
4          if w in NWORDS:
5              wordintxt.add(w)
6      return wordintxt
```

用户输入的单词可能是合法的，也可能是不合法的。这个不合法，也就是错误，可能来源于输入单词的一次变化，这个变化包括少输入了一个字符、替换了正确输入、产生了一次错误的替换或者多输入了一个字符。为此，需要写一个函数来产生这些变化，其实现代码见 3.14。

代码 3.14 使用了列表推导。如果输入单词是 the，那么代码第 3 行的输出就是 he、th 或者 he。也就是删除 the 中一个字符后的结果。变量 alphabet = abcdefghijklmnopqrstxyz。因此，the 插入一个字符后其结果可能是：athe, bthe, cthe 等，共有 26×4=104 种可能的单词。

代码 3.14 输入单词经一次变换后的结果

```
1  def edist1(word):
2      n = len(word)
3      return set([word[0:i]+word[i+1: ]  for i in range(n)] +          ↪ # 删除
4          [word[0:i]+word[i+1]+word[i]+word[i+2: ]  for i in range(n-1)] +  ↪ # 错位
5          [word[0:i]+c+word[i+1: ]  for i in range(n) for c in alphabet] +   ↪ # 变换
6          [word[0:i]+c+word[i: ]  for i in range(n+1) for c in alphabet])    ↪ # 添加
```

除了一次变换，输入单词也有可能发生两次变换错误。为了简化，Peter Norvig 只考虑两种变化后该单词存在于 big.txt 文件内的单词。比如输入单词 "the" 经过两次变化，且存在于 big.txt 的单词有 they, ale, roe, ethel, shoe 等 167 个单词。

有了以上功能函数，就可以用于完成单词纠正函数 correct，见代码 3.15。变量 candidates 是输入单词的四种可能情况，即：

(1) 单词 word 存在于 big.txt 中。

(2) 经一次变换后存在于 big.txt 中。

(3) 经过两次变换后存在于 big.txt 中。

(4) 原单词本身。

代码 3.15 单词纠正主程序

```
1  def correct(word):
2      candidates = known([word]) or known(edist1(word)) or known_edist2(word) or ↪ [word]
3      return max(candidates, key=lambda w:NWORDS[w])
```

最后，通过代码 3.15 的第 2 行选择最终返回的单词，返回的是这些可能备选单词中其在 big.txt 文件中出现频率最高的单词。如输入单词为 tha，那么备选单词有 [thy, that, tra, tea, th, the, ha, than, ta]，最后返回的是这些备选单词中在 big.txt 中出现频率最高的 the。

3.4 稳定匹配问题

3.4.1 问题提出

市场上有一类公司，专门帮助高端人才寻找合适的岗位，同时也为各类公司物色员工，这类公司往往被称为猎头公司。假如某信息技术类猎头公司有 n 个公司的职位，同时也搜罗了 m 个人才。那么猎头公司该如何将这 m 个人才与这 n 个公司进行匹配？如果不知道这些人才对目标公司的偏好，或公司对人才的需求，那么猎头公司很难做好牵线搭桥的工作。我们先考虑申请人（人才）与公司的个数相同，且每一个公司只收录一个申请人。公司会对所有的申请人有一个偏好打分，每一申请人也会对所有公司有一个偏好打分。

我们的目标是为猎头公司设计一个系统，合理地将申请人推荐给公司。最为合理的搭配就是每一个申请人都进了各自最理想的公司，同时各个公司得到了自己最想要的员工。如果搭配不合理，则会增加申请人跳槽的可能性。足球市场上球员与球队间的转会与以上推荐系统也有类似之处。如果球员转会到自己理想的球队，而球队得到了想要的球员，那么这个球队的人员结构就比较稳定。

此外，以上问题也可以类比于男生与女生的婚配。假定有 n 个男生集合 M$=\{m_1,m_2,\cdots,m_n\}$，以及 n 个女生集合 W$=\{w_1,w_2,\cdots,w_n\}$。M$\times$W 表示男生和女生的配对关系矩阵，一个配对就是元素对 $m \leftrightarrow w$，其中 $m \in$ M，$w \in$ W，w 和 m 只能出现在一次配对中。图 3.1(a) 中，$m_2 \leftrightarrow w_1$，同时 $m_2 \leftrightarrow w_2$，m_2 出现在不同的配对中，因此是一个不合法的匹配。图 3.1(b) 则是一个合法配对，图 3.1(c) 为完全匹配，即每一元素均出现在配对中。

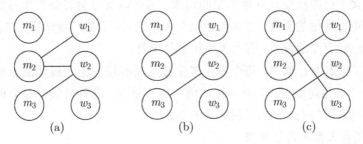

图 3.1 匹配与完全匹配

我们还假设男生 m 会对每一个女生按照其喜好进行排序，如果有两位女生 w 和 w'，m 更喜欢 w，可以用 $w \succ_m w'$ 来表示这种关系。$m \succ_w m'$ 则表示女生 w 相比较于男生 m' 更喜欢男生 m。假如 $n=2$，喜欢关系为 $m_1 : w_1 \succ w_2$，$m_2 : w_2 \succ w_1$，$w_1 : m_1 \succ m_2$，$w_2 : m_2 \succ m_1$。那么图 3.2 中两种不同的完全匹配，哪种是更稳定的匹配呢？

直观上应该是图 3.2(a) 的匹配更稳定，因为每个人找到的都是自己心目中最佳的对象。而图 3.2(b) 不稳定，比如某天当 m_1 遇到 w_1，由于他们彼此是对方理想中的对象，可现实中他们并不在一起。因此，这种配对的不合理体现在结构的不稳定，类似于企业中出现的员工跳槽或者足球队的运动员转会。

不稳定配对是指两者相互亲睐，但现在却没有配对在一起，如图 3.3 中所示的虚线。直观而言，如果存在这种配对关系，就增加了 m_1 和 w_1 发生"私奔"的可能。如果某个配对中不存在以上不稳定配对，则说这个配对是稳定的。

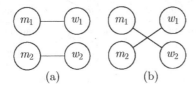

图 3.2 完全匹配的比较

图 3.3 不稳定配对

现在问题就可以表述为, 给定 M 和 W 以及其中元素各自的偏好, 是否存在一个完全稳定的配对? 如果存在, 该如何找到它?

3.4.2   算法设计

1962 年, 美国数学家 David Gale 和 Lloyd Shapley 对以上问题进行了研究, 并提出了一种寻找稳定匹配的策略。不管男女生各有多少人, 不管他们各自的偏好如何, 应用这种策略总能得到一个稳定的搭配关系。换句话说, 他们证明了稳定的搭配总是存在的。算法中采用了男生主动追求女生的形式。他们的算法描述为:

(1) 第一轮, 每个男生都选择自己名单上排在首位的女生, 并向她表白。这种时候会出现两种情况:

(a) 该女生还没有被男生追求过, 则该女生接受该男生的请求;

(b) 若该女生已经接受过其他男生的追求, 那么该女生会将该男生与她的现任男友进行比较: 若更喜欢她的男友, 那么拒绝这个人的追求; 否则, 抛弃其男友。第一轮结束后, 有些男生已经有女朋友了, 有些男生仍然是单身。

(2) 在第二轮追女行动中, 每个单身男生都从所有还没拒绝过他的女孩中选出自己最中意的那一个, 并向她表白, 而不管她现在是否单身。这种时候还是会遇到上面所说的两种情况, 将采用与 (1) 中同样的解决方案。

(3) 直到所有人都不再是单身。

假如有三个男生与三个女生, 他们各自喜好的关系如图 3.4 所示。在第一轮的时候, 男生 m_1 选择了他最心仪的 w_1, 由于该女生还没有男友, 那么她暂时同意与 m_1 交往。男生 m_2 最心仪的女生是 w_1, 尽管该女生有交往的对象, 但他依然追求该女生。女生 w_1

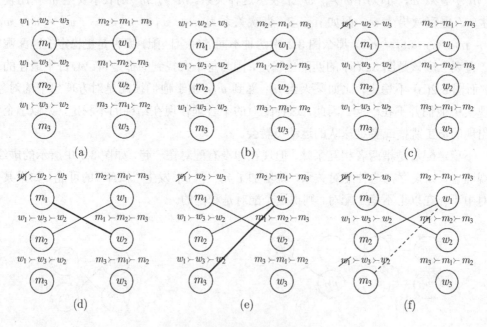

图 3.4   稳定匹配算法示例

在接受男生 m_2 的追求后，发现相比较于她现交往的对象 m_1，她更喜欢 m_2。因此，w_1 会拒绝掉 m_1，决定与 m_2 进行交往。而男生 m_1 则向他的下一个心仪对象 w_2 发起追求，由于 w_2 目前也还没有交往对象，因此接受 m_1 的交往要求。

　　按照算法依次进行下去，可以得到最后如图 3.5 所示的配对结果。这个配对结果不仅是完全的，也就是说每一个男生与女生都有交往对象，而且是稳定的。需要指出的是，稳定配对并不是说每个人的交往对象都是最理想的，如 m_1 和 w_2，w_2 不是 m_1 最理想的对象，同样 m_3 的对象也不是他最理想的。但这种配对结果稳定，没有可能发生"私奔"的配对，也就是说不存在不稳定配对。

　　下面我们给出以上算法正确性的简单证明过程：

　　(1) 随着轮数的增加，总有一个时候所有人都能配上对。因为男生根据自己心目中的排名依次对女生进行表白，假如有一个人没有配上对，那么这个人必定是向所有的女生进行表白了。但是女生只要被表白过一次，就不可能是单身。也就是说此时所有的女生都不是单身的，这也意味着男生没有单身的，这与有一个人没有配上对是相悖的。所以假设不成立。

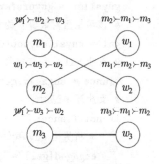

图 3.5　配对结果

　　(2) 随着轮数的增加，男生追求的对象越来越糟，而女生的男友则可能变得越来越好。假设男 m 和女 w 各有各自的对象，但是比起现在的对象，男 m 更喜欢女 w。所以，在此之前男 m 肯定已经跟女 w 表白过的，并且女 w 拒绝了男 m，也就是女 w 有了比男 m 更好的男友，不会出现"私奔"的情况。

　　可以根据以上算法得到代码 3.16，其中利用字典数据结构存储男生与女生的偏好列表（第 2 ~ 9 行）。如果共有 n 对男女生，由于每一个男生都有可能与所有的女生进行一次配对，因此代码 3.16 最坏情况下的时间复杂度为 $O(n^2)$。

代码 3.16　稳定匹配算法

```python
import copy
guyprefers = {
  'm1': ['w1', 'w2', 'w3'],
  'm2': ['w1', 'w3', 'w2'],
  'm3': ['w1', 'w3', 'w2']}
galprefers = {
  'w1': ['m2', 'm1', 'm3'],
  'w2': ['m1', 'm2', 'm3'],
  'w3': ['m3', 'm1', 'm2']}
guys = sorted(guyprefers.keys())
gals = sorted(galprefers.keys())

def matchmaker():
    # 单身男生列表
    guysfree = guys[:]
```

```
16      # 字典数据结构的配对关系
17      engaged = {}
18      # 男生对女生的喜好
19      guyprefers2 = copy.deepcopy(guyprefers)
20      # 女生对男生的喜好
21      galprefers2 = copy.deepcopy(galprefers)
22      while guysfree:
23          guy = guysfree.pop(0)
24          # 得到男生 guy 的偏好列表
25          guyslist = guyprefers2[guy]
26          # 该男生当前最喜欢的女生
27          gal = guyslist.pop(0)
28          # 女生 gal 是否有对象
29          fiance = engaged.get(gal)
30          # 女生还未配对
31          if not fiance:
32              # 将男生 guy 和女生 gal 配对
33              engaged[gal] = guy
34              print(" %s and %s" % (guy, gal))
35          else:
36              # 女生对男生喜好列表
37              galslist = galprefers2[gal]
38              if galslist.index(fiance) > galslist.index(guy):
39                  # 女生更偏好当前的追求者
40                  engaged[gal] = guy
41                  print(" %s dumped %s for %s" % (gal, fiance, guy))
42                  if guyprefers2[fiance]:
43                      # 前男友进入单身列表
44                      guysfree.append(fiance)
45              else:
46                  # 女生更偏好现男友
47                  if guyslist:
48                      # 当前追求者重新寻找下一个对象
49                      guysfree.append(guy)
50      return engaged
```

3.5 小结

本章通过三个例子，向大家展示了通过简单的设计就可以解决看似非常复杂的问题。这里面最为重要的是将问题进行转化，也就是把一个具体的问题形式化描述，然后再寻求解决问题的办法。比如，第一个比较两个文档是否相同的问题，我们需要将输入文档先转化成单词集合，再按照单词出现的频率进一步转化成向量，这样两个文档的相似度就可以通过计算向量的夹角来度量。第二个单词拼写矫正问题，我们假设输入的单词错误是由于删除、错位、变换或者添加这几种操作产生的，如果错误拼写单词有多个备选正确单词，我们就选择最常见的那个单词作为输出。第三个将猎头公司的推荐过程或者球员与俱乐部之间的转会问题转换为稳定匹配问题。同时，把现实生活中的策略抽象成一个算法，如一方更为主动的追求以及另一方略带贪心的选择，从而得到稳定匹配算法。

此外，一个算法的实现还是不断优化的过程，这个优化不仅体现在算法的优化，也包括实现算法的代码优化。通过本章的学习读者还应进一步掌握 Python 中常用数据结构，如列表和字典的使用技巧。对于本章出现的一些 Python 高级语法，如正则表达式等，读者可以在 Python 官网找到更为详细的说明。

课后习题

习题 3-1　　打印出 1000 以内所有的水仙花数，所谓水仙花数是指一个三位数，其各位数字立方和等于该数本身。例如：153 是一个水仙花数，因为 $153 = 1^3 + 5^3 + 3^3$。

习题 3-2　　一个数如果恰好等于它的因子之和，这个数就称为完数，例如 $6 = 1 + 2 + 3$。编程找出 1000 以内的所有完数。

习题 3-3　　实现石头、剪刀、布游戏。模拟两方对战该游戏，共进行 100 局，输出这 100 局对战结果。

习题 3-4　　将一个中缀表达式转变为后缀表达式，比如 $9 + (3 - 1) * 3 + 10/2$ 转化为后缀表达式 $931 - 3 * +102/+$（提示：采用堆栈实现）。

习题 3-5　　输入一段 C++ 源程序，实现一个函数去除源程序中的所有注释与空格符。

第 4 章　递归算法与递归函数

本章学习目标

- 掌握递归的基本组成
- 掌握递归算法执行的过程
- 熟练掌握常见问题的递归求解方法
- 熟练掌握求解标准递归函数 $T(n) = aT(n/b) + f(n)$ 的方法

4.1　引言

　　递归是程序设计中常用的解决问题的方法，它在数据结构的构造和算法设计中都有重要的应用。然而，实际生活中人们很少使用递归来解决问题，因此初学者在理解递归时往往存在困难。本章首先通过一个熟知的游戏，引出如何筹集巨款用于慈善事业这一实际的问题，通过分析该游戏背后的算法，展示递归的组成结构。其次，通过分析求解斐波那契数的过程，向读者介绍递归函数在计算机中执行的过程，以便帮助读者从计算的角度理解递归计算的过程。最后，总结出利用递归求解问题的基本步骤，向读者展示如何利用递归求解回文判断、全排列、汉诺塔和生成雪花等经典问题，以便帮助读者建立递归思维的习惯。此外，本章还将介绍求解递归函数的两个基本方法，为分析递归算法的时间复杂度建立数学基础。

4.2　递归的组成结构

4.2.1　如何筹集巨款

　　2014 年，一项从美国流行的游戏很快席卷了全球，众多的社会名流都加入到该游戏中。这个游戏是"冰桶挑战"赛，游戏规则非常简单，要求参与者在网络上发布自己被冰水浇遍全身的视频，然后该参与者便可以要求其他人来参与这一活动。活动规定，被邀请者要么在 24 小时内接受挑战，要么就选择向对抗"渐冻症"①的组织捐 100 美元。该活动旨在提高人们对"渐冻症"患者的关注，同时也为"渐冻症"患者得到更好的治疗进行募款。"冰桶挑战"首先在全美科技界大咖、职业运动员以及知名的政治人物中迅速风

---

① 也被称为"肌肉萎缩性侧索硬化症"。

靡。随后，包括中国在内的诸多影视、体育明星和商界大鳄纷纷加入这项活动。据统计显示，仅在美国就有 170 万人参与挑战，250 万人捐款，总金额达 1.15 亿美元。

　　现在假如你是某项公益活动的发起人，你希望能募集到 1 百万善款用于开展"渐冻症"治疗与康复研究。如果你自己有这笔钱，那么问题很简单。或者你认识一位超级富豪，而且他也非常慷慨愿意捐献这笔钱，那么问题同样简单。可往往事实是，你自己没有这笔巨款，而且也不认识这么一位慷慨的富翁，那该怎么办？尽管需要筹集这么一大笔巨款困难重重，但为了公益事业仍然希望能完成它，也许一个可行的办法是寻求朋友的帮助。然而，如果你直接要求你的朋友捐款，也许依然难以得到大多数朋友的响应，毕竟大家现在生活的经济压力都不小。

　　那么该怎样筹集这笔巨款呢？我们认为求助朋友是可行的办法，但不是直接开口向你的朋友们募捐，而是首先说服你的朋友们支持这项活动。你应该采取的策略包括如下几个步骤：第一，找到你的 10 个最好的朋友；第二，请他们募捐到你额度的十分之一，也就是说如果你需要募集 100 万，那么他们各自需要募集 10 万；第三，他们采用和你一样的步骤去完成他们的任务。

　　当你的朋友听到你的这个安排，应该会比较容易接受这个任务。因为，你没有要他们直接掏腰包出钱，而且还告诉他们该如何去完成这项任务。假如王某某是你的这 10 个朋友中的其中一位，那么他会按照你同样的步骤去执行他的 10 万元的筹款计划。第一，他会找到他的 10 个朋友[1]；第二，王某某的这 10 个朋友筹款额度是 1 万元；第三，王某某也同样告诉他的这 10 个朋友，应该用与他自己相同的策略去筹款。

　　也许到这儿，读者会非常怀疑这个办法是否真的能筹集到 100 万元。因为，大家似乎都是在说着一个故事，然后依次去传递故事，但并没有人真正掏钱，那么如何能完成目标呢？这里我们需要做一个额外的限定，即当筹款的目标款数小于等于 100 元时，就不再继续往下传递这个故事，而是需要接受这个任务的人从自己的口袋拿出那 100 元，并把钱送给向他发出募集请求的人。

　　我们可以把上述筹集资金的过程用程序的形式描述出来，见代码 4.1：

代码 4.1　筹集善款的递归算法

```
1   def collect_contributions(n):   #n 为需要筹集的款数
2       if (n <= 100):
3           return 100  # 需要此人捐出 100 元
4       else:
5           # 寻找 10 个朋友
6           friends = find_friend()
7           sum = 0
8           for(i=0; i<length(friends); i++):
9           # 从这 10 个朋友中分别募集 n/10 元
10          sum += collect_contributions(n/10)
11      return sum    # 返回从 10 个朋友募集到的资金
```

　　[1] 假如大家的朋友没有交集，也就是你不出现在这 10 个朋友中。

我们将筹款的方法，或者说策略称为 collect_contributions(n)，它的输入 n 表示需要募集的款数。代码 4.1 的第 6 行的函数 find_friend( ) 帮我们找出自己的 10 个好朋友。然后，这 10 个好朋友需要用同样的策略，去筹集款数的十分之一。为此，定义一个变量 sum，用于收集这 10 位好友筹集到的钱。

以上只是让朋友们按照和你相同的步骤去筹款，那么这里存在两个问题：

- 你的策略是什么？
- 程序中如何表达 "相同的策略"？

这两个问题对应的解答就在代码 4.1 的第 10 行。也就是说，采用的策略就叫 collect_contributions。相同的策略就意味着用相同的名字，即你的这 10 个朋友他们都采用策略 collect_contributions 去筹款。当然，尽管方法/策略一样，但是各自筹款数额并不一样，朋友需要筹集的是 $n/10$。此外，代码 4.1 的第 2 行到第 3 行，表示的就是前面提及的额外限定，即当筹款额度小于等于 100 元，就需要掏钱，而非继续找朋友。

4.2.2 上线与下线

按照以上策略，真的能很容易筹集到 100 万吗？首先，我们发现按照以上策略，问题在逐渐变得简单。可以把以上筹款的过程用图 4.1 进行描述。图 4.1 中的根结点代表任务的发起者，与它相连接的叶子结点代表他的 10 个朋友，结点中的数字代表该人需要筹集的款数。需要指出的是，为了简化表示，图 4.1 中没有把所有的结点都画出。其实，图中除了叶子结点外，每一个结点均有 10 个下级结点与它相互连接。不难观察到，原始问题从上到下依次变的简单，通过 4 层分解，可以从原来的 100 万元降到 100 元的筹款额度。

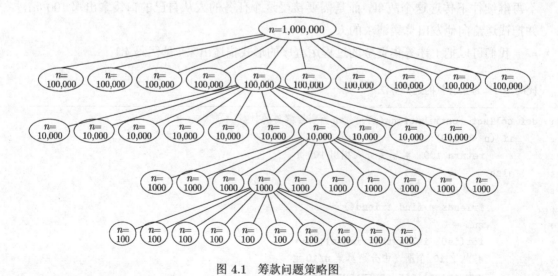

图 4.1　筹款问题策略图

其次，以上策略包括了掏钱的过程。也就是图 4.1 中第 4 层的叶子结点，这些结点对应的筹款额度为 100 元。所有的叶子结点就对应着最终出钱的人，由于额度不大，此时掏钱的人应该都能接受捐出这个款数。那么这些钱是如何汇总到发起人的呢？当图 4.1 中某个结点筹集到它的目标款数后，就将这些钱上交给向他派发任务的人，也就是将钱交给该结点对应的父结点对应的人。依此逐级上传，最终将所有的钱都汇聚到发起人手中。

大家看到这里可能会想到这似乎和传销很像呀。传销是不停的发展下线，自己的收益就来自下线，下线成员越多收益就越大。没错，"冰桶挑战"游戏就是一种包含了递归思想的"传销"游戏。当然，传销的目的是满足个人的私利，而"冰桶挑战"则是为了公益，这一点是它们根本的不同。

从以上解决筹款问题的过程可以总结出，递归求解问题的两个过程。一个过程是从上而下逐层展开并简化问题，另外一个过程便是从下而上获得问题的解。从上而下的过程对应着找朋友，同时伴随着逐步降低问题的难度。而自下而上的过程意味着处于中间某层的结点已经筹到了需要他筹集的款项，该结点还有另外 9 个兄弟结点，他们同属于上一层结点的 10 个朋友。如果这 10 个结点都筹集到他们各自需要筹集的款数，那么他们上一层的朋友结点需要筹集的款项也就能完成。因此，自下而上对应着问题逐步得以求解的过程。

代码 4.1 中的函数 collect_contributions( ) 就是一个非常典型的递归函数。它具备了递归函数最基本的两个组成部分：

- 必须有最终停止发展下线的边界条件
- 必须有与原始问题结构一致，但输入规模小于原始问题规模的递归结构

代码 4.1 的第 2 行和第 3 行便是边界条件，而代码 4.1 的第 10 行则对应于递归结构。有边界条件，可以让我们避免陷入无限的发展下线这个陷阱中。而递归结构可以让我们逐步分解问题到边界条件，并收集从边界条件获得的解，将这些解依次向上传递从而求解初始的问题。

通过这个例子我们展示了递归具有强大的解决问题的能力。用于传销这样的活动，极具诱惑。用于"冰桶挑战"这样的公益活动，能极大地推动公益事业的进展。

4.3　递归算法的执行

公元前 13 世纪意大利数学家斐波那契的名著《算盘书》，描述了一个关于兔子繁殖的问题。问题是指有一对兔子饲养在围墙中，如果它们每个月生一对兔子，且新生的兔子在第二个月后也是每个月生一对兔子，问一年后围墙中共有多少对兔子。斐波那契的分析如下：第一个月是最初的一对兔子生下一对兔子，围墙内共有两对兔子；第二个月仍是最初的一对兔子生下一对兔子，共有 3 对兔子；到第三个月除最初的兔子新生一对兔子外，第一个月生的兔子也开始生兔子，因此共有 5 对兔子；继续推下去，第 12 个月时最终共有 377 对兔子。现在的问题是，第 24 个月共有几对兔子？

假设我们用 fib(i) 来记录当前围墙内兔子的总对数，每个月兔子的变化数构成斐波那契数列：

fib(0)	fib(1)	fib(2)	fib(3)	fib(4)	fib(5)	fib(6)	fib(7)
0	1	1	2	3	5	8	13

从以上序列不难观察到，由于不考虑兔子死亡的情况，因此如果要计算当前月份的兔子，不仅包括所有上一个月的兔子，还会包括上上个月成熟的兔子所生育的新兔子。以第 6 个月为例，这个月的兔子包括第 5 个月所有的兔子数 5，还需要加上上个月，也就是第四个月已经成熟会生育的兔子所生育的 3 对新兔子。因此，第 6 个月的兔子数是 $5 + 3 = 8$。

由此，不难得到第 n 个月兔子的总数的一般数学表达式:

$$\text{fib}(n) = \text{fib}(n-1) + \text{fib}(n-2) \tag{4.1}$$

式 (4.1) 中 fib(n) 定义了围栏中兔子数量的变化，它是一个递归函数。也就是说，第 n 个月的兔子数应该是一个关于 n 的解析式，但 fib(n) 并没有直接给出这个解析式，而是建立了第 n 个月兔子数与第 $n-1$ 和第 $n-2$ 个月兔子数的递归关系。

要计算第 24 个月的兔子数，除了需要式 (4.1) 的递归函数，还需要确定边界条件。也就是当 $n = 0, 1$ 时，fib(0)=0，fib(1) $= 1$。因此，完整的斐波那契数列公式如下:

$$f(n) = \begin{cases} n, & n = 0, 1 \\ f(n-1) + f(n-2), & \text{其他} \end{cases} \tag{4.2}$$

为了计算第 24 个月的兔子数，根据式 (4.1)，可以得到如代码 4.2 所示的计算斐波那契数的函数 fib_rec(n)。

代码 4.2 斐波那契数的递归算法

```
1  def fib_rec(n):
2      if n <= 1:
3          f=n
4      else:
5          f=fib_rec(n-1)+fib_rec(n-2)
6      return f
7  if __name__ == '__main__':
8      num = 24
9      print('{0:5}==>{1:10d}'.format('fib('+str(num)+')', fib_rec(num)))
```

这个函数与筹款的代码 4.1 非常相似，都包括了边界条件 (第 2 行 - 第 3 行) 和递归结构 (第 5 行)。第 9 行是返回函数执行结果，得到结果如下:

```
fib(24)==>      46368
```

即第 24 个月的兔子数为 46368 对。尽管以上代码非常简单，但是读者对于这个函数如何执行出结果的也许还不是非常清楚，因为代码中似乎并没有直接给出如何计算 fib(24) 的代码。

4.3.1　跟踪函数的执行

为了清楚的理解代码 4.2 中函数 fib_rec(n) 的执行过程，下面将模拟该函数在计算机中的执行过程，从而帮助读者进一步理解递归计算的过程。为了简化分析，假设代码 4.2 第 7 行的主函数 main( ) 的输入参数 num=3，这时主程序便会调用函数 fib_rec(3)。图 4.2 表示了函数开始执行的示意图，图中的长方形用来表示该函数正被执行，长方形内的代码表示该函数需要执行的语句，右下角为输入的参数。函数之间的调用关系通过长方形所在的层次表示，下一层调用上一层。此外，函数的执行过程还通过右图的树来表征，树中的结点表示函数的一个执行，结点内为该函数的输入参数，向下箭头表示调用，向上箭头表示返回，外框加粗的结点表示当前执行的函数。

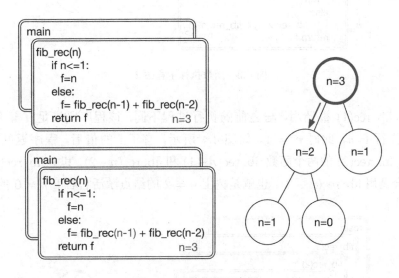

图 4.2　函数执行示意图 1

首先，main 函数调用 fib_rec(n)，当前函数 fib_rec 的输入参数为 3。当 fib_rec(3) 函数执行时，需要首先比较 n 与 1 的大小，显然 $n > 1$，因此程序会执行到 else 内的语句。else 内的语句为

```
f=fib_rec(n-1)+fib_rec(n-2)
```

该语句表示为了要计算出 f，需要分别调用另外两个函数，fib_rec($n-1$) 和 fib_rec($n-2$)。按照这两个函数出现的顺序，会先执行 fib_rec($n-1$)。由于此时 $n=3$，因此也就是先调用 fib_rec(2)。需要注意的是，此时另一个函数 fib_rec($n-2$) 还未被调用。如图 4.2 所示，从树结构的表示来看，也就是 $n=3$ 的结点会激活其箭头所指的 $n=2$ 的结点。

fib1(2) 的程序段执行后，它依然会进入 f=fib_rec($n-1$)+fib_rec($n-2$)。由于此时 $n=2$，因此会首先调用 fib_rec(1)，也就是树上 $n=2$ 的结点首先激活其箭头所指的 $n=1$ 结点，如图 4.3 所示。

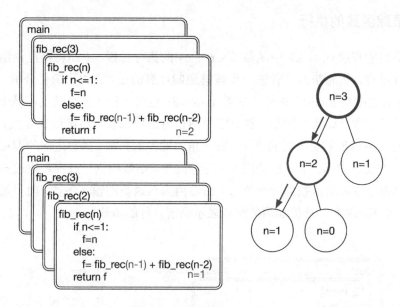

图 4.3　函数执行示意图 2

此时，fib_rec(1) 被调用，与之前的执行过程不同，该程序段满足 if 语句的条件，也就是会执行 f=n，此时 $n = 1$。如图 4.4 所示，有了 f 的值后，程序返回这个值给 fib_rec(2)。fib_rec(2) 的两个函数 fib_rec($n-1$) 和 fib_rec($n-2$)，其中 fib_rec($n-1$)=1，下一步便会调用 fib_rec($n-2$)。也就是树上 $n = 2$ 的结点激活它右下 $n = 0$ 的结点。

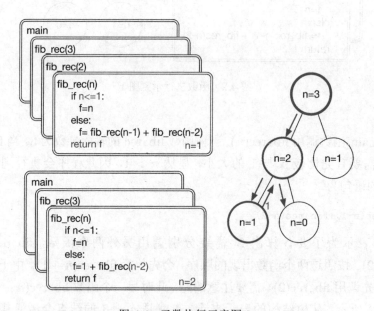

图 4.4　函数执行示意图 3

如图 4.5 所示，fib_rec(0) 被调用会返回 $f=0$。对于 fib_rec(2) 这个程序段，意味着它的两个被调用函数的值都已经计算出，分别为 1 和 0。对应到树上，也就是当前 $n = 2$ 这个结点被激活，并且这个结点的返回值为 1。

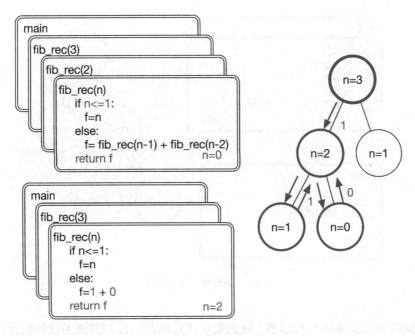

图 4.5　函数执行示意图 4

当 fib_rec(2) 计算得到值后，它便会把值返回调用它的函数，也就是 fib_rec(3)。
fib_rec(3) 按照其代码，会调用另外一个函数 fib_rec($n-2$)，也就是 fib_rec(1)。如图 4.6
所示，$n=3$ 的根结点的右下结点 $n=1$ 将被激活。

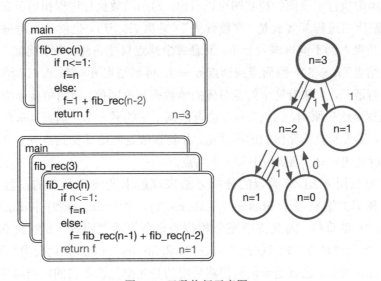

图 4.6　函数执行示意图 5

fib_rec(1) 函数执行后，会将它的返回值 1 返回给调用它的函数 fib_rec(3)，这时
fib_rec(3) 的值便可以计算出来，fib_rec(3) 把返回值 2 返回给主函数，整个递归调用过
程结束，根结点得到返回值 2，也就是 fib_rec(3)=2，如图 4.7 所示。

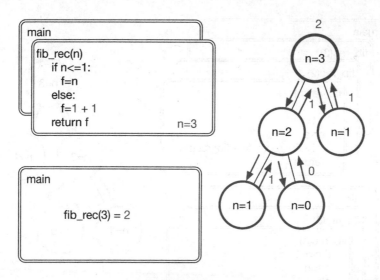

图 4.7　函数执行示意图 6

通过跟踪递归函数的执行过程,我们发现其实递归函数与普通函数的执行过程并没有什么区别。当函数被调用后,将顺序执行相应的代码,并将返回值返回给调用函数。与普通函数调用不同的是,递归函数往往其调用的深度较深,也就是说一个函数为了要得到它最终的返回值,可能需要调用非常多的其他函数。我们发现,尽管输入参数 num=3,该递归函数的执行过程依然非常复杂,主要是递归函数之间的调用关系复杂。但是,可以通过树状图画出函数执行过程,由此得到函数递归调用的结构。

从以上函数执行示意图的树状图可以看出,递归函数执行过程相当于在树上遍历每一个结点。遍历的过程其实就是"深度优先"(见第 7.5 节),也就是说对每一个可能的分支路径总是深入到不能再深入为止,而且每个结点只能访问一次。比如,以上树状图就是先走根结点 ($n = 3$),然而走到结点 $n = 2$,再到结点 $n = 1$。此时,结点 $n = 1$ 这个结点不能再展开,意味着这个结点对应的函数得到返回值,可将值传递给它的父结点 $n = 2$。按照深度优先原则,结点 $n = 2$ 会再次调用它的另一个子结点 $n = 0$。结点 $n = 0$ 没有子结点,那么就会计算出它的返回值,并将该值返回给其父结点 $n = 2$。依此过程,最终按照深度优先原则,遍历树中每一个结点。

我们也可以用 4.2.1 节类似的分析方法来理解求斐波那契数的过程。为了计算 fib_rec(3),我们知道它等于 fib_rec(2)+fib_rec(1)。由于 fib_rec(2) 和 fib_rec(1) 比原问题 fib_rec(3) 要简单,因此需要充分相信我们的两个"朋友"能解决 fib_rec(2) 和 fib_rec(1)。这两个"朋友"如何解决 fib_rec(2) 和 fib_rec(1) 呢?他们会用与解 fib_rec(3) 一样的策略进行求解。也就是说他们仍然采用的是先把他们各自的问题简化(往往意味着输入参数的规模变小),然后再去找他们的朋友解决简化后的问题这一策略。这个依次降解问题的过程不会无休止进行下去,而是会在问题简化到边界条件时停止。

有了上面的分析,不难得到求解斐波那契数算法的时间复杂度 $T(n)$:

$$T(n) = T(n-1) + T(n-2) \tag{4.3}$$

因为，

$$T(n) = T(n-1) + T(n-2) + O(1) \geqslant \mathrm{fib}(n) \geqslant 2T(n-2) + O(1) \geqslant 2^{n/2} \qquad (4.4)$$

因此，递归算法求解斐波那契数的时间复杂度是指数规模增长。我们将在第 9.2 节会再次遇到斐波那契数，并会介绍复杂度为 $O(n)$ 的算法来求解斐波那契数。

4.4　利用递归算法求解问题

通过上节的介绍，我们知道了递归函数的执行过程。那我们该如何利用递归，来求解具体的问题呢？一般来说，它包括以下几个步骤：

- 不妨设问题有解，且求解该问题的函数为 Fnc(P)，其中 P 为函数 Fnc 的输入
- 将原问题 P 分解成 k 个子问题，即 $P_1, P_2, \cdots, P_k$
  - 由于求解原问题的函数为 Fnc，因此求解各子问题的函数依然是 Fnc
  - 子问题对应的输入元素个数要小于原问题的输入元素数
- 建立子问题的解与原问题解的关系 Fnc(P)=Fnc(P_1)⊕ Fnc(P_2)⊕ $\cdots$ ⊕Fnc(P_k)
  - 根据解的关系得到递归结构，其中 ⊕ 表示函数间的关系
  - 子问题的最简形式存在解

以上就是利用递归求解问题的基本步骤。下面将按照以上步骤，介绍如何利用递归求解计算问题，这些问题包括简单的回文判断，也有较为复杂的汉诺塔问题等。

4.4.1　回文判断

回文是一个正向和反向读是相同的字符串，比如英文单词：level, noon；中文的句子：蜜蜂酿蜂蜜，静泉山上山泉静，上海自来水来自海上。这些单词或者句子正念反念相同。当给定一个字符串 str，需要判断该字符串是否为回文。如果是回文返回 True，否则返回 False。

判断输入串是否为回文的简单实现就是，依次比较输入串的第一位与最后一位字符。也就是：

(1) 设 i 指向输入串 s 的第一位，j 指向输入串的最后一位；

(2) 重复执行以下各步，直到 i > j：

- 如果 s[i] 不等于 s[j]，返回 False
- i 递增 1 次，j 递减 1 次

(3) 返回 True。

以上实现需要循环 $n/2$ 次，其时间复杂度为 $O(n)$。下面我们考虑通过递归来求解以上问题，根据递归求解问题的步骤。首先，不妨设已经有一个函数 is_palindrome(s) 可以用来求解该问题，其中 s 为输入。也许，读者此时会有一些疑问，函数 is_palindrome( ) 目前还没有一句代码，怎么就能用于求解回文问题。其实，正是由于有这个假设，才可以逐步去完成函数的设计，这一点与数学归纳法的证明过程有异曲同工之处。

如果输入串 s='level'，显然 is_palindrome('level') 的返回值应该为 True。然后，需要将该问题分解成若干个子问题。如何将原问题进行分解并没有固定的模式，一般的原则是取原输入的子集。这里通过观察不难发现，如果将原输入的头尾两个字符去掉，剩下的字符串'eve' 显然是原问题的一个子问题，求解该子问题的函数依然是 is_palindrome( )，此时的输入为'eve'。is_palindrome('level') 与 is_palindrome('eve') 解如果要建立等价关系，只需要判断头尾字符串是否相等。也就是 is_palindrome('level') = is_palindrome('eve') and ('l'=='l')。

子问题规模显然比原问题要小，意味着可以逐渐简化原问题。此外，子问题依次简化到最简形式就是只有一个输入字符或者为空，此时的解应该返回 True。据此，不难得到如代码 4.3 所示的回文判断的递归算法。

代码 4.3 回文算法

```python
1  def is_palindrome(s):
2      if len(s) <= 1:
3          return True
4      else:
5          return s[0] == s[-1] and is_palindrome(s[1:-1])
```

代码 4.3 第 5 行的 s[0] == s[-1] 为判断 s 头尾字符是否相等，如果相等返回 True，不相等则返回 False。s[1:-1] 则是取得 s 去掉头尾字符后的子串。需要指出的是，代码 4.3 还有许多可以优化的地方。比如，可以考虑避免在每一个递归中，频繁调用计算字符串 s 长度的函数 len( )，读者可以自己尝试优化代码 4.3。

代码 4.3 中包括一个递归函数，除该递归函数外其他语句的执行时间均为常数。假设代码 4.3 的时间复杂度为 $T(n)$，那么 $T(n)$ 的计算如下式所示：

$$T(n) = T(n-2) + c = T(n-4) + 2c = \cdots = T(1) + \frac{n-1}{2}c = O(n) \tag{4.5}$$

因此，采用递归实现回文判断的时间复杂度依然是 $O(n)$。

如果输入为中文字符串，就需要在代码中加入编码为 utf-8 的设定，见代码 4.4 的第 1 行。此外，代码 4.4 的第 8 行还需要通过关键字 u 来标示中文串的编码形式。

代码 4.4 判断中文字符串的回文算法

```python
1  #coding=utf-8
2  def is_palindrome(s):
3      if len(s) <= 1:
4              return True
5      else:
6              return s[0] == s[-1] and is_palindrome(s[1:-1])
7  if __name__ == '__main__':
8      s = u" 上海自来水来自海上"
9      if(is_palindrome(s)):
```

```
10          print("\""+s+"\""+" 是回文!")
11      else:
12          print("\""+s+"\""+" 不是回文!")
```

4.4.2 全排列

排列的定义可以追溯到大约 1150 年前的古印度时期，排列在现代组合数学中依然有着重要的应用。排列就是将不同物体或符号根据确定的顺序重排，每个顺序都称作一个排列。输入的字符 s="ABC"，由字符 A，B 和 C 组成的全排列为 ["ABC", "ACB", "BAC", "BCA", "CAB", "CBA"]。

下面考虑该如何利用递归算法，来求解给定输入字符的全排列。按照递归算法的步骤，不妨设求解原问题的函数为 permutation(s)，其中 s 为输入的字符串。然后，分解原问题为若干个子问题。通过观察排列的结果，不难发现字符 A，B 和 C 组成的全排列等于

- 字符'A'+permutation('BC')
- 字符'B'+permutation('AC')
- 字符'C'+permutation('AB')

也就是说，要产生 n 个字符的全排列，需要每次选出这 n 个字符中的一个，将这个字符与剩下的其他 $n-1$ 个字符产生的排列结果进行连接。产生 $n-1$ 个字符的全排列显然是原始问题的子问题，而且产生 $n-1$ 个字符的全排列与产生 n 个字符的全排列问题可以使用相同的函数。子问题输入元素个数比原问题的输入元素个数要小，这意味着子问题比原问题规模小。依此逐渐减小问题规模，子问题的最简形式就是当输入元素个数小于等于 1，此时的解就是该元素本身。因此，子问题的最简形式有解。

根据以上分析，我们就可以得到如代码 4.5 所示的求全排列的递归算法。

代码 4.5 产生全排列的递归算法

```
1   def permutation(str):
2       lenstr = len(str)
3       if lenstr < 2:           # 边界条件
4           return str
5       else:
6           result = []
7           for i in range(lenstr):
8               ch = str[i]                      # 取出 str 中每一个字符
9               rest = str[0:i] + str[i+1:lenstr]
10              for s in permutation(rest):      # 递归
11                  result.append(ch + s)        # 将 ch 与子问题的解依次组合
12      return result
13
14  if __name__ == '__main__':
15      print(permutation('ABC'))
```

代码 4.5 第 7 行索引每一个输入字符，再将它存入到变量 ch 中。然后，将去除该字符后剩余的串存储于变量 rest 中。代码 4.5 第 10 行调用递归函数 permutation( )，产生 rest 的全排列。由于 rest 的全排列可能有多个解，因此需要使用第 10 行的循环，由变量 s 索引其中的每一个元素。第 11 行将字符 str 的第 i 个字符'ch'分别与 permutation(rest) 中的各个串进行连接，并将连接后的结果存储于列表类型的变量 result 中。

对于长度为 n 的输入字符串，共有 $n!$ 个全排列，因此代码 4.5 的时间复杂度为 $O(n!)$，这是一个指数规模增长的时间复杂度。

4.4.3　汉诺塔问题

下面介绍递归算法用于一个非常经典的汉诺塔（Tower of Hanoi）游戏问题，它是源于印度一个古老传说的益智玩具。法国数学家爱德华·卢卡斯对这个传说有一段非常形象的描述：

在世界中心贝拿勒斯（在印度北部）的圣庙里，一块黄铜板上插着三根宝石针。印度教的主神梵天在创造世界的时候，在其中一根针上从下到上地穿好了由大到小的 64 片金片，这就是所谓的汉诺塔。不论白天黑夜，总有一个僧侣在按照下面的法则移动这些金片：一次只移动一片，不管在哪根针上，小片必须在大片上面。僧侣们预言，当所有的金片都从梵天穿好的那根针上移到另外一根针上时，世界就将在一声霹雳中消灭，而梵塔、庙宇和众生也都将同归于尽。

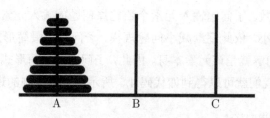

图 4.8　汉诺塔问题的初始状态

为了简化问题的描述，不妨设共有 8 个大小不一的圆盘，它们初始的位置如图 4.8 所示，我们需要把圆盘从 A 柱移到 B 柱，移动过程必须符合以下规则：

- 每次只能移动一个盘子
- 移动过程中，小的盘子不能处于比它大的盘子下面

按照递归算法求解问题的步骤。第一步，假设有函数 hanoi(n, S='A', T='B', H='C') 可以求解该问题，其中 n 为盘片数，A, B 和 C 分别为三个柱子，S 表示出发的柱子，T 为目的柱，H 为过渡用柱子。函数 hanoi(n, S='A', T='B', H='C') 执行的结果就是，所有在 A 柱上的盘片按照限定的规则移到了 B 柱。

第二步，需要考虑将原问题进行分解。可以考察盘片中最长的盘片，如果将所有盘片从 A 柱移到 B 柱，那么这个最长的盘片必须在其他所有盘片之前进入 B 柱。在该盘片进入 B 柱后，其他盘片才能依次进入 B 柱。该最长盘片要进入 B 柱，就需将它之上

的所有盘片移开到 C 柱, 也就是如图 4.9 所示的状态。将 A 柱上除最长盘片移到 C 柱,
这其实与原问题的结构是一致的子问题。这两个问题不一样的地方就是, 原问题的盘片
数是 8, 现问题的盘片数则为 7。另一个不一样就是, 原问题是将盘片从 A 柱移到 B 柱,
而子问题则是将盘片从 A 柱移到 C 柱。因此, 求解子问题的函数为 hanoi($n-1$, S='A',
T='C', H='B')。

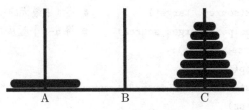

图 4.9　汉诺塔问题中间状态 1

当把 A 柱上除最长的盘片之外的盘片都移开后, 就可以将该最长的盘片从 A 柱移
到 B 柱。这一步非常简单, 只需要进行一次移动, 因此可以使用函数 moveSingle(S='A',
T='B') 来实现。该函数的功能就是, 将柱 A 中的一个盘片, 移动到柱 B, 得到如图 4.10
所示的结果。

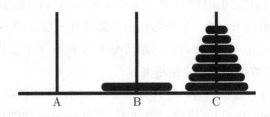

图 4.10　汉诺塔问题中间状态 2

紧接着, 只需要将在 C 柱的 7 个盘片移到 B 柱就可以实现目标, 如图 4.11 所示。当
前状态与汉诺塔问题的初始状态, 也具有同样相同的结构。这两个状态也有两点不一样。
第一, 当前状态的出发柱有 7 个盘片, 而初始状态的出发柱有 8 个盘片。第二, 当前状
态的出发柱为 C 柱, 而初始状态的出发柱为 A 柱。由于假设函数 hanoi( ) 可以求解原问
题, 那么由于当前状态的问题结构与初始问题结构一致, 因此同样可以通过函数 hanoi( )
来求解当前状态的问题。此时, 函数的输入为 hanoi($n-1$, S='C', T='B', H='A')。不难
发现, 函数参数的变化体现了之前提及的两点不一致。

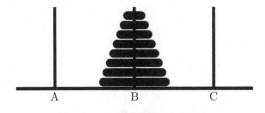

图 4.11　汉诺塔问题结束状态

代码 4.6 汉诺塔算法

```python
def hanoi(n, source, target, helper):
    if n==1:                                  # 边界条件
        moveSingleDesk(source, target)
    else:
        hanoi(n - 1, source, helper, target)    # 将 n-1 个盘从 A 移到 C
        moveSingleDesk(source, target)          # 将 A 中最大的一个盘移到 B
        hanoi(n - 1, helper, target,source)     # 将 n-1 个盘从 C 移到 B
def moveSingleDesk(source, target):
    disk = source[0].pop()
    print("moving " + str(disk) + " from " + source[1] + " to " + target[1])
    target[0].append(disk)
if __name__ == '__main__':
    A = ([4,3,2,1], "A")
    B = ([], "B")
    C = ([], "C")
    hanoi(len(A[0]),A,B,C)
```

根据以上分析，可以得到如代码 4.6 所示的求解汉诺塔问题的递归算法。在算法中，采用三个集合用来表示柱子，每一个集合包括存储该柱子盘片的序列，以及该柱子名字两个对象。比如，代码 4.6 第 13 行表示初始情况下 A 柱有 4 个盘片。此外，假设盘片大小与数字大小对应，即数字越大盘片也越大。

代码 4.6 的第 2 行为边界条件，当只有一个盘片时，便将该盘片从出发柱移到目的柱。通过函数 moveSingleDesk() 移动一个盘片，即从 source 中弹出其顶端的一个元素，然后将该元素加到 target 的顶端。代码 4.6 的第 10 行为打印哪个盘片从出发柱移到目标柱。

代码 4.6 第 5 行实现的就是从图 4.8 到图 4.9 所示的移动过程。第 6 行则是从图 4.9 到图 4.10 的移动过程，而第 7 行实现了从图 4.10 到图 4.11 的移动过程。

以上函数执行的结果为：

```
moving 1 from A to C
moving 2 from A to B
moving 1 from C to B
moving 3 from A to C
moving 1 from B to A
moving 2 from B to C
moving 1 from A to C
moving 4 from A to B
moving 1 from C to B
moving 2 from C to A
moving 1 from B to A
moving 3 from C to B
```

```
moving 1 from A to C
moving 2 from A to B
moving 1 from C to B
```

　　结果的第一行表明从 A 柱将盘片 1 移到 C 柱，后面各行依次为各个盘片的移动过程。读者不妨按照以上步骤画出盘片的移动，验证这个结果是否违反了汉诺塔移动的规则。

　　代码 4.6 的执行时间复杂度为：

$$T(n) = 2T(n-1) + c = 2^2 T(n-2) + c = \cdots = 2^n T(1) + c \tag{4.6}$$

　　以上结果由替换法推导出 $T(n)$ 的结果，读者可以通过数学归纳法证明该结果。其中，$2T(n-1)$ 为两个递归调用的时间，而常数 c 为移动一个盘片的时间。因此，利用递归算法求解汉诺塔问题的时间复杂度为 $O(2^n)$。

4.4.4　雪花曲线

　　递归算法除了可以用来解决计算问题，还可以用于艺术创作，如生成分形图。分形图是在不同尺度上具有相同结构的几何图。其中，瑞典人科赫于 1904 年提出了著名的"雪花"曲线，这是最早的分形图之一。

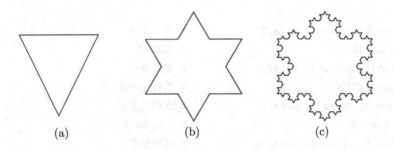

图 4.12　构造雪花曲线的正三角形

　　雪花曲线的构造从一个正三角形开始，如图 4.12(a)。把每条边分成三等份，然后以各边的中间长度为底边，分别向外作正三角形，再把"底边"线段抹掉，这样就得到一个六角形，它共有 12 条边，如图 4.12(b) 所示。再把每条边分成三等份，以各中间部分的长度为底边，向外作正三角形后，抹掉底边线段。

　　反复进行这一过程，就会得到一个"雪花"样子的曲线，如图 4.12(c)。这曲线叫做科赫曲线或雪花曲线。

　　可以采用用以下递归算法完成曲线的绘制：如果 $n = 0$，直接画出长度为 L 的直线即可（如图 4.13 第 1 行）。如果 $n = 1$（第一次迭代），画出长度为 $L/3$ 的线段；画笔向左转 60 度再画长度为 $L/3$ 长的线段；画笔向右转 $120°$ 画长度为 $L/3$ 长的线段；画笔再向左转 $60°$ 画出长度为 $L/3$ 的线段（如图 4.13 第 2 行）。如果 $n > 1$，第 n 次迭代相当于：第 $n-1$ 次迭代；画笔左转 $60°$；$n-1$ 次迭代；画笔右转 $120°$；第 $n-1$ 次迭代；画

笔左转 $60°$；第 $n-1$ 次迭代（如图 4.13）。其中，第 $n-1$ 次迭代线段长度为 L，第 n 次迭代时线段长度则为 $L/3$。

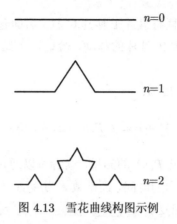

图 4.13　雪花曲线构图示例

代码 **4.7**　绘制雪花曲线

```
1  import turtle
2  def koch(t, order, size):
3      if order == 0:                          # 边界条件
4          t.forward(size)
5      else:
6          koch(t, order-1, size/3)            # 递归调用
7          t.left(60)                          # 笔转 60 度
8          koch(t, order-1, size/3)            # 递归调用
9          t.right(120)                        # 笔转 120 度
10         koch(t, order-1, size/3)            # 递归调用
11         t.left(60)                          # 笔转 60 度
12         koch(t, order-1, size/3)            # 递归调用
```

根据以上分析，可以得到如代码 4.7 所示的雪花曲线递归实现。代码第 1 行调用 Python 中一个简单的绘图库 turtle。代码第 6 行、第 8 行、第 10 行和第 12 行分别为递归调用。第 7 行、第 9 行和第 11 行为画笔的旋转，其中变量 t 表示 turtle 对象，或者将它看做画笔。以上实现表明在每一个尺度的雪花曲线，都是在它前一个尺度的基础上结合角度旋转完成的。

4.5　递归函数的求解

使用递归算法求解问题时，其算法运行时间也往往由递归函数来表示。考虑判断回文算法，假定输入字符串长度为 n。显然该函数时间复杂度与输入字符的长度有关，也就是字符串长度越长，其运行时间也越长。因此，函数 is_palindrome(s) 的时间复杂度必然是 n 的函数。不妨设该函数为 $T(n)$，如何得到该函数呢？

如果输入长度小于 1，那么很容易知道 $T(n) = 1$。当输入字符长度大于 1 时，根据函数 is_palindrome(s)，并不能直接给出 $T(n)$ 的具体函数。因为函数 is_palindrome(s) 递归调用另外一个函数 is_palindrome(s[1:−1])。尽管不能直接给出 $T(n)$ 的表达式，但是可以根据函数调用关系得到 $T(n)$ 应该等于 $T(n-2)$ 加上一个常数。因为函数 is_palindrome(s[1:−1]) 的输入长度为 $n-2$，既然函数 is_palindrome(s) 的时间复杂度为 $T(n)$，那么函数 is_palindrome(s[1:−1]) 的时间复杂度就是 $T(n-2)$。加一个常数是因为函数 is_palindrome(s) 中还有一个条件判断语句。

根据以上分析，判断回文的递归算法其时间复杂度为：

$$T(n) = T(n-2) + c \tag{4.7}$$

然而，该函数并没有给出 $T(n)$ 的具体表达式，也就是说从这个递归函数我们依然不知道 $T(n)$ 会随着 n 的增长究竟如何变化。下面介绍递归函数的两个主要求解办法。

4.5.1　替换法

可以根据递归函数，不停地对其进行按照递归函数进行替换，然后根据其变化的规律，得到 $T(n)$ 的表达式。比如：

$$\begin{aligned}
T(n) &= T(n-2) + c \\
&= (T(n-4) + c) + c \\
&= T(n-4) + 2c \\
&= T(n-6) + 3c \\
&= \ldots \\
&= T(1) + \frac{n-1}{2}c \\
&= \frac{n}{2}c + \frac{1}{2}c - 1, (T(1) = 1) \\
&= O(n)
\end{aligned}$$

以上的推导结果还需要进行证明。而证明的方法就是数学归纳法。如果 $T(n) = O(n)$，则意味着

$$T(n) \leqslant kn \tag{4.8}$$

其中，k 为常数。首先，确定基准条件下不等式成立，即 $T(1) = 1 \leqslant k$，此时只需要取 $k > 1$ 即可。

然后，不妨设 $T(2), T(3), \cdots, T(n-2)$ 时式 (4.8) 都成立。

最后，根据归纳假设知 $T(n-2) \leqslant k(n-2)$，因此可得：

$$\begin{aligned}
T(n) &= T(n-2) + c \\
&\leqslant k(n-2) + c \\
&= kn + c - 2k \\
&\leqslant kn, (c - 2k < 0, k > c/2) = O(n)
\end{aligned}$$

也就是根据归纳假设，推导出 $T(n) \leqslant kn$，即 $T(n) = O(n)$。

数学归纳法证明递归函数解，与递归算法求解问题过程有异曲同工之处。首先，它们都是将原问题分解成若干相关（递归）的子问题。其次，它们都需要有一个基准条件成立。最后，它们都是从具体到一般归纳出解。数学归纳法是先建立归纳假设，也就是输入规模为 $1, 2, \cdots, n-1$ 时递归函数的解满足条件，然后尝试推导输入规模为 n 的函数能满足条件，由此来证明递归式正确。而递归算法中，则假定输入规模为 n 时，能得到最终的解，具体的解则需要根据递归算法逐步求解。

下面再来证明递归式 $T(n) = 2T(n/2) + n$ 的解为 $T(n) = O(n \log n)$，其中 $T(1) = 0$。不难验证当 $n = 1$ 时，等式成立。不妨设当 $n < k$ 时，均有 $T(n) \leqslant cn \log n$。下面将证明当 $k = n$ 时，有 $T(n) = O(n \log n)$。

$$
\begin{aligned}
T(n) &= 2T(n/2) + n \\
&= c(n/2)\log(n/2) + n, \text{(由归纳假设)} \\
&= c(n/2)(\log n - \log 2) + n \\
&= cn\log n + n - cn/2, \text{(取} c \geqslant 2) \\
&= O(n \log n)
\end{aligned}
$$

在利用数学归纳法证明递归函数解时，需要注意最后一步得到解的过程，往往表达式都是变换成 desired-residual，desired 是需要得到的结果，而 residual 是大于 0 的常数项，这样我们才能得到递归式等于 O(desired)。

4.5.2 主分析法

以上数学归纳法是证明递归函数解的一个强大工具，然而如何得到解则需要另外的技巧。这个技巧就是猜，也就是说可以先猜测一个解，然后再用数学归纳法进行证明。这里的猜当然是根据我们的经验进行猜测，而不是天马行空的瞎猜。经验来自于之前见过的类似递归函数，并且知道它的解。

尽管合理猜测是解决问题非常重要的一种方法，但这需要积累相当的经验才可以猜出一个合理的解。为此，介绍另一个求解递归式常用的方法，即主分析法 (Master Method)。该方法往往用于求解以下类型的递归式，

$$
T(n) = aT(n/b) + f(n), (a > 1, b > 1) \tag{4.9}
$$

以上递归函数最常见于分治算法（见第 6 章）的时间复杂度，其中 a 和 b 分别表示将原问题分解成 a 个子问题，及子问题的规模为 n/b。$f(n)$ 为其他计算的时间。为了更好的理解主分析法的计算过程，需要通过递归树来帮助我们理解。为此，可以从具体的例子开始，如：$T(n) = 2T(n/2) + O(n)$。

我们的目的是根据递归函数 $T(n) = 2T(n/2) + O(n)$，求出 $T(n)$ 的渐进解，解的形式是自变量为 n 的函数。为此，我们可以将 $T(n)$ 按照递归式展开，并将展开过程用树来表示，如图 4.14 所示。树中结点内的数字表示函数 T 的输入参数，k 为树的高度。先将

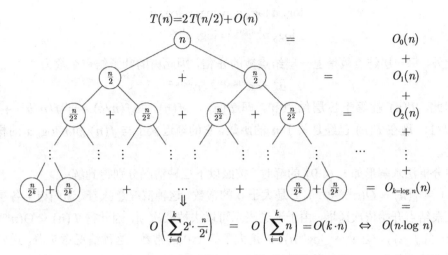

图 4.14　$T(n) = 2T(n/2) + O(n)$ 递归树

$T(n)$ 按照递归函数进行展开，也就是包括三个部分 $T(n/2), T(n/2), O(n)$，每一个都对应于树上的一个结点。那么 $T(n)$ 就变成了这三个结点的和，根结点为 $O(n)$，两个叶子结点为 $T(n/2)$。显然，仅仅由这三个结点依然得不到 $T(n)$ 的具体函数，那不妨再展开另外两个叶子结点 $T(n/2)$，该结点的展开可以按照 $T(n/2) = 2T(n/4) + O(n/2)$ 进行。依次展开的目的是使得树的每一层都是 n 的函数，$T(n)$ 就等于各层的累加和。

依次按照递归函数展开，直到叶子结点不能被展开为止，也就是叶子结点变为 $T(1)$。不妨设经过了 k 次展开，那么叶子结点 $T(n/2^k) = T(1)$，即 $k = \log n$。k 为树的高度，图 4.14 的树上每一层的和为 $O(n)$，因此树上所有结点的和为 $n \log n$，也就是说 $T(n) = O(n \log n)$。

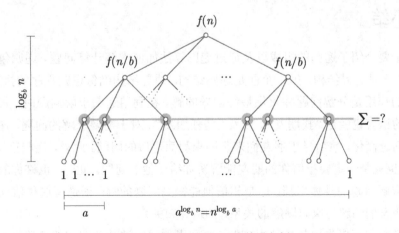

图 4.15　Master method 的递归树

按照以上过程，同样利用递归树来求解式 (4.9)。该式按照递归函数在树上进行展开的过程如图 4.15 所示。图中根结点的和为 $f(n)$，第二层结点的和为 $af(n/b)$，第三层结点的和为 $a^2 f(n/b^2)$。树的高度为 $\log_b n$。由于，

$$\log_b a \log_b n = \log_b n \log_b a$$
$$\log_b n^{\log_b a} = \log_b a^{\log_b n} \tag{4.10}$$

此外，每一层结点数是上一层结点数的 a 倍，因此树的叶子结点个数为

$$a^h = a^{\log_b n} = n^{\log_b a} \tag{4.11}$$

因此，$T(n)$ 就等于各层结点和，即 $T(n) = f(n) + af(n/b) + a^2 f(n/b^2) + \cdots + n^{\log_b a} T(1)$。现在 $T(n)$ 已经是关于 n 的函数，它的渐近大小与 $f(n)$ 和 $n \log_b a$ 的相对大小有关。

主分析法求解形如式 (4.9) 的解时，按照以下三种情况分别得到解：

(1) 当 $f(n) = O(n^{\log_b a - \epsilon})$，$\epsilon$ 是大于 0 的常数。这种情况意味着，递归树上各层结点的和从根结点开始依次递增，由于渐进表示可以去掉低次项，因此得 $T(n) = \Theta(n^{\log_b a})$。

(2) 当 $f(n) = O(n^{\log_b a} \log^k n)$，$k$ 是大于等于 0 的常数。这种情况意味着，递归树上各层结点的和从根结点开始并没有显著变化，因此得 $T(n) = \Theta(n^{\log_b a} \log^{k+1} n)$。

(3) 当 $f(n) = \Omega(n^{\log_b a + \epsilon})$，$\epsilon$ 是大于 0 的常数，同时对于常数 $c < 1$ 满足 $af(n/b) \leqslant cf(n)$。这种情况意味着，递归树上各层结点的和从根结点开始依次递减，因此得 $T(n) = \Theta(f(n))$。

比如，当 $T(n) = 2T(n/2) + n$ 时，$a = 2$，$b = 2$，$f(n) = n = O(n^{\log_b a} \log^k n)$。此时 $k = 0$，满足第二种情况。因此，$T(n) = O(n \log n)$。

再比如，$T(n) = 2T(n/2) + c$ 时，$f(n) = c = O(n^{\log_b a - \epsilon})$，即满足第一种情况。因此，$T(n) = O(n)$。当 $T(n) = 2T(n/2) + n^2$ 时，$f(n) = n^2 = O(n^{\log_b a + \epsilon})$，即满足第三种情况。因此，$T(n) = O(n^2)$。

也就是说，在求解递归式时只需按照主分析法，依次比对 $f(n)$ 和 $n^{\log_b a}$ 之间的大小关系，以确定属于以上三种情况的哪一种，就可以求得 $T(n)$ 的渐进解。

4.6 小结

本章主要介绍了递归的组成以及通过递归算法如何求解计算问题。递归包括了两个组成部分，一是边界结构，另一个便是递归结构。边界结构确保递归程序的执行会终结，递归结构的作用是分解问题并收集最终问题的解。在利用递归求解问题时，其主要的步骤用通俗的语言说就是"找朋友"，以及"信任朋友"。对于需要求解的问题，递归算法总是尝试将问题简化，然后寻求朋友们来帮助求解简化后的问题。此外，递归算法要求"信任朋友"，也就是一定要相信你的朋友能解决你给予他的问题。此时，也许你的朋友并没有给出他求解问题的具体步骤，但是相信他能得到问题的解。正是有这种信任才可以让你去根据朋友们的解与原问题解的关系，构造递归关系。

求解递归式可以先用替换法得到解，再利用数学归纳法证明解的正确性。证明过程往往将递归式 $T(n)$ 化为 desired-residual，desired 是需要得到的结果，而 residual 是大于 0 的常数项，这样就可以得到 $T(n)$ 等于 $O(\text{desired})$。也可以直接使用 Master 法进行求解形如 $T(n) = aT(n/b) + f(n)$ 的递归函数，为此需要确定待求解递归式属于 Master 方法的哪一种情况，然后直接得到 $T(n)$ 的渐进解。

课后习题

习题 4-1　现实生活中的递归

请给出至少两个现实生活中使用递归求解问题的实例。

习题 4-2　全排列

请给出使用循环实现全排列的算法，比较递归与循环求解全排列的异同。

习题 4-3　汉诺塔问题

本章给出了汉诺塔问题的递归算法，要求每次只能移动一个盘片，且移动过程中大的盘片不能在小盘片上面。

(a) 如果有 3 个在 A 柱的盘片，请画出每一个盘片的移动过程。

(b) 采用代码 4.6 求解 3 个盘片的汉诺塔问题，画出计算机调用各个函数的过程。

(c) 画出以上问题函数执行的树结构。

习题 4-4　二分字符串

给定正整数 N，计算所有长度为 N 但没有连续 1 的二分字符。比如，$N = 2$ 时，输出为 [00, 01, 10]；当 $N = 3$ 时，输出为 [000, 001, 010, 100, 101]。

习题 4-5　数字和分解问题

一个整数 n 可以分解为若干整数和的形式，即 $n = a_1 + a_2 + \cdots + a_k$，其中 $k > 0$ 且 a_1 大于所有其他 a_i。比如整数 6 可以写成以下共 11 种分解：

```
6
5+1
4+2, 4+1+1
3+3, 3+2+1, 3+1+1+1
2+2+2, 2+2+1+1, 2+1+1+1+1
1+1+1+1+1+1
```

(a) 如果 $n = 5$，那么共有几种分解，请写出各个分解式。

(b) 给出利用递归求解整数 n 的分解数。

习题 4-6　递归函数求解

利用替换法或者 Master 方法求解以下递归式：

(a) $T(n) = T(n/2) + c$

(b) $T(n) = 4T(n/2) + n$

(c) $T(n) = 4T(n/2) + c$

(d) $T(n) = 4T(n/2) + n^2$

第 5 章 　 排序与树结构

本章学习目标

- 选择排序、插入排序、合并排序
- 不同排序算法的应用场景
- 二叉搜索树的性质，以及基于二叉搜索树的数据处理
- 堆、堆排序，利用堆结构处理数据

5.1 　 引言

组织数据的最常见的方法就是排序，排序就是按照数据大小关系对其进行组织。比如，我们有一份算法课程的期末成绩单，成绩单的列表有姓名和成绩。成绩单开始按照姓名进行组织，这意味着成绩单中的成绩并没有顺序关系。如果按照成绩对成绩单进行排序，也就是把最低分放在第一位，次低分放在第二位，依此类推，最高分排在最后一位，这样就可以得到按照成绩进行排序的一份成绩单。此外，当我们在播放一组音乐的时候，也会用到排序算法，比如按照歌曲发布的年份从小到大排序，或者按照歌手姓名的字母顺序进行排序等。

排序可以说是计算机算法中最为常用的算法之一。排序算法之所以有这么高的使用频率，主要是排序好的数据可以更方便的在其中进行搜索。比如，一组未经排序的数据 A，要判断某个数据 k 是否在该组数据 A 中的算法其时间复杂度为 $O(n)$。如果序列 A 有序，只需要 $O(\log n)$ 的时间就可以判断 k 是否在 A 中（见第 2.5.2 节）。

另一个组织数据的方法就是将数据按照特定的结构进行存储。数据结构就好比图书馆的书架，而书则是数据。图书馆之所以用书架来摆放图书，主要是为了方便读者容易找到需要的书。为此，图书管理员会先对每本图书进行编码，将图书放置于对应的位置。比如，将计算机类的书都放置于编号为 TP 的书架，将文学类的书都放在编号为 L 的书架等等。这样，读者在寻找某本书是否为馆藏书籍时，就不需要浏览图书馆的所有书，而只需要先确定该书的类别，然后到相应的书架去查找即可（见第 1.2.2 节）。

在实现排序和数据结构的操作时，本章依然强调使用递归来完成，以便帮助读者熟练掌握使用递归解决问题的方法。本章首先介绍选择排序、插入排序和合并排序这三个排序算法。然后，介绍二叉搜索树与堆这两个常见数据结构，并分别介绍如何利用这两个数据结构求解诸如飞机降落时间的规划和数据合并等应用问题。

5.2　递归与排序

5.2.1　选择排序

假设有 n 个元素的数组 A[0:n−1]，要求按照元素的大小关系得到递增序列[1]，也就是 A 中最小的元素在第 0 位，最大的元素在第 $n-1$ 位。

选择排序算法的思想就是，对每一个位置从序列中依次**选择**出在该位置的元素。为了理解方便，不妨设书架上摆了 n 本无顺序的书，希望重新排列这 n 本书，让它们按照书作者姓的首个拼音按字母顺序进行排序。比如作者唐二 (Tang) 的书应该排在作者为赵三 (Zhao) 的书前面，因为字母表中 T 在 Z 的前面。

选择算法过程见图 5.1，首先，找到书架上名字拼音字母顺序最后的一本书，假设这本书当前在位置 i。然后，将这本书 A[i]（max 指向的作者名为 Zhang 的书）与书架上的最后一本书 A[n−1]（作者名为 Ma）交换位置，这样最后一个位置摆什么书就确定了。此后，在除了最后一本书之外的剩余的 $n-1$ 本书中，再找出其中名字字母顺序最后的一本书 A[j]（作者名为 Tang），将它与倒数第二位的书 A[$n-2$]（作者名为 Li）交换位置，这样倒数第二位置的书也确定了。按照以上过程，依次将第 $n-3$，第 $n-4$ 直到第 0 个位置的书确定好，这些步骤完成以后，就能得到按照书作者姓的首个拼音字母进行排序的书。

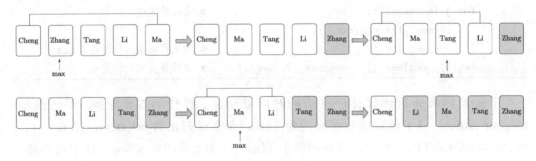

图 5.1　选择排序过程示例

以上排序过程蕴含了递归计算的过程。不妨设已经存在一个算法叫 select_sort，它可以对数组 A 中的 n 个元素排序。也就是，select_sort(A[0:$n-1$])，以下等式成立：

$$\text{select\_sort}(A[0:n-1]) = \text{select\_sort}(A[0:n-2]) + \max(A[0:n-1])$$

其中，select_sort(A[0:n−2]) 是原问题 select_sort(A[0:n−1]) 的子问题，max(A[0:n−1]) 则是求出序列 A[0:$n-1$] 中最大的元素，并将它置于 select_sort(A[0:$n-2$]) 序列之后。这样就可以按照以上的递归函数写出选择排序的递归实现，见代码 5.1。

---

[1] 输出也可以是递减序列，除非特别说明，本书所有的排序结果均为递增。

代码 5.1 选择排序的递归实现

```
1   def sel_sort_rec(seq, n):
2       if n==0:
3           return                                   # 边界条件
4       max_j = n                                    # 当前最大元素索引
5       for j in range(n):                           # 循环找出当前 n 个数据中最大的元素
6           if seq[j] > seq[max_j]:                  # 如果有更大的值, 更新 max_j
7               ax_j = j
8       seq[n], seq[max_j] = seq[max_j], seq[n]      # 交换最大值到位置 n
9       sel_sort_rec(seq, n-1)                       # 递归求解子问题
```

需要指出的是, 以上选择排序的递归实现也可以用循环改写, 得到一个等价实现, 见代码 5.2。循环实现的选择排序采用两重循环, 外循环用于索引输入序列中的每一个元素。注意循环是从序列的最后一个位置开始, 因此每一次循环后循环变量减 1。第 4 行~第 6 行的内循环的功能是从序列剩余元素中找出最大值。代码 5.2 第 7 行将 seq 中位置 i 的元素与 max_j 位置上的元素进行交换。

代码 5.2 选择排序的循环实现

```
1   def sel_sort(seq):
2       for i in range(len(seq)-1,0,-1):            # i+1...n 是已经排好序的部分
3           max_j = i                                # 目前最大值的索引
4           for j in range(i):                       # 寻找最大值
5               if seq[j] > seq[max_j]:
6                   max_j = j                        # 如果找到最大值则更新 max_j
7           seq[i], seq[max_j] = seq[max_j], seq[i] # 交换最大值到位置 n
```

下面我们来分析选择排序算法的时间复杂度。以代码 5.1 为例, 不妨设 select_sort(A[0:n − 1]) 函数的执行时间为 $T(n)$。那么递归函数 select_sort(A[0:n − 2]) 的执行时间就是 $T(n − 1)$。$T(n)$ 应该等于 $T(n − 1)$ 加上从序列 A[0:n − 1] 中得到最大元素的时间 $O(n)$。因此, 可得

$$
\begin{aligned}
T(n) & = T(n-1) + O(n) = T(n-1) + cn \\
& = T(n-2) + 2cn \\
& = \dots \\
& = T(n-1-(n-2)) + (n-2)cn = O(n^2)
\end{aligned}
$$

我们也可以分析循环实现选择排序算法的时间复杂度, 代码 5.2 中有两重嵌套循环, 当外循环索引 i 等于 $n-1$ 时, 内循环的循环次数为 n。当外循环索引 i 等于 $n-2$ 时, 内循环的循环次数为 $n-1$。随着外循环的次数依次增加, 内循环的次数则依次减小。由于内循环判断语句的时间复杂度为常数, 因此整个算法的循环总次数为

$$
T(n) = (n-1) + (n-2) + \dots + 1
$$

这是一个等差数列，前 n 项和等于 $n(n+1)/2$。因此，循环实现的选择排序算法其复杂度也是 $T(n) = O(n^2)$。需要指出的是，尽管递归和循环实现的选择排序算法时间复杂度都是 $O(n^2)$，但实际应用中更倾向于选择循环的实现。这主要是因为递归实现方式会导致函数频繁的进出运行栈，从而使得算法的运行效率变慢。关于函数运行栈的内容，可以参考《编译原理》教材中关于运行时内存管理的章节内容。

5.2.2　插入排序

插入排序是与选择排序类似的一个算法，灵感都来自于日常生活。如果说选择排序的算法思想来自于整理书架上书的位置，那么插入排序算法灵感则来自于抓扑克的过程。不妨将序列 A 看作是 n 张牌面朝下，且无序的扑克。现在要将这 n 张扑克一一抓起到手上，每抓起一张扑克，就在手上找到这张扑克对应的位置。当将 n 张扑克抓完后，那么手上就是排好序的扑克序列了。

插入排序算法执行过程如图 5.2 所示。初始有 5 张无序的扑克依次放在桌上，第一次抓起第一张扑克，其牌面为 15。接着，从桌上剩余的扑克中抓起最上面的扑克，也就是牌面为 12 的扑克。然后将 12 这张扑克与手上已有的扑克面值依次比较，找到 12 这张扑克应该在的位置，它应该摆在 15 这张扑克的前面。当再次从桌上抓起牌面为 21 的扑克，应该放在牌面 15 的后面。之后，则按照以上流程完成所有扑克的抓取，那么抓起在手中的扑克就是按照牌面递增的序列。

需要特别强调的是，算法执行过程中手上有的扑克总是有序的序列。这样在比较抓起的扑克与手上已有扑克序列时，就可以将抓起的这张扑克与手上扑克序列从右到左依次进行比较。比如，在抓最后一张牌面为 9 的扑克时，手上的扑克分别为 12、14、15、21。这时需要将 9 依次与手上的这些扑克依次进行比较，以便确定 9 这张扑克的位置。首先，9 比 21 小，则将 21 向右移动一位。然后，9 比 15、14 和 12 都小，意味着 15、14 和 12 依次向右移动一位，空出的位置就是扑克 9 应该摆放的位置。读者可以看到，插入算法的核心就是确定抓起的扑克应该摆在手上已有扑克序列的哪个位置，然后将抓起的扑克**插入**到该位置，这也是为什么该排序算法被称为插入排序的一个主要原因。

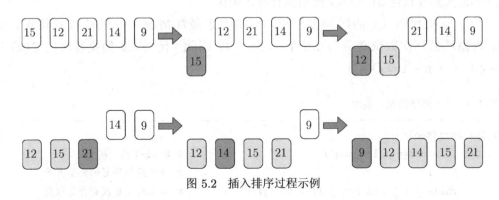

图 5.2　插入排序过程示例

细心的读者不难观察到，以上算法也蕴含了一个递归结构。同样不妨设已经有一个策略可用于插入排序，即 insert_sort(A[0:$n-1$])。那么前 $n-1$ 个元素显然可以采用相同的策略获得排序的结果，也就是 insert_sort(A[0:$n-2$])。将第 n 个元素插入到前面已经排序好的序列内，就可以得到最终问题的解，也就是完成排序。根据以上思想，不难得到插入排序的递归实现，见代码 5.3。与选择排序的递归实现不同，插入排序求解子问题的递归函数并非在主函数 insert_sort( ) 的最后面，而是在边界条件之后就出现。这是因为插入排序的子问题在求解完后，还需要继续查找随后抓起扑克应该在该子问题解中的位置，随后再执行插入操作。

为了求解插入排序递归实现的算法复杂度，不妨设函数 insert_sort(A[0:$n-1$]) 的执行时间为 $T(n)$，那么函数 insert_sort(A[0:$n-2$]) 的执行时间则为 $T(n-1)$。函数 insert_sort(A[0:$n-2$]) 再加上寻找插入位置的时间，即代码 5.3 的第 6 行到第 8 行的循环时间为 $O(n)$，就等于函数 insert_sort(A[0:$n-1$]) 的执行时间。也就是，

$$T(n) = T(n-1) + O(n) \tag{5.1}$$

以上递归式与选择排序执行时间的递归函数相同，因此不难得到插入排序递归实现的算法复杂度也是 $O(n^2)$。

代码 5.3 插入排序的递归实现

```python
def ins_sort_rec(seq, n):
    if n==0:
        return                                    # 边界条件
    ins_sort_rec(seq, n-1)                        # 递归求解子问题
    j = n                                         # 最后一个元素找到合适位置
    while j > 0 and seq[j-1] > seq[j]:            # 移动 seq[j] 到下一个位置
        seq[j-1], seq[j] = seq[j], seq[j-1]       # 交换位置
        j -= 1
```

与插入排序类似，递归实现也可以改写成一个等价的循环实现，见代码 5.4。这个实现同样包括一个二重循环，外循环索引数组中的每一个元素，共有 $n-1$ 次循环。内循环为当前元素寻找合适的位置，然后执行插入操作。

为了分析代码 5.4 的时间复杂度，不妨考虑最坏情况下算法的执行情况。此时，内循环循环次数依次应为 $1, 2, 3, \cdots, n-1$。因此，代码 5.4 的执行时间 $T(n) = 1 + 2 + \cdots + n - 1 = O(n^2)$。

代码 5.4 插入排序的循环实现

```python
def ins_sort(seq):
    for i in range(1,len(seq)):                   # 0..i-1 已经排好序
        j = i                                     # 从已经排序好的元素开始
        while j > 0 and seq[j-1] > seq[j]:        # 为当前元素找到合适位置
            seq[j-1], seq[j] = seq[j], seq[j-1]   # 移动 seq[j] 到下一个位置
            j -= 1
```

插入排序算法最坏情况下的时间复杂度为 $O(n^2)$，算法在最好情况下的时间复杂度是 $O(n)$。这里的最坏与最好情况都是针对特定的输入而言，请读者自己给出最好与最坏这两种情况下输入序列的特征。

从算法复杂度看，插入排序与选择排序均为 $O(n^2)$，但它们的应用场景不尽相同。插入排序需要频繁的移动元素，其移动次数为 $O(n^2)$，而选择排序移动的次数仅仅是 $O(n)$。因此，如果在一个移动元素相当耗时的设备中排序（如磁盘），那么这时选择排序显然要优于插入排序。如果一个序列中，大部分数据均有序（递增），那么这时选择插入排序更为合适。这是因为大部分数据有序的情况下，插入排序的移动动作将大为减少。

5.2.3　合并排序

1945 年，现代计算机科学的奠基人之一冯·诺伊曼发明了合并排序 (Merge Sort)算法，这是一个非常经典的算法，在计算机科学十大算法的评比中总是会占据一个位置。该算法其实属于分治算法（见第 6 章），但由于它实现的功能是数据的排序，因此我们还是把它放在本节。合并排序的思想非常简单，就是通过递归实现对数据的分解，然后经由合并完成数据的排序。

不妨设已有一个函数可以对输入序列 A 进行排序，该函数为 merge_sort( )。既然 merge_sort( ) 可以对整个序列进行排序，当然也可以对序列的一个部分进行排序。我们把序列 A 一分为二，得到 A[0:n/2] 和 A[n/2+1:$n-1$]。完成这两个子序列排序的函数则是 merge_sort(A[0:n/2]) 和 merge_sort(A[n/2:$n-1$])。但是，merge_sort(A[0:n/2]) 与 merge_sort(A[n/2:$n-1$]) 简单的连接并不等于 merge_sort(A[0:$n-1$])。

比如：merge_sort(A[0:n/2])=[7, 12, 18]，merge_sort(A[n/2:$n-1$])=[10, 13, 16]。此时，merge_sort(A) 应该等于 [7, 10, 12, 13, 16, 18]，但显然 [7, 12, 18] 与 [10, 13, 16] 简单结合并不能得到最终结果。

可以通过设计一个辅助函数来合并 [7, 12, 18] 和 [10, 13, 16] 这两个序列，以得到最终排序的结果 [7, 10, 12, 13, 16, 18]。合并排序的名称，便是根据这个辅助函数的合并功能而得到的。

在实现合并这个辅助函数前，我们先按照前面递归思想完成 merge_sort 的主程序，见代码 5.5。算法实现的输入为序列 A，首先将 A 一分为二，即左边一半的元素 leftA 和右边一半的元素 rightA。左右两边元素分别调用 merge_sort 对 leftA 和 rightA 进行排序，排序后的结果分别存储于 leftA_Sorted 和 rightA_Sorted。然后，将这两个排序好的部分经由 merge 函数合并得到 A 的有序输出。

代码 5.5　递归的合并排序算法

```
1  def merge_sort(A):
2      if len(A) <= 1:                    # 边界条件
3          return A
4      middle = len(A) / 2
5      leftA = A[:middle]
```

```
6        rightA = A[middle:]
7        leftA_Sorted = merge_sort(leftA)              # 递归分解
8        rightA_Sorted = merge_sort(rightA)            # 递归分解
9        return merge(leftA_Sorted, rightA_Sorted)     # 合并子问题的分解
```

merge( ) 函数的输入是两个已经排序好的序列，因此将这两个序列合并成一个有序序列时只需要依次比较它们各自最小的元素即可，合并计算的流程为：

- 比较这两个子序列最小元素的大小，并抽取其中较小的元素到新的序列
- 如果某个子序列的元素抽取完，则将另外剩下的序列直接放置在新序列的后面

根据以上的描述，可以得到如代码 5.6 所示的函数 merge( ) 实现：

代码 5.6 合并两个已经排序的序列

```
1   def merge(leftS, rightR):
2       i, j=0, 0
3       alist = []
4       while i<len(leftS) and j<len(rightR):
5           if leftS[i]<rightR[j]:
6               alist.append(leftS[i])    # 将元素 leftS[i] 加入到序列 alist 中
7               i+=1
8           else:
9               alist.append(rightR[j])   # 将元素 rightR[i] 加入到序列 alist 中
10              j+=1
11      while i<len(leftS):    # 左边剩余数据处理
12          alist.append(leftS[i])
13          i+=1
14      while j<len(rightR):   # 右边剩余数据处理
15          alist.append(rightR[j])
16          j+=1
17      return alist
```

结合以上的实现过程，我们以输入序列 [54,26,93,17,77,31,44,55,20] 为例，可以画出根据合并排序算法完成排序的过程，如图 5.3 与图 5.4 所示。根据第 4.3.1 节跟踪递归算法的过程，可知算法执行的过程依然是在如图 5.3 所示的树上做深度优先遍历。如果我们把分解与合并打印出来，其结果为：分解 [54, 26, 93, 17, 77, 31, 44, 55, 20]，分解 [54, 26, 93, 17]，分解 [54, 26]，分解 [54]，合并 [54]，分解 [26]，合并 [26]，合并 [26, 54]，分解 [93, 17]，分解 [93]，合并 [93]，分解 [17]，合并 [17]，合并 [17, 93]，合并 [17, 26, 54, 93]，分解 [77, 31, 44, 55, 20] 等等。算法最后一步就是合并了 [17, 26, 54, 93] 和 [20, 31, 44, 55]，最终得到有序输出序列 [17, 20, 26, 31, 44, 54, 55, 96]。

根据代码 5.5，不妨设函数执行时间为 $T(n)$。边界条件时间复杂度为 $O(1)$，而分解 A 的时间为 cn。两个递归求解子问题的执行时间均为 $T(n/2)$，这是因为它们与主函数只有输入规模存在不相同。合并两个排序好的子序列时间为 cn。因此，合并排序算法的

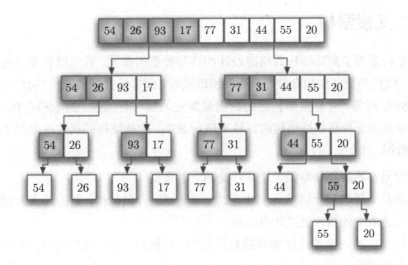

图 5.3　合并排序的递归分解示例

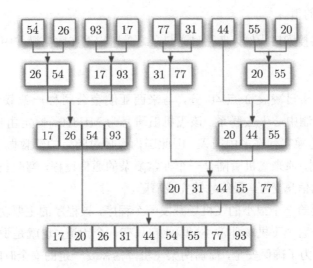

图 5.4　合并排序的合并子问题解的示例

运行时间为:

$$T(n) = 2T(n/2) + O(n) \tag{5.2}$$

由主分析法不难得到 $T(n) = O(n \log n)$。与选择排序和插入排序相比较,合并排序的执行更为高效,其时间复杂度从 $O(n^2)$ 变为 $O(n \log n)$。然而,合并排序需要额外的空间用于存储合并的结果,因此它不是**原位排序**算法。而选择排序和插入排序因为执行过程并不需要额外空间,因此它们都是原位排序算法。此外,如果输入序列有两个相同的元素,合并排序能保证其排序的结果是先出现的那个元素在后出现元素的前面。比如输入 $A=[12, 9_1, 6, 10, 9_2]$,排序好以后的结果为 $[6, 9_1, 9_2, 10, 12]$,也就是原序列中两个 9 的位置在排序好的序列中的相对位置不变,输出的序列中 9_1 仍在 9_2 前面。因此,合并排序是一类**稳定排序**算法。

5.3 二叉搜索树

　　数据结构是为了高效操作数据而设计的存储数据的模式，有线性和非线性这两类常见的结构。线性的数据结构有数组、链表和堆栈等，而非线性的数据结构有二叉搜索树、红黑树、AVL 树等。对数据结构上的数据最常见的操作有插入、删除和查找。其中，插入和删除常常用于按照数据结构的属性来组织数据。数据结构的属性主要用于描述数据如何进行组织，比如：

- 数组是在物理存储单元上连续存储的一组数据
- 链表是一种物理存储单元上非连续、非顺序的存储结构，数据元素的逻辑顺序是通过链表中的指针链接次序实现
- 堆栈是一种数据项按序排列的数据结构，只能在一端（称为栈顶）对数据项进行插入和删除
- 二叉搜索树中某个结点 A 的右子结点的值大于等于 A 的值，而其左子结点的值则小于 A 的值

下面将以二叉搜索树为例，来说明递归在二叉树构造和数据操作中的应用。

问题提出

　　2014 年 3 月 8 日凌晨 2 点 40 分，马来西亚航空公司称一架载有 239 人的波音 777-200 飞机与管制中心失去联系，该飞机航班号为 MH370，原定由吉隆坡飞往北京。由于这架次飞机的乘客有许多中国人，因此国内媒体对随后的营救做了许多深度报道。我们也因此了解到，原来飞机着陆是一个非常复杂的通信过程，驾驶员与飞机场的控制塔台需要一系列的信息交互，最终才能完成着陆。

　　假如现在需要给一个很小的飞机场开发一个程序，该程序的主要功能就是管理飞机的降落计划。由于这个飞机场非常小，因此它只有一个跑道，也就是说某个时刻只能允许一架飞机降落。为了确保安全，前后两架飞机降落需要一定的安全时间间隔，设为 k。

　　假定小机场的 n 次降落计划数据已经保存。如果某架飞机的飞行员向塔台发送一个信号"塔台，是否允许我在 t 时刻降落"。塔台便需要运行我们这个程序，如果回答是肯定的，那么将这架飞机的降落计划添加到原计划当中；否则，将拒绝该架飞机的降落请求。由于飞机运行需要非常高的时效，因此机场方面要求程序能在 $O(\log n)$ 这一时间内给出回应。

　　假设已经存在的降落计划 R=[41, 46, 49, 56]，其中的数字表示各架飞机降落时间。安全时间间隔设为 $k = 3$，且当前时刻为 36。那么，时刻 44 这一降落时间点便不被允许，因为与已有的在 46 这一时间点的降落计划冲突（$|46 - 44| < k$）。时刻 53 的降落请求则可以给予肯定的回复，而时刻 20 则不被允许，因为它的降落时间小于当前时间 36。

代码 5.7 飞机降落计划

```
1  import time
2  def air_plan_schedule_array(R, t):
```

```
3    now = time.strftime("%H:%M:%S")
4    if t < now:                          # 与当前时间进行比较
5        return "error"
6    for i in range (len(R)):             # 查看是否有冲突的降落计划
7        if abs(t-R[i]) <3:
8            return "error"
9    R.append(t)                          # 将允许的降落时间点插入到计划列表中
10   return "OK"
```

设计求解以上问题的程序似乎非常简单，只需要将飞机发送的请求降落时间 t 依次与降落计划 R 中的各个降落时间进行比较即可。如果 t 与降落计划 R 中各个降落时间均没有冲突，那么就同意这次降落并将 t 添加到 R 中。否则，拒绝这次降落计划。其实现见代码 5.7。

下面我们来分析代码 5.7 的执行时间。第 3 行获取当前时间，第 4 行和第 5 行的判断均为常数时间复杂度。第 6 行的循环次数为 n，循环内部条件判断的执行时间依然是常数，因此整个循环的执行时间为 $O(n)$。第 9 行将 t 加入到 R 中，其时间复杂度与存储 R 的结构相关。但由于第 6 行到第 8 行的循环就需要 $O(n)$ 执行时间，那么显然代码 5.7 从功能上看满足了设计需求，但其时间效率显然没有达到设计要求的 $O(\log n)$。

那么我们该如何改进代码 5.7 呢？从以上实现上不难发现，该算法主要包括两个计算，一个是 t 与 R 中各个元素的**比较**，另外一个就是将 t**插入**到 R 中。存储元素最常见的结构就是数组，数组是采用连续的单元存储数据，单元内直接存储数据（见图 5.5(a)）。如果 R 中元素用数组存储，那么执行比较计算需要遍历 R 中每一个元素，其时间复杂度依然是 $O(n)$。也许读者会想如果 R 中元素有序，这样比较就可以采用二分搜索（见 2.5.2 节），而不需要遍历 R 中的每一个元素。二分搜索的时间复杂度为 $O(\log n)$。

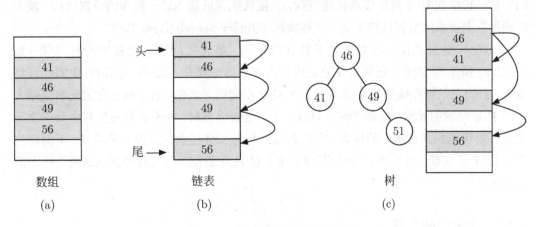

图 5.5 三个常见的数据结构示例

由以上分析知，只需要让 R 中数据保持有序，就可以提升比较计算的效率。似乎一切都朝着有利的方面发展，然而我们还需要再考察另外一个插入计算的时间复杂度。由于数组是通过连续单元存储数据，插入一个元素需要将插入位置后的元素进行移位，其时间复杂度为 $O(n)$。这表明采用数组结构来存储飞行计划难以达到设计要求。

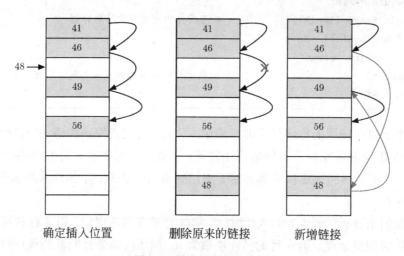

确定插入位置　　　　　删除原来的链接　　　　　新增链接

图 5.6　链表插入操作示例

　　数组执行插入操作需要移动元素位置，导致其时间复杂度是 $O(n)$。那么有没有可以提高插入操作的数据组织呢？如果数据是通过链条的方式连接（见图 5.5(b)），那么插入操作只需要处理被插入元素前后两个元素即可（见图 5.6）。这样，插入操作的时间复杂度就是 $O(1)$。链表结构中的链式关系提高了插入操作效率，但对于比较计算还需要先找到链表的第一个元素，然后按照链接关系依次进行，这个时间复杂度是 $O(n)$。因此，改为链表方式存储 R 中元素，可以提高插入操作的时间效率，但比较计算的时间复杂度依然为 $O(n)$。

　　以上分析不难发现，R 中各元素采用数组和链表的结构存储都达不到设计要求。我们需要一种能在 R 中可以实现快速查找，又能快速完成插入这一操作的数据结构。能同时满足以上要求的数据结构就是二叉搜索树（Binary Search Tree，BST）。

　　BST 与链表类似，元素存储了独立的单元，单元之间通过指针来进行连接（如图 5.5(c) 所示）。因此，它可以高效完成插入元素这一操作。此外，对 BST 中的任意结点 N，它的左子树存储的元素值均小于 N 结点存储的元素值，右子树包含的元素值则大于 N 结点存储的元素值。由于这一特性，在作比较运算时，并不需要遍历其中每一个元素就可以快速找到请求 t 的位置。它的查找过程与二分搜索的过程非常类似。下面将先介绍 BST 的实现，然后再分析使用 BST 来存储 R 中数据时其比较和插入这两个操作的时间复杂度。

5.3.1　BST 的实现

　　BST 是一类常用的数据结构，它的每一个结点最多有两个子结点，且右子结点的值大于等于父结点的值，而左子结点的值小于父结点的值（如图 5.5(c) 所示）。为了实现 BST，可以将 BST 看作是结点的集合。为此，需要先定义 BST 的结点。BST 结点类（见代码 5.8）的成员变量包括：结点数据 key，指向父结点的引用 parent，指向左子结点的引用 left 和指向右子结点的引用 right。

代码 5.8 BST 结点类

```
1  class BSTnode(object):
2      def __init__(self, parent, t):
3          self.key = t
4          self.parent = parent
5          self.left = None
6          self.right = None
```

定义了结点以后，就可以定义 BST 类。BST 就是结点的集合，因此可以定义成员变量为根结点 root 的类来表示 BST，该类的定义见代码 5.9。代码中的 class 是声明类的关键字，函数 __init__ 则相当于类的构造函数，self 指代当前类的一个对象。

代码 5.9 BST 的定义

```
1  class BST(object):
2      def __init__(self):
3          self.root = None
```

5.3.2 插入新结点

假设 R 中已有的元素均按照 BST 进行了存储，当接收到新的请求 t，程序将从根结点开始比较 t 与根结点存储的值之间是否存在冲突，再依次与 BST 上其他结点进行比较，直到发现冲突或者没有冲突从而执行插入这一操作为止。

完成插入新结点操作的递归实现见代码 5.10。如果 t 小于根结点的值，那么将从根结点的左子结点开始，采用与根结点一样的策略去寻找 t 的位置 (代码 5.10 第 10 行)。与此类似，如果 t 大于根结点的值，那么则从根结点的右子结点开始，也采用与根结点一样的策略去寻找 t 的位置 (代码 5.10 第 16 行)。

代码 5.10 BST 结点的插入函数

```
1  def insert(self, t):
2      if abs(t-self.key)<3:                    # 发现冲突
3          print("Insert error!")
4          return
5      if t < self.key:                         # 往左子树
6          if self.left is None:                # 没有左子结点
7              self.left = BSTnode(self, t)     # 当前结点作为左子结点
8              return self.left
9          else:
```

```
10            return self.left.insert(t)          # 递归
11       else:
12           if self.right is None:                # 没有右子结点
13               self.right = BSTnode(self, t)      # 当前结点作为右子结点
14               return self.right
15           else:
16               return self.right.insert(t)        # 递归
```

假如最开始时 BST 没有任何结点（如图 5.7(a)），需要插入的请求时间分别为 [46, 39, 49, 44, 51]。当请求 $t = 46$ 时，由于 BST 上还没有任何结点，因此值为 46 的结点将成为 BST 的根结点（如图 5.7(b)）。当第二个请求 $t = 39$ 到达后，将比较当前时间与根结点的大小关系，由于 39 小于 46，则将值为 39 的结点作为根结点的左子结点（如图 5.7(c)）。当收到第三个请求 $t = 49$ 后，该结点大于根结点 46，因此将该请求生成根结点的右子结点（如图 5.7(d)）。当随后的两个请求 $t = 44$ 和 $t = 51$ 分别送达后，将构成如图 5.7(f) 所示的 BST。

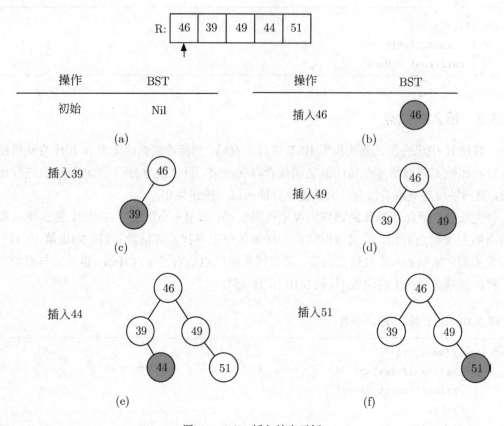

图 5.7　BST 插入结点示例

现在我们来分析采用 BST 完成飞机场调度任务算法的时间复杂度。首先，由于 BST 结点值大小所具有的特性，t 并不需要与 R 中所有元素依次比较。比较的次数最多

就是 BST 树的高度，也就是 $O(\log n)$ [①]。其次，将结点加入到 BST 中的操作与数组结构不同，并不需要移动 R 中元素。这一操作与链表结构的操作类似，只需要处理插入结点的父结点与该结点的子结点，其时间复杂度为 $O(1)$。因此，采用 BST 来存储 R 可以同时实现快速查找和插入，其总的时间复杂度为 $O(\log n)$。

5.3.3　BST 上查找

当将数据按照 BST 结构进行组织后，其他最常见的操作就是查找某个值 val 是否在该 BST 上。查找非常简单，只需要从根结点开始执行函数 find(x)，x 为 BST 上的结点。将 x 的值与 val 比较，如果相等则返回 True。如果 val 比当前结点的值小，则从 x 的左子树进行查找，即递归调用 find(x.left)。如果 val 比当前结点的值大，则从 x 的右子树进行查找，也就是递归调用 find(x.right)。直到 BST 的叶子结点，如果依然没有找到等于 val 的结点，则返回 False。当查找到某个结点，其左子结点和右子结点均不存在，该结点就是叶子结点。

除了 find( ) 外，还可以查找 BST 上的最小值，即 find_min( )。BST 上结点值最小的结点就是树上最左边的结点。因此，只需要按照树上结点连接关系，始终选择结点的左子，直到某个没有左子的结点为止，该结点就是 BST 上值最小的结点。

从以上 find( ) 和 find_min( ) 这两个函数的实现不难发现，它们都充分利用了 BST 上结点的性质，即任意结点 x，其左子树上的任意结点的值均小于 x 的值，而右子树上任意结点的值均大于 x 的值。因此，最坏的执行时间都与 BST 的高度有关，即 $O(h)$。

假如给定 R，且其中所有元素均按照 BST 组织，现在希望查找比结点 x 次大的结点，即 next_larger(x)。如图 5.8 所示，R= $[46, 39, 49, 51, 44]$，当 x=49，next_larger(x)=51。按照 BST 结构特性，比结点 x 大的结点应该在 x 的右子树上。由于是返回次大的结点，因此返回右子树上的最小结点就可以。然而，对于没有右子树的结点，比如图 5.8 上结点 44，其次大结点是根结点 46。那么该如何得到没有右子结点的次大结点呢？

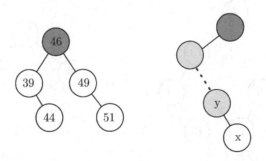

图 5.8　查找次大结点

对于类似于图 5.8 上结点 44 这种情况，其次大结点应该是该结点上一级结点中，第一次发生左转的结点。其算法实现见代码 5.11。代码第 2 行判断结点 x 是否存在右子结

点。如果 x 有右子结点，则 x 的次大结点就是 x 结点的右子树中最小的结点，代码 5.11
第 3 行的函数 minimum(node) 返回结点 node 结点及其子树的最小结点；如果 x 没有右
子结点，则得到该结点的父结点 y。代码第 6 行到第 7 行的循环为从 x 结点向上遍历各
个结点，直到第一次发生左转的结点为止。

代码 5.11　查找 BST 上次大结点

```
1  def next_larger(x):
2      if x.right not NIL:
3          return minimum(x.right)
4      else:
5          y = parent(x)
6      while y not NIL and x = right(y)   # 找到第一次发生左转的结点
7          x = y; y = parent(y)
8      return y;
```

5.3.4　二叉树修剪

上节我们主要考查了在 BST 上查找特定的结点，本节则考查对 BST 的修剪。还是
以机场降落时间规划为例，假如现在只需要保留降落计划 R 中某一段的降落时间，其余
降落时间都取消。由于 R 中的各个降落时间是按照 BST 存储，因此需要将范围外的其
他时间结点都删除。当然，不仅仅是删除结点，还需要在删除结点后让剩余结点依然是
以 BST 结构存储。

以上问题就是要按照给定的两个值 min 和 max 对 BST 进行修剪，修剪后的树首
先必须仍然是 BST，且所有结点的值均在 min 与 max 之间。比如，图 5.9 左图所示的
BST 在按照 $min=5$ 和 $max=13$ 修剪后得到如图 5.9 右图所示的 BST。

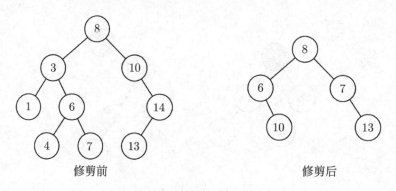

修剪前　　　　　　　　　　　　　　　修剪后

图 5.9　BST 的修剪

在介绍修剪之前，我们先简单介绍修剪算法中用到的 BST 遍历算法。遍历就
是不重复、无遗漏的走过每一个 BST 上的结点。最为常用的遍历有宽度优先（7.4
节）、深度优先（7.5 节）、前序和后序遍历等。树修剪需要用到后序遍历（Post-Order

Traversal, POT), 它的遍历过程简单说就是左、右、结点 (Left-Right-Node, LRN)。按照 LRN 的顺序, 当前结点 N 是否遍历需要经历如下过程:

- 如果结点 N 有左子结点, 则先处理其左子结点
- 如果结点 N 没有左子结点, 则看该结点是否有右子结点。如果 N 有右子结点, 则需要处理该右子结点
- 如果结点 N 没有右子结点, 则遍历结点 N

POT 的执行过程如图 5.10 所示。首先, 从根结点 8 开始, 当前是否遍历该结点需要首先判断结点 8 是否有左子结点。由于 8 有左子结点 3, 则处理该左子结点 3。同样, 结点 3 是否遍历同样需要看该结点是否存在左子结点。显然结点 3 有左子结点 1, 则算法执行到结点 1。结点 1 没有左子结点, 也没有右子结点, 因此该 BST 第一个遍历到的结点就是 1。结点 1 的父结点是 3, 结点 3 的左子结点处理完, 则需要考察该结点是否有右子结点。结点 3 的右子结点为 6, 在处理结点 6 时, 同样按照 LRN 的过程。结点按照后序先后遍历的结点依次是 1, 4, 7, 6, 3, 13, 14, 10, 8。读者可以看到, 根结点在最后遍历到, 因为按照后序遍历算法, 需要先遍历完其左子结点, 再遍历完其右子结点, 最后才到当前结点。

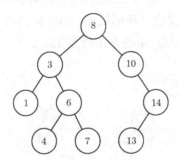

Left, Right, Node

后续遍历: 1, 4, 7, 6, 3, 13, 14, 10, 8

图 5.10　后序遍历树

修剪 BST 时, 按照 POT 依次处理每一个结点。之所以采用 POT, 是因为在判断当前结点是否需要修剪时, 当前结点的左子结点和右子结点都已经修剪过。

对每一个结点, 根据它的值与 min 和 max 的关系来确定是否进行修剪:

- 如果当前遍历结点的值在 min 和 max 之间（$min \leqslant \text{node} \leqslant max$）, 那么该结点不需要做任何变动
- 如果当前结点小于 min 的值, 那么该结点所有左子结点值都应该小于 min, 但其右子结点与 min 的大小关系并不能确定。因此, 此时将该结点的右子结点返回给当前结点的父结点
- 如果当前结点值大于 max, 则只需返回该结点的左子结点给其父结点即可

修剪 BST 的算法实现见代码 5.12。代码第 4 行与第 5 行为递归, 保证修剪过程按照后序遍历 BST 所有结点。

代码 5.12 修剪 BST 的递归实现

```
1  def trimBST(tree, minVal, maxVal):
2      if not tree:
3          return
4      tree.left=trimBST(tree.left, minVal, maxVal)      # 递归调用，后序遍历左子结点
5      tree.right=trimBST(tree.right, minVal, maxVal)    # 递归调用，后序遍历右子结点
6      if minVal<=tree.val<=maxVal:
7          return tree
8      if tree.val<minVal:
9          return tree.right
10     if tree.val>maxVal:
11         return tree.left
```

按照代码 5.12 对 BST 进行修剪的过程示意见图 5.11，此时 $min=5$，$max=13$。按照后续遍历，算法首先访问结点 1，该结点小于 min，因此直接删除该结点。下个访问的结点为 4，同样应该删除该结点。当算法再依次访问到结点 7 和结点 6，由于这两个结点的值在修剪范围外，因此不需要做其他操作。当访问结点 3 时，该结点应该被删除，且值为结点 3 的父结点应该指向结点 3 的右子结点，也就是结点 8 应该指向结点 6。算法下一个访问的结点 13 不在删减范围，同样不需要进一步的处理。当访问结点 14 时，该结点应该被删除，此外该结点的父结点 10 指向结点 14 的左子结点 13。

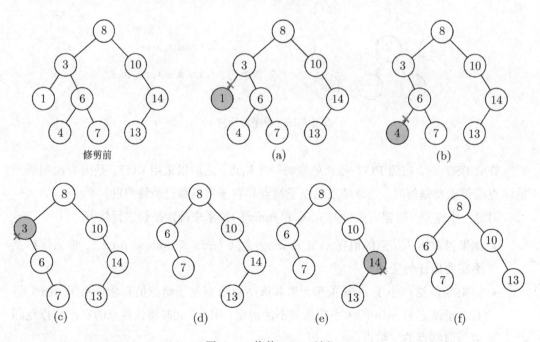

图 5.11 修剪 BST 示例

修剪树的算法实现是递归，但它的时间复杂度并不需要列出递归式后再进行求解。这是因为该算法遍历了树上每一个结点，因此其时间复杂度为 $O(n)$，n 为结点个数。

5.4 堆

5.4.1 堆化操作

当需要频繁的使用序列的最小值或最大值时，就有可能需要考虑使用堆 (Heap) 这个数据结构来组织序列。堆是一类常见的数据结构，在求最短路径（8.4 节）和最小生成树（8.5 节）时都会用它来优化算法实现。此外，还可以基于堆实现对序列的排序。

堆数据存储于数组，但它的组织结构可以看作是一棵完全二叉树。完全二叉树首先是二叉树[①]，即每个结点最多只有两个子结点。此外，完全则意味着只有二叉树最下面的两层结点的度能够小于 2，并且最下面一层的结点都集中在该层最左边的若干位置。堆除了是完全二叉树外，还必须满足最大（或最小）堆性质，即堆上任意结点的值均大于（小于）该结点所有子结点的值。图 5.12 就是一个典型的最大堆结构[②]，序列 [16,14,10,8,7,9,3,2,4,1] 数据存储于数组中，但这个序列表现出的组织结构是一颗完全二叉树，且树上每一个结点均满足最大堆性质，如结点 14，该结点的所有子结点 [8,7,2,4,1] 的值均小于 14。

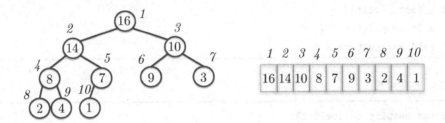

图 5.12　最大堆

为什么存储于数组中的数据其组织结构是一棵树？这是因为数组中数据相互之间的联系并不是线性，而是通过以下索引计算来实现的：

- 树的根结点：数组的第一个元素
- 结点 i 的父结点索引：$parent(i)=i/2$
- 结点 i 的左子结点索引：$left(i)=2i$
- 结点 i 的右子结点索引：$right(i)=2i+1$

比如图 5.12 中值为 14 的结点，它在数组中的索引为 2。该结点的父结点索引就是 2/2=1，也就是图 5.12 中值为 16 的结点；它的左子结点在数组中的索引为 2×2=4，也就是值为 8 的结点；其右子结点在数组中的索引为 2×2+1=5，即值为 7 的结点。因此，与 BST 各个数据离散的存储于内存中不同，堆中数据可存储于连续的内存区域。通过以上数组索引的运算，建立数组元素的树状结构。当堆元素个数为 n 时，其对应的树的高度就是 $O(\log n)$。

[①] 二叉树与二叉搜索树 BST 并不一样，二叉树并不规定结点之间的关系。

[②] 除非特别说明，书中的堆均指最大堆。

任意给定 n 个数，且使用数组存储，这组数此时并不能保证一定符合堆性质。如果某个结点违反了最大堆性质，就需要调用函数 max_heapify( ) 来改变该结点位置，从而使得该结点满足堆性质。当 i 表示结点的索引时，函数 max_heapify(i) 的计算过程为：

- 判断结点 i 与它两个子结点大小关系，找出最大的子结点，交换结点 i 与该子结点位置
- 交换至新位置的结点 i 仍有可能违反最大堆性质，需递归调用函数 max_heapify(i)，直到结点 i 满足最大堆性质

根据以上设计，可以构造如代码 5.13 所示的 BinHeap 类，该类用变量 heapList 来存储堆数据，currentSize 来标示当前堆的大小。这两个变量在函数 __init__ 中初始化。BinHeap 类成员函数 max_heapify_rec(self, i) 是通过递归来实现对结点 i 的堆化（见代码 5.14），而成员函数 maxChild(self, i) 则是找出结点 i 与它子结点中的最大结点（见代码 5.15）。

代码 5.13 类 BinHeap 的定义

```
1  class BinHeap:
2      def __init__(self):
3          self.heapList = [0]
4          self.currentSize = 0
```

代码 5.14 堆化函数

```
1      def max_heapify_rec(self,i):
2          if (i * 2) <= self.currentSize:              # 存在子结点
3              mc = self.maxChild(i)                     # 找到当前结点与子结点中最大的结点
4              if self.heapList[i] < self.heapList[mc]:  # 将当前结点与最大值结点交换
5                  tmp = self.heapList[i]
6                  self.heapList[i] = self.heapList[mc]
7                  self.heapList[mc] = tmp
8                  self.max_heapify_rec(mc)              # 递归调用，继续处理最大结点 mc
```

代码 5.15 当前结点与子结点间最大结点

```
1      def maxChild(self,i):
2          leftchild = i*2
3          rightchild = i*2+1
4          if leftchild <= self.currentSize and
           ↪  self.heapList[leftchild]>self.heapList[i]:
5              largest = leftchild
6          else:
7              largest = i
8          if rightchild <= self.currentSize and
           ↪  self.heapList[rightchild]>self.heapList[largest]:
```

```
9          largest = rightchild
10     return largest
```

下面将根据具体实例来演示函数 max_heapify_rec() 的执行过程。假设输入数据 A=[16, 4, 10, 14, 7, 9, 3, 2, 8, 1]，如图 5.13(a) 所示。考察索引 $i = 2$，即值为 4 的这个结点，它显然违反了最大堆性质。根据函数 maxChild()，比较 $i = 2$，$i = 4$ 和 $i = 5$ 这三个结点，它们中结点值最大的是值为 14 的结点 $i = 4$。根据第 5 行到第 7 行代码，交换结点 4 与结点 14 位置，如图 5.13(b) 所示。此时算法还没有结束，因为结点 4 移动到新的位置后，并不意味着它一定满足最大堆性质，此时会递归调用 max_heapify_rec() 函数继续处理结点 4。直到结点 4 完全满足最大堆性质，函数 max_heapify_rec() 的执行才结束，从而得到如图 5.13(c) 所示的结果。

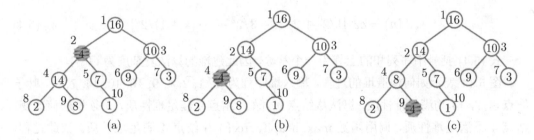

图 5.13　max_heapify 执行示例

尽管函数 max_heapify_rec() 是递归实现，但在求解函数 max_heapify_rec() 的时间复杂度时也不需要列出递归式。这是因为，在最坏情况下函数执行的次数应是堆树的高度。因此，函数 max_heapify_rec() 的执行时间复杂度为 $O(h)$，h 为堆树高度。

5.4.2　构造堆

有了堆化函数，就可以很容易地构造堆。在构造堆时，从堆树的叶子结点开始，按照自底向上逐层处理每个结点，这可以保证结点的堆化过程不会发生重复。代码 5.16 先从第一个有叶子的结点 mid 开始，直到堆的根结点为止，依次调用堆化函数 max_heapify_rec()。

代码 5.16　构造堆函数

```
1    def buildHeap(self,alist):
2        mid = len(alist) // 2              # 得到第一个有叶子结点的索引
3        self.currentSize = len(alist)      # 初始化堆大小
4        self.heapList = [0] + alist[:]     # 初始化堆元素
5        while (mid > 0):
6            self.max_heapify_rec(mid)      # 调用堆化函数
7            mid = mid - 1
```

需要特别注意的是，算法并不需要从最后一个元素开始处理，而是从第 $n/2$ 个元素开始进行计算。这是因为第 $n/2+1$ 个结点直到第 n 个结点均为叶子结点，而单个叶子结点一定满足堆的性质。

如果给 n 个元素建堆，那么如代码 5.16 所示的算法复杂度是多少？不妨设每一层有 l 个结点，每一结点循环的次数就是该层结点直到叶子结点的层数。最下一层的结点数为 $n/2$，倒数第二层的结点数为 $n/4$，这一层每个结点用堆化函数走到叶子结点的步数为 1。倒数第三层的结点数为 $n/8$，该层每个结点调用堆化函数走到叶子结点的步数为 2。根结点数为 1，它走到叶子结点的步数为 $\log n$。因此，可得建堆的时间复杂度为：

$$T(n) = n/4(1c) + n/8(2c) + n/16(3c) + \cdots + 1(\log n \times c) \tag{5.3}$$

不妨设 $n/4 = 2^k$，上式变为：

$$T(n) = c2^k[1/2^0 + 2/2^1 + 3/2^2 + \cdots (k+1)/2^k] \tag{5.4}$$

式 (5.4) 括号中序列和的上界为一个常数，因此建堆的算法复杂度为 $O(n)$。

图 5.14 表示如何构造堆的过程，输入堆序列为 [3, 1, 2, 4, 9, 16, 10, 14, 7, 8]。叶子结点 8, 7, 14 均满足堆性质，算法从结点 9 开始。结点 9 满足堆性质，无须做任何改变。结点 4 不满足堆性质，调用函数 max_heapify_rec( ) 让结点 4 满足堆性质。依此过程，处理完根结点元素后就得到输入序列的堆结构。这时，序列的最大值在堆树的根部，输出的堆序列为 [16, 14, 10, 7, 9, 2, 3, 4, 1, 8]。需要注意的是，尽管堆树的根结点值最大，但堆序列并非是有序的序列。

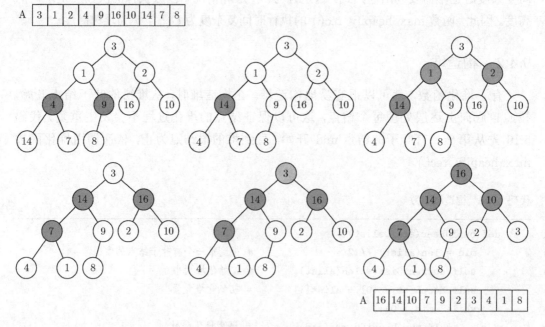

图 5.14 建堆示例

5.4.3 堆排序

一组序列按照堆进行组织后，由堆的性质可知，堆的根结点是堆树中值最大的元素。因此，可以从堆中不停地删除根结点来完成排序。在删除根结点后，为了保持堆的性质，还需要从堆序列中选择一个元素插入到根结点的位置。为此，可将堆结构根结点 R 与堆序列的最后一个元素 E 交换。R 被交换到堆序列的末位后，再将它从堆中删除。由于 R 是最后一个元素，因此删除 R 不改变堆中其他元素的性质。结点 E 被交换到根结点后，则有可能会违背堆性质，因此需要调用函数 max_heapify_rec( ) 让该结点满足堆性质。

堆排序的过程可见图 5.15。首先，将堆树根结点 16 和堆序列的末位元素进行交换。再从堆中删除结点 16，也就是将堆的大小减小 1 位。然后调用堆化函数，让当前根结点 8 满足堆性质。得到新堆结构后，其根结点为 14，再次交换结点 14 与堆末位元素 1 之间的位置。为了让当前根结点 1 满足堆性质，需再次调用堆化函数。至此，得到的输出结果为 14，16。依照代码 5.17 所示过程，完成对所有堆元素的排序。因此，堆排序的过程就是不停交换结点，删除结点，再堆化的过程。

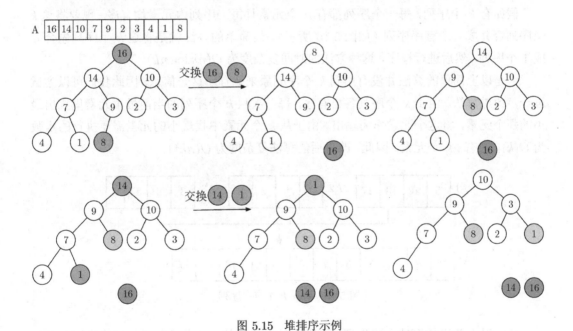

图 5.15 堆排序示例

堆排序算法的实现见代码 5.17。由于 Python 有内建的堆函数，如 heapify( )，heappush( ) 和 heappop( ) 等，可利用它们来实现排序。代码 5.17 中的列表变量 sortedh 用于存储排序后的结果，heappop( ) 删除堆的根结点，并将它添加到列表 sortedh 中。

代码 5.17 堆排序

```
1  from heapq import heappop, heapify
2  def heapsort(alist):
```

```
3        sortedh = []
4        # 为 alist 构造堆
5        heapify(alist)
6        while alist:
7                # 提取堆根结点元素
8                sortedh.append(heappop(alist))
9        return sortedh
```

下面来分析堆排序的时间复杂度。堆根结点被删除后，为了保持完全二叉树特性，将堆中最后一个元素插入到根结点位置，该结点需要保持堆性质，最多执行步数为 $\log n$。由于需要删除 n 次结点，因此堆排序算法复杂度为 $O(n \log n)$。

5.4.4　合并 k 个有序序列

堆结构具有非常特殊的性质，即最大/最小元素总是在堆树的根结点。因此，在实际问题中如果需要频繁用到序列的最大或最小元素，就会考虑用堆来组织序列。下面我们考察如何利用堆结构来优化合并 k 个有序序列这一问题。

假如有 k 个序列，每一个序列都有 n 个元素且每一序列内元素均有序。现要将这 k 个序列合并成一个有序序列（如图 5.16 所示）。最简单的办法就是将这 k 个序列先合并成 1 个序列，然后进行排序，这种方法的时间复杂度为 $O(nk \log nk)$。

但是以上简单的算法并没有用到 k 个序列原来就有序这一信息，因此我们可以尝试进一步改进算法。由于 k 个序列各自有序，每一次从 k 个序列的当前最小元素里找出最小的那个元素，将这个元素作为输出。由于从 k 个元素中找最小的元素需要执行的步数为 $O(k)$，共有 nk 个元素。因此，改进后的算法复杂度为 $O(nk^2)$。

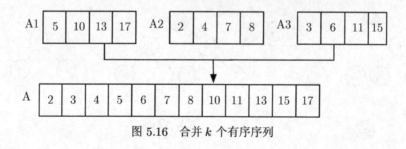

图 5.16　合并 k 个有序序列

分析以上改进的算法不难发现，每次都是取最小的元素作为输出。这让我们考虑可以使用堆来组织这 k 个元素，算法的流程如下：

(1) 创建大小为 nk 的输出数组；

(2) 将 k 个数组中的第一个元素存入堆中；

(3) 重复 nk 步：

- 提取堆的根结点作为输出
- 将根结点对应序列的下一个元素插入堆的根位置。如果没有该结点对应序列的元素，就将无穷大插入到堆的根位置

代码 5.18　合并 k 个有序序列

```python
from collections import namedtuple
import heapq

def mergeKSortedArrays(alist):
    h = list()    # 最小堆
    res= list()   # 合并后的输出
    heapContent = namedtuple('contents', ('elem', 'array_idx', 'array_elem_idx'))
    # 每一个序列 k 的第一个元素按照堆结构组织
    for i, k in enumerate(alist):
        heapq.heappush(h, heapContent(k[0],i,1))
    total_elems = len(alist)* len(alist[0])
    for _ in range(0, total_elems):
        popped = heapq.heappop(h)
        if popped.elem == float("inf"):
            continue
        res.append(popped.elem)    # 将堆中最小元素弹出并加入到 res 中
        next_array = popped.array_idx
        next_elem_idx = popped.array_elem_idx
        if next_elem_idx < len(alist[next_array]):
            # 将被移除出堆所属的序列的下一个元素插入到当前堆中
            heapq.heappush(h, heapContent(alist[next_array][next_elem_idx], \
                next_array, next_elem_idx+1))
        else:
            # 如果没有元素在当前序列中，则插入一个最大整数
            heapq.heappush(h, heapContent(float("inf"),next_array, float("inf")))
    return res
```

　　按照算法流程不难得到如代码 5.18 所示的实现。代码第 7 行将堆结构按照元素值、序列索引和元素值索引进行组织，这样可以便于从堆中按照名称提取需要的数据。为此，需要导入 namedtuple 库，见代码 5.18 第 1 行。代码 5.18 第 14 行采用 float("inf") 得到系统最大值。堆仍然采用 Python 中的 heapq，见代码第 2 行。

　　下面我们来分析通过堆来合并 k 个有序序列的算法时间复杂度。创建 nk 大小的数组执行时间为 $O(nk)$，创建 k 个元素的堆的时间为 $O(k)$。循环共有 nk 次，每一次循环由于根结点元素被删除，加入到该位置的元素可能违背堆性质，这需要 $O(\log k)$ 的时间让该元素符合堆性质。因此，算法总的执行时间

$$T(n) = O(nk) + O(k) + O(nk \log k) \tag{5.5}$$

因此，通过引入堆结构来合并 k 个有序序列的算法时间复杂度为 $O(nk \log k)$。

5.5　小结

　　本章主要介绍了通过排序或者数据结构来组织数据。我们也再次感受到转化的力量，本章不仅把无序转化为有序，还把无序转化为结构。这种转化最根本的目的就是为

了更快地检索到需要的数据。

排序是最为常用的组织数据的方法之一, 选择排序与插入排序的执行时间均为 $O(n^2)$。插入排序需要频繁的移动元素, 而选择排序移动的次数则要少很多。因此, 如果在一个移动元素相当耗时的设备中排序 (如磁盘), 这时选择排序显然要优于插入排序。如果一个序列中, 大部分数据均有序, 这时选择插入排序则更为合适。

相比较于插入排序和选择排序, 合并排序的执行时间为 $O(n \log n)$, 也就是执行效率有提高。然而, 合并排序需要额外的空间用于存储合并的结果, 因此它不是原位排序算法。而选择排序和插入排序因为执行过程并不需要额外空间, 因此它们都是原位排序算法。合并排序是稳定排序, 也就是说如果输入序列有两个值相同的元素, 合并排序能保证其排序的结果是先出现的那个元素在后出现元素的前面。

从本章的排序与数据操作的实现中, 我们再一次体验到递归的强大。但需要强调的是, 尽管在介绍排序算法的实现时大多采用递归, 这只是为了让读者进一步熟悉递归的应用而采用的一种实现方式。在实际排序算法的实现中, 还是大多采用循环实现。这是因为递归的实现会导致函数频繁的进出运行栈, 从而降低算法效率。此外, 本章也没有再对其他排序算法进行介绍, 比如时间复杂度是线性时间的基数排序、计数排序等。

二叉搜索树是常用的组织数据的结构, 它可以看作是一系列结点的集合, 各个结点通过引用形成连接关系。在二叉搜索树中搜索某个元素是否存在, 其执行时间就是树的高度。需要特别说明的是, 二叉搜索树如果输入数据是有序的, 那么得到的是一棵不平衡的二叉树, 此时在树上搜索的时间复杂度就是 $O(n)$。因此, 为了提高搜索效率, 往往会在构造二叉搜索树时, 尽量保证其具有平衡性。平衡意味着结点左右子树的高度大致相等, AVL 树和红黑树都是典型的平衡二叉树。

堆是一棵完全二叉树, 它将序列中值最小 (最大) 的元素置于树的根部。因此, 如果某个问题需要频繁操作序列的最大或最小元素, 这时就应该考虑使用堆来组织该序列。对 n 个数据按照堆结构进行组织的时间复杂度为 $O(n)$, 因此构造堆结构的算法尽管看上去复杂, 但其实还是比较高效的。

课后习题

习题 5-1　排序算法流程

给定一组序列 A=[11, 6, 8, 19, 4, 10, 5, 17, 43, 49, 31]:
(a) 按照插入排序算法, 请画出序列 A 的排序过程。
(b) 按照选择排序算法, 请画出序列 A 的排序过程。
(c) 按照合并排序算法, 请画出序列 A 的排序过程。

习题 5-2　排序算法应用

(a) 插入排序的时间复杂度为 $O(n^2)$, 而合并排序的时间复杂度为 $O(n \log n)$。为什么人们在抓扑克的时候不采用更高效的合并排序, 而是插入排序?

(b) 什么是稳定排序？插入排序、选择排序和合并排序哪个属于稳定排序？

(c) 什么是原位排序？插入排序、选择排序和合并排序哪个属于原位排序？

(d) 如果待排序的序列中有 50% 的元素是相同的，这时你会选择插入排序、选择排序和合并排序中的哪个排序算法，为什么？

习题 5-3　二叉搜索树

(a) 有字符序列为 ['E', 'A', 'S', 'Y', 'Q', 'U', 'E', 'S', 'T', 'I', 'O', 'N']，请画出依次插入序列元素到 BST 的过程，字符大小按照字母表先后顺序。

(b) 按照后序遍历，将以上 BST 各个结点的遍历结果写出。

(c) 实现删除 BST 上一个结点的算法。

(d) 实现查找 BST 最小值结点的算法。

习题 5-4　堆结构

(a) 写出一个程序 isComplete 判断一棵二叉树是否为完全二叉树。

(b) 写出一个程序 hasValueProperty 判断一棵二叉树是否满足堆性质，即每一个结点均大于其子结点的值。

(c) 画出输入序列为 [80, 40, 30, 60, 81, 90, 100, 10] 的建堆过程。

习题 5-5　寻找最小的元素

一个有 N 个整数的数组，其中 N 的值非常大。

(a) 设计复杂度为 $O(N \log N)$ 算法，找出其中最小的 k 个元素，其中 k 远远小于 N。

(b) 给出一个复杂度为 $O(Nk)$ 的算法，找出其中最小的 k 个元素。

(c) 如何利用堆结构，来实现找出其中最小的 k 个元素？

第6章 分治算法

本章学习目标

- 掌握分治算法求解问题的三个基本步骤
- 熟悉利用分治算法求解典型计算的问题
- 熟练掌握分治算法的时间复杂度分析

6.1 引言

　　分治算法（Divide and Conquer, D&C）是一类常见的解决问题的办法，其基本思想是将复杂的问题分解成几个简单的子问题，然后递归求解各个子问题，从而寻求原问题解的算法。利用分治算法求解问题一般包括三个主要步骤：

- 第一，将问题**分解**成若干简单的子问题
- 第二，通过**递归**寻求各个子问题的解
- 第三，**合并**各个子问题的解，从而得到原问题的解

　　分治不仅是一类常用的计算机算法，在日常生活中也会常常用它去解决具体的问题。孙子兵法就曾有"倍则分之"的战略，其意思就是把强大的敌人进行分割，寻求在局部能获得的优势兵力的战法，这与分治算法有异曲同工之妙。分治算法中分解问题的思想在本书的许多章节中都有体现。比如第 4 章的递归算法、第 8 章的贪心算法和第 9 章的动态规划算法，都是将原问题分解成几个子问题并用递归来求解子问题。

　　分治算法在分解问题时，一般都是将原问题按照其输入规模划分成若干个小规模的子问题。如果问题的输入是一个序列，则一般将问题一分为二从而得到两个子问题。在合并子问题的解时，往往需要考虑解可能存在跨界的情况，即解并非完整的存在于某个子问题内。因此，合理地合并子问题的解常常是设计分治算法的难点所在。

　　采用分治法求解的问题，其算法复杂度的分析有相似的求解过程。不妨设问题 A 共有 a 个子问题，每一个子问题的规模为 n/b。其中，$a \geqslant 0$，也就是说子问题可以是 0 个或者 1 个或者 2 个等等，a 具体取多少与给定的问题有关。另外，$b > 0$，也就意味着每一个子问题的规模总是小于原问题。比如当 $b = 2$ 时，则意味着子问题的规模是原问题的一半。n 为问题 A 输入数据的规模。

设问题 A 的算法执行时间为 $T(n)$，那么 $T(n)$ 就应该等于 a 个子问题各自执行的时间，再加上合并子问题解的时间。由于子问题采用递归的方式求解，因此各个子问题的执行时间就可以写成 $aT(n/b)$。合并子问题的时间与具体的问题有关，记为 $time[\text{merge}()]$，merge() 为合并各个子问题的函数。由此可得分治算法执行的时间为：

$$T(n) = aT(n/b) + time[\text{merge}()] \tag{6.1}$$

本章将通过股票买卖、统计逆序和求空间最小距离点对等问题，来展示分治算法的三个主要步骤在求解具体问题中的应用。

6.2 股票的买卖

6.2.1 问题描述

2015 年上半年，中国股市行情就像过山车一样，大起大落。股民们则希望在这波云诡谲的市场中能获得最大的收益。理想状况下，如果能实现交易的低买高卖，就能在股市中挣得盆满钵盈。本章的第一个问题便是给定一组股票价格的数据，需要确定何时买进，何时卖出能获得最大收益。比如一支股票，其在 5 天内的价格分别为 prices = [10, 11, 7, 10, 6]。如果在第 1 天价格为 10 的时候买进，在第 2 天价格为 11 时卖出，收益即为 1。在第 3 天价格为 7 的时候买进，第 4 天价格为 10 的时候卖出，这样便能获得最佳的收益为 3。

由于买必须发生在卖的前面，因此问题似乎存在一个直观算法。即首先找到这组股票价格的最低值和最高值，然后从最低值出发向右在其右边序列中找到一个最大值；此外，从最高值出发向左在其左边序列中找到一个最小值。比较这两种情况下得到的收益值，选择收益大的作为买进和卖出的时间点。然而，这种算法并不能总是确保获得最佳收益。比如，对于 prices = [10, 11, 7, 10, 6]，获得最佳收益的买进价格 7 和卖出价格 10 都不是 5 天内价格的最大值或最小值。这说明按照以上算法进行交易，并不能确保获得最佳收益。

6.2.2 算法设计

既然不能选择股票价格的最大或者最小值来确定交易点，那么为何不直接算出所有可能进行交易的组合，求出其中收益最大的便能确定最佳交易点。也就是说，对于输入序列两两求出它们之间的差值，并且只记录当前的最优收益值。这种方法其实就是穷举问题所有的可行解，然后从中选择一个最优的解。算法的实现见代码 6.1。代码 6.1 包括一个二重循环，经由变量 best 来记录最佳受益，不难得到其时间复杂度为 $O(n^2)$。

代码 **6.1** 求解交易点的简单算法

```python
def max_profit_simple(prices):
    best = 0          # 记录当前的最优值
    ind_best = []     # 记录买进和卖出的时间点
    len_prices = len(prices)
    for i in range(len_prices):
        for j in range(i+1, len_prices):
            if prices[j]-prices[i]>best:
                best = prices[j] - prices[i]
                ind_best = [i, j]
    return ind_best,best
```

除了以上时间复杂度为 $O(n^2)$ 的简单算法，还可以通过分治算法来求解该问题。对于价格序列 prices，假设存在函数 max_profit_dc(prices) 可以求得最佳买卖点。那么，不妨将输入序列分解成两个部分 prices_left 和 prices_right。显然求解这两个部分的策略与原问题的策略相同，都是函数 max_profit_dc( )。不同之处就是，求解子问题函数的输入分别是 prices_left 和 prices_right。也就是，子问题求解的函数形式为 max_profit_dc(prices_left) 和 max_profit_dc(prices_right)。前一函数可以得到输入序列左边部分的最佳买卖点，后一函数则可以得到输入序列右边部分的最佳买卖点。

在求解出子问题的解后，需要考虑 max_profit_dc(prices) 的解是否等于 max_profit_dc(prices_left) 与 max_profit_dc(prices_right) 解的简单合并。显然，最佳买卖点并不一定在 prices_left 或 prices_right 内，而是有可能买点在 prices_left，而卖点在 prices_right。也就是说，可能的解一部分在左边子序列，另一部分在右边子序列，即最优买卖点可能跨界。

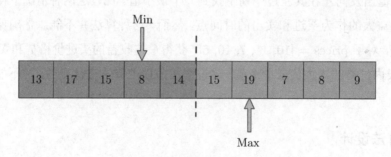

图 6.1 求解跨界情况下的最优买卖点

如何得到跨界情况下的最优解呢？只需要找到左边序列的最小值，再找到右边序列的最大值，它们之间的差值就是跨界情况下的最优买卖点，如图 6.1 所示。这样，最佳买卖点要么在序列左边、要么在序列右边或者跨界。最终的解就是这三个可行解的最大值，利用分治算法求解的实现见代码 6.2。

代码 6.2 买入卖出问题的分治算法

```python
def max_profit_dc(prices):
    len_prices = len(prices)
    if len_prices <= 1:                            # 边界条件
        return 0
    mid = len_prices//2
    prices_left = prices[:mid]
    prices_right = prices[mid:]
    maxProfit_left = max_profit_dc(prices_left)    # 递归求解左边序列
    maxProfit_right = max_profit_dc(prices_right)  # 递归求解右边序列
    maxprofit_left_right = max(prices_right)-min(prices_left) # 可能跨界
    return max(maxProfit_left, maxProfit_right, maxprofit_left_right)
```

下面将求解代码 6.2 的执行时间 $T(n)$。代码第 8 行与第 9 行为递归求解规模为 $n/2$ 的子问题，其执行时间均应为 $T(n/2)$。第 10 行处理跨界情况，在 prices_right 和 prices_left 中找最大值和最小值的时间为 $O(n)$。因此，代码 6.2 的时间复杂度为：

$$T(n) = 2T(n/2) + O(n) \tag{6.2}$$

根据 Master Method 求解该递归式可得 $T(n) = O(n \log n)$。因此，通过分治算法得到了一个相比较于简单算法更为高效的算法。

以上问题还可以通过记录每一个数左部的最小值来进行求解。首先，从左到右依次扫描序列元素，并求得该元素左部最小值。如图 6.2 所示，第一个元素 13 由于左边部分没有其他元素，因此其左部最小就是 13。当前的最小值 13 比序列的第二个元素 17 小，因此对 17 来说，其左部最小的依然是 13。直到扫描到第 4 个元素时，最小值才从 13 变成 8。按照这个计算过程，可以求出每个元素其左部序列的最小值。然后，将输入序列与左部最小序列对应相减，得到的差值序列中的最大值就是问题的解。

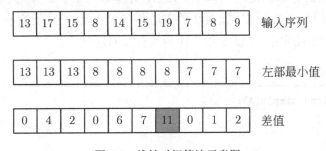

图 6.2 线性时间算法示意图

以上算法第一次扫描序列得到各个元素最小值的时间复杂度为 $O(n)$，求得差值序列并从中求最大值的时间复杂度都是 $O(n)$。因此，算法总的时间复杂度就是 $O(n)$ [1]。

需要说明的是，我们还可以将以上问题做一个简单的变换。原问题考虑的是买入和卖出点，和中间价格的变动并没有直接的关系。可以将问题转换为连续序列的累加和最

---

[1] 该算法由浙江工业大学 2015 届学生严凡提出。

大问题。为此，可以考虑将原来每日股票的价格变成前后两天的收益，如股票价格为 [10, 11, 7, 10, 6]，那么前后两日的收益为 [1, −4, 3, −4]。经过这个转换，就可以将原来的确定买入和卖出点问题，变换成给定一个序列，找出其中连续累加值最大的子序列。这个问题同样可以采用 $O(n \log n)$ 的分治算法来求解，也可以用时间复杂度为 $O(n)$ 的动态规划算法求解（见 9.3.2 节）。

6.3 统计逆序

6.3.1 问题描述

豆瓣是一家图书、电影和音乐唱片的评价与推荐网站。这类推荐类网站会根据你对一系列书籍的评价，从它的读者数据库中找出与你的评价非常类似的读者推荐给你，从而帮助你找到品味相近的朋友。假设你对五本书进行了评价，这五本书你的打分从低到高依次是 [1, 2, 3, 4, 5]。另外，读者 A 的对这五本书的打分是 [2, 4, 1, 3, 5]，而读者 B 的打分是 [3, 4, 1, 5, 2]。那么，应该把读者 A 还是读者 B 推荐给你呢？

豆瓣也许会把读者 A 推荐给你，因为相比较于读者 B，读者 A 与你的口味更为相投。那怎么来量化推荐的准则呢？这可以通过计算一个称为逆序量的来度量相似度。对于输入序列，如果元素的索引 $i < j$，且 $a_i > a_j$，那么元素 a_i 和 a_j 是一对逆序。打分 [1, 2, 3, 4, 5] 的逆序对数为 0，读者 A 打分 [2, 4, 1, 3, 5] 存在 3 对逆序，分别是 [2, 1]，[4, 1] 和 [4, 3]。读者 B 打分 [3, 4, 1, 5, 2] 的逆序数为 5 对，分别是 [3, 1]，[3, 2]，[4, 1]，[4, 2] 和 [5, 2]。因此，如果用逆序数来度量推荐准则，那么读者 A 相比较于读者 B 与你有更为接近的品位。本节的问题就是计算给定序列的逆序数。

6.3.2 算法设计

一个简单直接的算法就是对于每一个元素，计算该元素右边有几个元素比它小。例如，对于输入序列 [2, 4, 1, 3, 5]，元素 2 的右边共有 1 个元素 [1] 比它小，元素 4 的右边共有 2 个元素 [1, 3] 比它小。因此，以上序列共有 3 对逆序。

代码 6.3 逆序计算的简单算法

```python
def count_inversions_simple(A):
    inv_count = 0
    inv_list = []
    lenA = len(A)
    for i in range(lenA):              # 索引 A 中各个元素
        for j in range(i, lenA):       # 得到 A 中某个元素所有右边的元素
            if A[i] > A[j]:            # 判断是否存在逆序
                inv_count += 1
                inv_list.append([A[i],A[j]])
    return inv_count, inv_list
```

根据以上分析,不难得到如代码 6.3 所示的实现。以上实现是一个二重循环,外循环用于索引输入序列 A 的各个元素,内循环则索引当前元素 i 之后的各个元素,用于找出 A[i] 与之后各个元素的逆序对。以上算法共有 n 次循环,每一次循环的执行次数分别为 $n-1+n-2+\cdots+1$,因此其时间复杂度为 $O(n^2)$。

下面考虑采用分治算法来求解逆序对问题。按照分治算法求解问题的步骤,首先考虑分解原问题为几个子问题。对于输入序列 A,假设函数 count_inversions_dc(A) 可以求得问题的解(见代码 6.4)。将输入序列 A 分为两部分,AL 和 AR。其次,由于 A 与子问题 AL 和 AR 只有规模上的不同,因此 AL 和 AR 可以使用完全相同的策略用于计算 AL 和 AR 中的逆序数,也就是 count_inversions_dc(AL), count_inversions_dc(AR)。最后,原问题的解也有可能分别落在 AL 与 AR 中,也就是需要考虑解存在跨界的可能。因此,总的逆序数应该等于左边子问题 AL 求得的逆序数加上右边子问题 AR 求得的逆序数,再加上跨界情况下求得的逆序数。

代码 6.4 逆序计算的分治算法

```
1   def count_inversions_dc(A):
2       lenA = len(A)
3       if lenA <= 1:                                        # 边界条件
4           return 0, A
5       middle = lenA // 2
6       leftA = A[:middle]
7       rightA = A[middle:]
8       countLA, leftA = count_inversions_dc(leftA)          # 递归分解
9       countRA, rightA = count_inversions_dc(rightA)        # 递归分解
10      countLRA, mergedA = merge_and_count(leftA, rightA)   # 合并并计算逆序数
11
12      return countLA+countRA+countLRA, mergedA
```

如何求解解跨界情况下的逆序对数呢?如果在每次合并时,都需将 AL 中元素与 AR 中所有元素进行比较。那么由于 AL 中有 $n/2$ 个元素,而 AR 中元素个数也是 $n/2$ 个元素,这样导致计算跨界情况下解的时间复杂度就是 $O(n^2)$。那么使用分治算法求解逆序问题的时间复杂度就变成了:

$$T(n) = 2T(n/2) + O(n^2) \tag{6.3}$$

根据 Master 方法求解以上递归式可得 $T(n) = O(n^2)$。也就是说,相比较于之前的简单算法,采用分治算法并没有提高算法效率。这主要是因为在合并子问题解的时候,其时间复杂度是 $O(n^2)$。

为了提高采用分治法求解问题的效率,应该考虑优化求解跨界情况下问题的解。求解跨界问题时,如果 AL 和 AR 均有序,那么就不需要将 AL 中的每一个元素与 AR 中所有元素进行比较。比如,AL 中元素 AL[i] 大于 AR 中的某个元素 AR[j],那么此时 AR[j] 之后的所有元素 AR[$j+1$], AR[$j+2$], $\cdots$, AR[end] 与 AL[i] 都构成逆序对,这是因

为 AL 序列整体在 AR 序列的左边。这样就不需要将 AL[i] 与 AR[j] 之后的元素依次进行比较。

　　AL 和 AR 有序的情况下，的确是可以提高求解跨界情况下解的效率。然而，如果先对 AL 和 AR 排序，那么就破坏了 AL 和 AR 中数的位置关系，从而得不到其中准确的逆序数。因此，子问题有序和求逆序数就好比一个是鱼，一个是熊掌，如何能兼得呢？

　　解决以上问题的办法是在计算逆序对的过程中同时完成排序，也就是边排序边计算逆序对数。当两个子问题的逆序数计算出来后，也同时完成了对它们的排序。这意味着当两个子问题的输入序列排序完成，那么这两个子问题的解以及它们之间跨界的解也求出来了。因此，与合并排序（见 5.2.3 节）的过程类似，需要比较 AL 中元素 a_i 与 AR 中元素 b_j 之间的大小：

- 如果 $a_i < b_j$，那么 a_i 与 AR 中剩余元素均构成逆序
- 如果 $a_i > b_j$，那么 b_j 与 AL 中剩余元素不构成逆序

　　计算过程可见图 6.3，其中 AL=[2, 4]，AR=[1, 3, 5]。首先比较 AL 中的第一个元素 2 与 AR 中第一个元素大小，由于 2 大于 1，就从 AR 中将 1 移出到新的序列中。再比较元素 2 与 AR 中元素 3，显然 2 小于 3，那么 [2, 3] 与 [2, 5] 都是逆序对，此时逆序对数 inv_count=2。依此计算过程，最后得到 inv_count=3。由于 AL 与 AR 之间跨界逆序数已经计算出来，因此将 AL 与 AR 合并成有序序列不会改变原序列逆序对数。

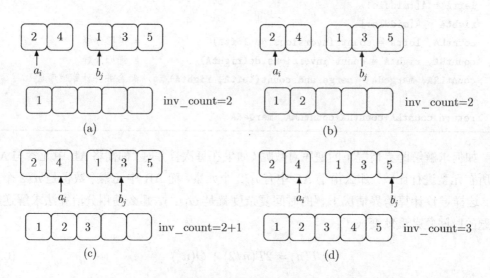

图 6.3　合并计算的过程

　　按照分治算法，边合并排序边计算逆序数的实现见代码 6.5。代码 6.5 的函数 merge_and_count() 的实现与合并排序的 merge 函数（见 5.6）非常相似，只是额外增加了计算 inv_count 的值。代码 6.5 的实现并没有将逆序对返回，而只是返回了逆序对数。读者可以考虑修改代码 6.5 的实现，以便除了返回逆序对数外还能得到各个逆序对。

代码 6.5　合并计数

```
1   def merge_and_count(A, B):
2       i, j, inv_count =0, 0, 0
3       alist = []
4       lenA = len(A);lenB = len(B)
5       while i<lenA and j<lenB:
6           if A[i]<B[j]:
7               alist.append(A[i])
8               i+=1
9           else:                    # b[j] 与 A 当前所有左边元素构成逆序
10              inv_count += lenA-i
11              alist.append(B[j])
12              j+=1
13      while i<lenA:                # 处理 A 中剩余元素
14          alist.append(A[i])
15          i+=1
16      while j<lenB:                # 处理 B 中剩余元素
17          alist.append(B[j])
18          j+=1
19      return inv_count, alist
```

代码 6.5 的函数 merge_and_count( ) 有三个循环，它们各自的执行时间均为 $O(n)$。因此，按照代码 6.4 实现的逆序对算法执行时间为：

$$T(n) = 2T(n/2) + O(n) = O(n \log n) \tag{6.4}$$

这意味着通过优化合并部分计算的性能，采用分治算法求解逆序对问题的时间复杂度为 $O(n \log n)$。

6.4　空间最小距离点对

6.4.1　问题描述

图片在计算机中是以像素点矩阵的方式存储，比如对于一个大小为 28×28 的图片来说，共有 784 个像素点。如果图片是灰度图，那么每一个像素点取值在 0 到 255 之间。假设班上共有 30 位同学，在选定课后为每一个同学拍一幅 28×28 大小的头像，将这 30 个人的头像图片存在计算机内。在期末考试时，监考老师需要设计一个算法来自动确定某个同学是不是班上的学生。这个算法可以这样设计：

- 为这位同学拍一张大小为 28×28 的头像 I
- 将这位同学的头像与班上已有的 30 位同学的头像依此进行比较
- 找出与这位同学头像最为接近的一个头像 M

- 如果 I 与 M 的差值在一定范围，就认定 I 就是 M；否则认为 I 不是班上的学生

显然，以上算法的关键就是将这位同学的头像与班上 30 位同学的头像依次进行比较。由于每一幅图像有 784 个数据，那么一幅头像就可以看作是 784 维空间中的一个点。头像的比较问题就转化为给定空间的 n 个点，找出这些点中欧氏距离最小的一对点。如图 6.4 所示，图中两个有连线的点即为距离最近的两个点。

图 6.4　空间距离最近的点

6.4.2　算法设计

为了便于描述，假设空间是二维平面，点的集合 P= $\{p_1, p_2, \cdots, p_n\}$。每一个点由二维坐标确定其位置，也就是 $p_1 = [x_1, y_1], \cdots, p_n = [x_n, y_n]$。其中，$x_1$ 和 y_1 分别为点 p_1 的横坐标与纵坐标值，x_n 和 y_n 分别为点 p_n 的横坐标与纵坐标的值。那么，两点之间的欧氏距离就是：

$$d_{1n} = \sqrt{(x_n - x_1)^2 + (y_n - y_1)^2} \tag{6.5}$$

为了求得最近距离点对，一个直接的算法就是对于每一个点都计算它与其余点之间的距离。然后找出其中距离值最小所对应的点对，就能得到问题的解。这个算法的实现见代码 6.6，该算法的计算过程相当于从 n 个点中选出两个点进行组合，其计算次数为 $\binom{n}{2}$。因此，代码 6.6 的时间复杂度为 $O(n^2)$。

代码 6.6　计算最近距离的直接算法

```python
import math
def closestpair_simple(X, n):
    min_d = distance(X[0], X[1])              # 记录当前最小距离
    for i,(x,y) in enumerate(X):
        for j in range(i+1, n):
            if distance(X[i], X[j]) < min_d:
                min_p = [X[i], X[j]]          # 记录哪两个点
                min_d = distance(X[i], X[j])
    return min_p, min_d

def distance(a,b):                            # 计算两点之间的欧拉距离
    return math.sqrt( math.pow( (a[0]-b[0]), 2) + math.pow((a[1]-b[1]), 2) )
```

代码 6.6 的实现包括一个二重循环，第 4 行的外循环索引每一个输入的点，第 5 行的内循环索引当前结点之后的各个结点。函数 closestpair_simple( ) 的第一个参数 X 为点集，第二个参数 n 为点的个数。计算两点之间欧氏距离由函数 distance( ) 实现。

下面我们将考虑采用分治算法来求解以上问题。不妨设对于 n 个点，求得它们最近距离点对的函数为 closest_pair(P)，其中 P 为输入点集。按照分治算法求解问题的步骤，可以得到：

- 将平面上的 n 个点分为两个部分 PL 和 PR
- 递归求解 PL 和 PR 的最近距离点对
- 组合两个子问题的解以及可能存在的跨界的解，得到最终的解

以上是分治算法求解问题的常规步骤。然而，在实际应用中，以上三个步骤还需要仔细设计其实现过程。首先，需要考虑如何将空间的 n 个点分成两部分。可以按照图 6.5 所示的用垂直方向的直线 L 将输入各点分为两个部分。

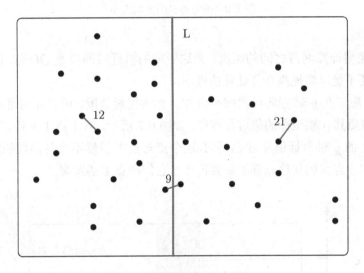

图 6.5 将空间的 n 点一分为二

将问题分解为两个子问题后，就可以通过递归来求解这两个子问题。假设它们返回各自点集的最近距离点对，也就是 $\delta_L = \text{closest\_pair(PL)}$，$\delta_R = \text{closest\_pair(PR)}$。其中，$\delta_L$ 表示左边部分点集的最近距离，δ_R 则表示右边部分点集的最近距离。显然，目前能得到的最近距离为 $\delta = \min(\delta_L, \delta_R)$。

其次，在合并子问题解的时候需要考虑解跨界的情况，即解的一个点位于 PL，而另一点位于 PR。由于当前已经得到了左边点集 PL 和右边点集 PR 的最近点对距离为 δ，因此可以选定距离分界线 L 为 δ 的区域内来考虑跨界的问题，如图 6.6 所示。也就是说，选定区域之外两点间的距离一定比 δ 大，这样就可以缩小合并时的搜索范围。

那么该如何计算选定区域点之间的距离？一种简单的办法就是直接计算区域内两两之间的距离。然而，落在这个区域之间的点有可能非常多，最坏情况下各自会有 $n/2$。当

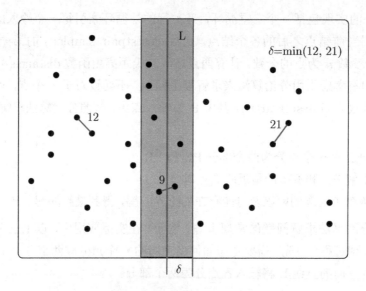

图 6.6　确定跨界的区域大小

有 $n/2$ 个点需要计算两两之间的距离，光这一项的执行时间就是 $O(n^2)$。因此，单单限定 x 轴方向还不足以将提高合并计算的效率。

为此，还应该在 y 轴方向再次缩小合并计算的搜索范围。可以先将落在图 6.6 中阴影区域的点按照其 y 轴坐标的值进行排序，如图 6.7 所示。对于点 1 来说，如果某点的 y 坐标值与点 1 的 y 轴坐标值超过 δ，那么这个点与点 1 显然不会是问题的解。此外，所有 y 轴坐标比该点大的其他点都不需要再计算它们与点 1 的距离。

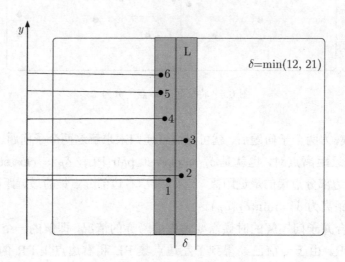

图 6.7　计算跨界点最近距离

对于落在区域中的每一个点，只需要按 y 轴方向选择 7 个点进行计算即可，超过第 7 个点不需要考虑。由于 δ 是当前已知的点对之间最小距离，在以 δ 为边长的正方形区域内，最多只能有 4 个点落在这个正方形区域内。这 4 个点分布在正方形的 4 个角点位置，该正方形区域内不能有第 5 个点出现。否则，一旦第 5 个点落在正方形区域内，就会违背 δ 是当前已知的点对之间最小距离这一假设。因此，分界线 L 两边正对的两个边长为 δ 的正方形区域内最多有 8 个点。当确定某 1 个点后，只需要按 y 轴方向选择 7 个点依次与该点计算各自的距离值。其他点与该点的距离值一定大于 δ，因此为了计算跨界部分的解并不需要计算界内点两两之间的距离，只需要计算点与界内相近的其他 7 个点之间的距离就可以。

为了确定分界线线 L 和确定跨界区域内的点，需要对输入点按照 x 轴和 y 轴排序。为了进一步提高算法效率，可以考虑预先对输入点集进行排序（见代码 6.7），而不是在递归函数里反复进行排序计算。由于输入点集的顺序并不会在递归函数中发生变化，因此预先排好序以后，在需要用到的时候查表就可以，这样将大大提高了算法实现的效率。

代码 6.7 空间点最近距离主函数

```
1  def closest(P, n):
2      X=list(P)
3      Y=list(P)
4      X.sort()                        # 预处理，按照 X 轴进行排序
5      Y = sort_y(Y)                   # 预处理，按照 Y 轴进行排序
6      return closest_pair(X, Y, n)
```

求空间最小距离的主函数见代码 6.8。其中，X 和 Y 分别为 n 个点的 x 轴与 y 轴坐标序列，n 为点的个数。代码第 2 行为边界条件，如果结点个数小于等于 3 个，则直接求出各个结点间的最小距离。代码第 7 行到第 11 行之间的循环是将结点分解成两个部分。第 12 行与第 13 行分别为递归处理分解后的空间点。第 16 行开始的循环为处理跨界情况下最小距离的计算。

代码 6.8 计算空间点最近距离的分治算法

```
1   def closest_pair(X, Y, n):
2       if n <= 3:                  # 边界条件
3           return brute_force(X, n)
4       mid = n/2
5       Y_Left = []
6       Y_Right = []
7       for p in Y:
8           if p in X[:mid]:
9               Y_Left.append(p)        # Y_left 中为直线 L 左边的所有点且其 Y 轴坐标值依次增大
10          else:
11              Y_Right.append(p)       # Y_right 中为直线 L 左边的所有点且其 Y 轴坐标值依次增大
12      dis_left = closest_pair(X[:mid], Y_Left, mid)      # 递归处理 PL
13      dis_right = closest_pair(X[mid:], Y_Right, n-mid)  # 递归处理 PR
14      min_dis = min(dis_left, dis_right)                 # 得到 PL 和 PR 中的最小距离
15      strip = []
```

```
16        for (x,y) in Y:
17            if abs( x - X[mid][0] ) < min_dis:          # 只有 L+/-min_dis 之间的点才考虑
18                strip.append((x,y))
19        return min(min_dis, strip_closest(strip, min_dis))
```

　　处理边界内最近点对、计算两点之间欧拉距离、按照 y 轴坐标进行排序和边界条件下的求解函数分别见代码 6.9。

代码 6.9　空间最小距离点对的辅助函数

```
1    # 处理边界内最近点对
2    def strip_closest(strip, d):
3        min_d = d
4        for i,(x,y) in enumerate(strip):
5            for j in range(i+1, 8):     # 只需要考虑最多 7 个点
6                if i+j < len(strip):    # 预防数组越界
7                    temdis = distance(strip[i], strip[j])
8                    if temdis < min_d:
9                        min_d = temdis
10        return min_d
11    # 计算两点之间的欧拉距离
12    def distance(a,b):
13        return math.sqrt( math.pow( (a[0]-b[0]), 2) + math.pow((a[1]-b[1]), 2) )
14    # 按照 y 轴坐标进行排序
15    def sort_y(tuples):
16        return sorted (tuples,key=lambda last :  last[-1])
17    # 当点数小于 3 时，直接计算最小距离
18    def brute_force(X, n):
19        min_d = distance(X[0], X[1])
20        for i,(x,y) in enumerate(X):
21            for j in range(i+1, n):
22                if distance(X[i], X[j]) < min_d:
23                    min_d = distance(X[i], X[j])
24        return min_d
```

　　按照以上实现，跨界部分计算的时间复杂度就是 $O(n)$。这是因为，尽管计算跨界部分解的函数 strip_closest() 存在双重循环，但是其内循环每次循环的次数只有常数次，因此整个循环的次数为 cn，c 为常数。因此，按照分治算法求解二维空间点最近距离的时间复杂度为 $T(n) = 2T(n/2) + O(n) = O(n \log n)$。

　　从以上实现不难看出为了提高算法效率，对算法合并部分的计算进行了优化。也就是说，将原来 $O(n^2)$ 的计算减小到 $O(n)$。这与统计逆序数对的分治算法优化是类似的，均是在合并子问题解的时候尝试优化，从而得到整体更为高效的算法。

6.5　寻找第 k 小的数

6.5.1　问题描述

期末考试批改了 n 份试卷，如何找出考分第十名的学生？如果学生的成绩按照交卷的先后依次递减，那么这个问题非常简单，成绩第十名的同学就是第十位交卷的学生。显然，大家的成绩与交卷的先后没有直接的关系，那么该怎么在如堆的试卷中找出这个得分第十名的试卷。按照上面的分析，也许可以这么处理：

- 将试卷排序
- 从最高分的试卷往下数从而定位到排名第 k 的那位同学

由于需要对 n 份试卷排序，因此以上算法的时间复杂度是 $O(n\log n)$。那还有没有更快的算法用来求解以上问题呢？

为了寻找第 k 小的数，下面我们将介绍由 Blum, Floyd, Pratt, Rivest 和 Tarjan [1] 在 1973 年发明的时间复杂度为 $O(n)$ 的算法，该算法属于分治算法。它与前面的分治算法不同，其重点不在于如何合并各个子问题的解，而在于如何更好地划分子问题。

首先，我们给出寻找第 k 小数的问题的形式化定义。给定具有 n 个不同元素的序列 A，定义函数 select_fct(A, i)，它将返回序列 A 中第 i 小的数。如给定 A=$[5, 7, -1, -8, 9, 2, 13]$，那么 select(A, 2)= -1。

6.5.2　算法设计

用分治算法来求解问题的时候，首先需要考虑的是将原问题进行分解。对于前面诸如合并排序或者统计逆序等分治算法求解的问题，只是简单地把输入序列一分为二。然而，对于寻找第 k 小数这一问题，该如何对输入序列进行分解呢？

Blum 等设计了一个非常巧妙地划分子问题的办法，就是通过找出一个被称为支点 (Pivot) 的数来对输入序列进行划分。支点数左边的数都比支点数小，而右边的数都比它大。这样做的目的是，如果 i 等于支点数的索引，这时可以马上返回结果。如果 i 小于支点数的索引，说明我们要找的第 i 小的数在支点数的左边。否则，需要返回的数在支点数的右边。这样，通过支点数对输入序列进行划分后，可以缩小寻找第 i 小数的搜索范围。以上过程可以总结如下（具体的算法见代码 6.10）：

- 选择属于 A 的支点数 x
- 将 A 中元素按照 x 的大小重新选位，使得 x 左边的元素都比 x 小，x 右边的元素都比 x 大，其中支点数在重新选位后的序列中的索引为 p
- – 如果 $p == i$，那么返回 A$[i]$
  – 如果 $p > i$，递归调用 select_fct(A$[0:p]$,i)
  – 如果 $p < i$，递归调用 select_fct(A$[p:n-1]$,$i-p-1$)

---

① 这 5 位作者除 Pratt 外，其他 4 位均获得了图灵奖。

代码 6.10 选择第 k 小的数的分治算法

```
1  def select_fct(array, k):
2      if len(array) <= 10:                        # 边界条件
3          array.sort()
4          return array[k]
5      pivot = get_pivot(array)                     # 得到数组的支点数
6      array_lt, array_gt, array_eq = patition_array(array, pivot)  # 按照支点数划分
7  数组
8      if k < len(array_lt):                        # 所求数在支点数左边
9          return select_fct(array_lt, k)
10     elif k < len(array_lt) + len(array_eq):      # 所求数为支点数
11         return array_eq[0]
12     else:                                        # 所求数在支点数右边
13         normalized_k = k - (len(array_lt) + len(array_eq))
14         return select_fct(array_gt, normalized_k)
```

以上算法的关键便是选择合适的支点数。假如每次我们选择的支点数都恰好是 A 中的最小值，支点数的一边为空，其他元素均在支点数的另一边，这导致算法并不能逐步缩小其搜索范围。也就是说，这种情况下算法时间复杂度为 $T(n) = T(n-1) + O(n) = O(n^2)$。

那么该如何选择支点数 x 呢？Blum 等人的思想就是尽量让支点数能将 A 分为两半，也就是避免出现支点数的一边为空的情况。其过程可描述如下，算法实现见代码 6.11 和代码 6.12：

- 将 A 中的 n 个元素按照每一组 5 个元素，分成 $\lfloor n/5 \rfloor$ 组
- 找到每一组的中间数
- 递归的找到各组中间数的中间数，将这个中间数作为支点数

代码 6.11 得到支点数

```
1  # 得到数组的支点数
2  def get_pivot(array):
3      subset_size = 5                              # 每一组有5个元素
4      subsets = []                                 # 用于记录各组元素
5      num_medians = len(array) / subset_size
6      if (len(array) % subset_size) > 0:
7          num_medians += 1                         # 不能被5整除
8      for i in range(num_medians):                 # 划分成若干组，每组5个元素
9          beg = i * subset_size
10         end = min(len(array), beg + subset_size)
11         subset = array[beg:end]
12         subsets.append(subset)
13     medians = []
```

```
14      for subset in subsets:
15          median = select_fct(subset, len(subset)/2)    # 计算每一组的中间数
16          medians.append(median)
17      pivot = select_fct(medians, len(subset)/2)         # 中间数的中间数
18      return pivot
```

代码 6.12 按照支点数划分数组

```
1   # 按照支点数划分数组
2   def patition_array(array,pivot):
3       array_lt = [];array_gt = [];array_eq = []
4       for item in array:
5           if item < pivot:
6               array_lt.append(item)
7           elif item > pivot:
8               array_gt.append(item)
9           else:
10              array_eq.append(item)
11      return array_lt, array_gt, array_eq
```

为了验证算法可以得到正确结果,随机生成 100 个 1 到 1000 之间的随机数(见代码 6.13)。然后,通过函数 select_fct() 求得这 100 个随机数中第 7 大的数。最后,将随机数排序,确定其第 7 位数与代码 6.10 中 select_fct() 求得的结果一致。

代码 6.13 选择第 k 小的数的主程序

```
1   import random
2   if __name__ == "__main__":
3       # 产生 100 个元素的随机数组
4       num = 100
5       array = [random.randint(1,1000) for i in range(num)]
6       random.shuffle(array)
7       random.shuffle(array)
8       # 用 O(n) 的算法得到第 k 小的数
9       k = 7
10      kval = select_fct(array, k)
11      print(kval)
12      # 用直接排序然后选择数的办法得到第 k 小的数,用于验证算法正确性
13      sorted_array = sorted(array)
14      assert sorted_array[k] == kval
```

一个好的支点数就是能够尽可能将 A 划分成元素近似相等的两部分。以上寻找支点数的算法就是为了保证,支点数左右两边都有一定数量的元素,从而使得每次循环后都

能缩小寻找范围。然而，以上求解支点数的过程略显复杂，其整个算法执行时间能保证为 $O(n)$ 吗？为了分析方便，将以上算法总结为如下 5 步：

- 将输入序列按照每组 5 个元素进行分组（函数 select_fct( ) 第 5 行调用函数 get_pivot( )，即函数 get_pivot( ) 第 3 行～第 10 行）
- 找出每一组的中位数（函数 get_pivot( ) 第 14 行～第 16 行）
- 递归调用 select_fct( )，求出这些中位数的中位数作为支点数 x（函数 get_pivot( ) 第 17 行）
- 根据 x 将输入序列进行划分（函数 select_fct( ) 第 6 行，即调用函数 patition_array( )）
- 根据 x 与 k 的关系，递归调用 select_fct( ) 函数，求出第 k 大的数（函数 select_fct( ) 第 7 行～第 10 行）

不妨设整个算法的时间复杂度记为 $T(n)$，算法的第一步分组执行时间为 $O(n)$；第二步找出每一组 5 个元素的中位数的时间复杂度也是 $O(n)$；第三步递归调用 select_fct( ) 函数，此时函数参数的个数为 $\lceil 5/n \rceil$，因此这一步时间复杂度为 $T(\lceil 5/n \rceil)$；第四步中函数 patition_array( ) 含有一个 n 次的循环，每一次循环执行时间为常数，因此函数 patition_array( ) 的时间复杂度为 $O(n)$；第五步函数执行时间复杂度为 $T(7n/10)$。这是因为按照 x 对输入序列划分后，其中要么至少 $3n/10$ 个元素小于 x，要么至少 $3n/10$ 个元素大于 x（如图 6.8 所示）。这样，新的序列中最多需要考虑的元素个数就是 $O(7n/10)$。

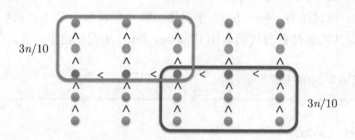

图 6.8　元素分布示意图

因此，采用分治算法求解序列第 k 小数的时间复杂度为：

$$T(n) = T(n/5) + T(7n/10) + cn \tag{6.6}$$

可以证明以上递归式的解 $T(n) = O(n)$。可以通过递归树来求解以上递归式，$T(n)$ 可以表示成三个部分，第一部分就是根结点 cn，另外两个部分是根结点 cn 的左子结点与右子结点，它们分别为 $T(2n/10)$ 和 $T(7n/10)$（如图 6.9 所示）。然后按照递归式，分别展开结点 $T(2n/10)$ 和 $T(7n/10)$，递归树第二层累加和为 $c9n/10$。按照这个方式依次展开递归树，可以得到：

$$T(n) = cn(1 + 9/10 + (9/10)^2 + \cdots)$$

也就是说从树根开始以下各层是一个几何级数，因此累加各层的值最终得到算法执行时间就是 cn，即 Blum 等给出的求解第 k 小数的算法时间复杂度为 $O(n)$。

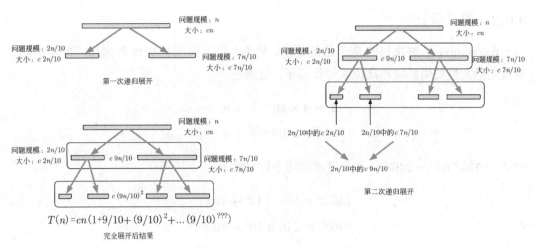

图 6.9　支点数问题的递归树

6.6　大整数乘法

6.6.1　问题描述

1960 年，苏联的伟大数学家 Kolmogorov 在莫斯科国立大学组织了一个讨论班。在讨论班上，Kolmogorov 对几个计算问题提出了时间复杂度为 $\Omega(n^2)$ 的算法。讨论班中只有 23 岁的 Karatsuba 对于其中一个问题有不同的见解，这个问题就是大整数乘法。Karatsuba 提出了一个利用分治思想来实现大整数乘法的算法，这个算法的时间复杂度为 $\Theta(n^{\log 3})$ [①]。

大整数乘法的问题非常简单。给定有 n 个数的整数 X 和 Y，计算 $X \times Y$ 的值。我们可以给出一个最为直观的算法，也就是 Y 中的每一数与 X 的 n 个数依次相乘，如图 6.10 所示。这显然是一个时间复杂度为 $\Theta(n^2)$ 的算法，那 Karatsuba 是如何改进这个算法的呢？

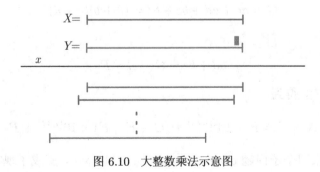

图 6.10　大整数乘法示意图

---

① 1962 年，Kolmogorov 根据讨论班的讨论，整理并在期刊上发表了其中的一些结果，这里面就包括了大整数乘法的分治算法。然而，直到 Karatsuba 收到期刊的预印本，才知道他提出的算法已经发表，更令他意想不到的是，那篇文章的作者中并没有写文章的 Kolmogorov 本人。这故事表明 Kolmogorov 不仅是一位伟大的教育学家，能让学生接触到当时前沿的研究；也同时表现了 Kolmogorov 的严谨治学和对待名誉淡然的态度。

6.6.2　算法设计

Karatsuba 的解决思路是分治的思想。然而，以上问题该如何得到相应的子问题？他首先把大整数用低位和高位来进行表示，也就是

$$X = a \times 10^{\lfloor n/2 \rfloor} + b$$
$$Y = c \times 10^{\lfloor n/2 \rfloor} + d$$

如 $X = 13579, Y = 24680$，那么可将这两个数分解为：

$$13579 = 135 \times 10^2 + 79$$
$$24680 = 246 \times 10^2 + 80$$

有了以上的分解，就可以完成对原问题的分解，即：

$$\begin{aligned} X \times Y &= (a \times 10^{\lfloor n/2 \rfloor} + b)(c \times 10^{\lfloor n/2 \rfloor} + d) \\ &= ac \times 10^{2\lfloor n/2 \rfloor} + (ad + bc) \times 10^{\lfloor n/2 \rfloor} + bd \end{aligned} \tag{6.7}$$

式 (6.7) 表明可以将 $X \times Y$ 可以分解成 4 个规模较小的子问题，即 $a \times c$，$a \times d$，$b \times c$ 和 $b \times d$。由于每一个子问题的规模为 $\lceil n/2 \rceil$，四个子问题相加的时间复杂度为 $O(n)$。因此，可以得到按照以上分治算法得到的时间为：

$$T(n) = 4T(\lceil n/2 \rceil) + O(n) = O(n^2) \tag{6.8}$$

非常有意思的是，尽管我们用了分治算法来求解问题，但最终的时间复杂度与直接相乘的算法时间复杂度一样，都是 $O(n^2)$。Karatsuba 是怎么使用分治算法的呢？他考虑的方向是能不能减少子问题的个数。Karatsuba 观察到：

$$\begin{aligned} E &= ac \\ F &= bd \\ G &= ac + ad + bc + bd = (a+b)(c+d) \end{aligned} \tag{6.9}$$

因此，可得：

$$ad + bc = G - E - F \tag{6.10}$$

将以上带入式 (6.7)，得到

$$X \times Y = E \times 10^{2\lfloor n/2 \rfloor} + (G - E - F) \times 10^{\lfloor n/2 \rfloor} + F \tag{6.11}$$

也就是说原来四个子问题 $a \times c$，$a \times d$，$b \times c$ 和 $b \times d$，变成了现在的三个子问题 E，F 和 G[①]。由于 n 位数的加法时间复杂度依然是 $O(n)$，因此 Karatsuba 算法的时间复杂度为：

$$T(n) = 3T(\lceil n/2 \rceil) + O(n) = O(n^{\log 3}) \approx O(n^{1.585}) \tag{6.12}$$

[①] G 仍然是一个两个数相乘的子问题，其中一个数为 $a + b$，另一个数为 $c + d$。

当 n 足够大时，$O(n^{1.585})$ 比 $O(n^2)$ 要小很多。因此，这个例子再次告诉我们，用了分治算法求解问题并不一定意味着算法效率的提高，具体的时间复杂度依然需要通过计算才能确定。此外，除了提高合并子问题解的效率，减小子问题数也是优化分治算法的有效手段。

6.7　小结

分治算法的思想就是将复杂问题分解为简单的子问题，然后寻求子问题的递归解，并组合各个子问题的解以期得到最终复杂问题的解。统计逆序、股票买卖和空间点最近距离的问题，用分治算法求解时其难点主要在于解可能存在跨界的情况。也就是说，原问题的解等于子问题的解加上跨界部分的解。在考察跨界部分的解时，需要充分考虑解的结构，从而尽可能缩小解的范围。比如，在求空间点最近距离问题时，将原来处理跨界时的时间复杂度从 $O(n^2)$ 降到了 $O(n)$，就是充分利用到解结构的信息。

对于利用分治算法求解的问题，并不总是简单的将问题一分为二就可以得到子问题。比如，寻找第 k 小的数时，就需要设计巧妙的方法来合理的将原问题进行划分。当然，划分的结果一定是得到比原问题规模更小的子问题。此外，各个子问题的规模大小并未有一个统一标准。

同时，我们也需要知道不一定用了分治算法就可以得到一个高效的算法。这就好比我们在烹饪时，加了很多辣椒烧出的并不一定就是川菜。算法是否高效，是通过分析其时间复杂度得到的，而不是说用了某个算法就一定高效。

分治算法中把复杂问题转化为简单子问题，并利用递归求解子问题的方法与第 4 章的递归算法基本一样。那么，这两个算法有什么不一样的地方呢？相比较于递归算法，分治算法包含有合并子问题解的过程，而组合子问题的解往往是分治算法最为重要的一个步骤，对算法最终的时间复杂度有着重要影响。

课后习题

习题 6-1　序列连续和问题

给定一组股票价格 A=[10, 11, 7, 10, 6]，将每日股票的价格变成前后两天的收益差，即 B=$[1, -4, 3, -4]$。

(a) 给定 B，求出连续序列累加和最大的部分。

(b) 设计一个时间复杂度为 $O(n \log n)$ 的算法，求解序列连续累加和的最大值。

(c) 设计一个时间复杂度为 $O(n)$ 的算法，求解序列连续累加和的最大值。

习题 6-2　索引与序列值问题

给定 n 个元素的有序序列 A，对于 A 中的索引 i，给定一个算法判定是否 A$[i] = i$。

习题 6-3　凸多边形问题

给定空间中 n 个坐标点，这些点构成一个凸多边形。任意给定一点 q，设计一个时间复杂度为 $O(\log n)$ 的算法判定点 q 是否落在凸多变形内。

习题 6-4　序列查找

给定一个元素只有 0 或者 1 的序列，该序列中的 1 后面一定为 0，设计算法找出序列中 0 的个数。比如 A=[1, 1, 1, 1, 0, 0]，则输出为 2。

习题 6-5　整数的均方根

给定一个整数 x，设计算法找出 x 均方根值。如果没有均方根，则取最接近的整数。如 $x = 4$，则输出 2；$x = 11$，则输出 3。

第 7 章　图搜索算法

本章学习目标

- 掌握图的两种存储方法，了解它们各自的优缺点
- 熟悉宽度与深度优先搜索算法及其时间复杂度分析
- 了解通过宽度或深度优先搜索解决计算问题的方法

7.1　引言

图是一种重要的建模工具，从考古、心理学到人工智能等领域都有广泛的应用。计算机科学的许多问题都可以通过图来进行建模，而一旦将问题转化成一个图模型，那么问题的求解往往就变成在图上进行遍历的过程。本章将主要介绍两个常见的在图上遍历的算法，即宽度优先搜索（Breadth-First Search, BFS）和深度优先搜索 (Depth-First Search, DFS)，并介绍利用这两种搜索算法在求解计算问题中的应用。

为了更好地理解图，首先简单回顾一下图的定义。图 G 是点 V 和边 E 的集合，记为 G=(V, E)。其中，V 表示图中结点的集合，E 则表示图中边的集合，一条边也可以看作是两个结点对。

图 7.1 中就是两个典型的图。其中，图 7.1(a) 是无向图，即边没有方向；图 7.1(b) 是有向图，也就是连接结点的边具有方向性。比如，两图中都有从结点 a 到 b 的边，如果有信息需要在这两个结点间流动，那么对于图 7.1(a) 而言，信息可以从 a 结点流向 b 结点，也可以从 b 结点流向 a 结点。但是，图 7.1(b) 的信息只能从 a 结点流向 b 结点。如果用结点与边的集合来表示这两幅图，那么图 7.1(a) 结点集合 V=[a, b, c, d]，边的集合为

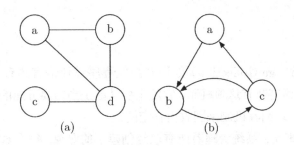

图 7.1　无向图与有向图

E=[[a, b], [a, d], [b, d], [c, d]]。也就是说，[a, b] 表示从结点 a 到结点 b 的边，以及从结点 b 到结点 a 的边。图 7.1(b) 结点集合 V=[a, b, c]，边的集合 E=[(a, b), (b, c), (c, b), (c, a)]。括号表示了方向，即 (a, b) 表示从结点 a 到结点 b 的联接。

7.2 图搜索的应用

许多计算问题都可以利用图来进行建模，且最后问题的求解过程往往就是在图上进行遍历。图的遍历一般可认为是从图中开始结点开始，按照图中的边寻找一条达到某个期望结点的路径。路径就是结点的序列，如图 7.1(b)，结点 (a, b, c) 就是一条从结点 a 到结点 c 的路径。此外，图的遍历也有可能是经过图中每一个结点，或者从初始结点能够达到的结点集合。比如图 7.1(b)，结点 b 可达的结点集合就是 [c, a]。

到底有哪些计算问题可以转化为图的搜索问题呢？为了使读者对于图的应用有更加直观的印象，下面我们介绍图的几个典型应用场景。

网页爬虫

互联网时代最常用的应用之一，就是搜索引擎，比如 Google 和 Baidu 等。搜索引擎提供的应用，就是根据用户输入的字符串找到相关的网页。为了实现这个功能，搜索引擎需要用到一个被称为网页爬虫的程序。该程序的主要功能就是建立网页的索引，这样在用户输入字符串后就可以很快地返回相关网页。

由于网络上网页非常多，因此需要按照一定的规则去找到相关网页。网页爬虫程序会从某一个页面开始，然后根据这个页面的链接找到所有的子页面。再从各个子页面开始，根据该页面的链接找到它的所有子页面。每一个页面对应于图中的一个结点，页面之间的链接则对应于结点之间的边。爬虫寻找页面过程就相当于在图中按层遍历各个页面结点。

社交网络

互联网时代也把人们通过网络连接了起来，比如微信、博客和脸书（Facebook）等。社交网络中一个非常重要的应用就是朋友圈，也就是你朋友的朋友有很大概率能成为你的朋友。那么该把哪些人推荐给你，作为潜在的朋友呢？可以将社交网络中的每一个人对应于图中的结点，是朋友关系的两个人用一条边进行连接。这样就可以构造一个非常庞大的社交网络。如果系统要给你推荐朋友，就可以先找到你所有的朋友，然后将你朋友的朋友推荐给你。

垃圾回收

垃圾回收（Garbage Collection）是许多高级程序设计语言具有的一项内存管理机制，Java 和 C# 等语言都有这项机制。它的主要功能是当需要分配的内存空间不再使用的时候，通过调用垃圾回收机制来回收内存空间。

垃圾回收的原理是：系统管理着所有已经创建了的对象。每个对象都有对其他对象的引用。root 集合代表着已知的系统级别的对象引用。我们从 root 集合出发，就可以访问到系统引用到的所有对象。而没有被访问到的对象就是垃圾对象，需要被销毁。对象就对应图中的结点，引用关系则对应图中的边。

点对点网络

在网上下载资料最常用的就是用点对点（Peer to Peer, P2P）的下载模式，比如 BitTorrent 就是一个点对点网络下载系统。这类系统没有客户端或服务器的概念，只有平等的同级结点，网络上的其他结点充当客户端和服务器。P2P 网络中的一台机器就对应图中的一个结点，寻找该台机器所有邻居机器的算法就是一个典型的图搜索算法。

从以上介绍的典型应用不难看出，问题求解过程可以先构建问题的图模型，即确定结点和边在问题中的意义，再将问题的求解转化为图中结点的遍历。

7.3　图的表示

根据图的定义，我们知道图是结点与边的集合。那么如何在计算机中存储图呢？本书将采用邻接表存储法将图数字化存储。也就是将图中每一个结点 $v \in V$ 对应于一个邻接表的表头，所有与该结点 v 连接的其他结点 $u = Adj(v)$，$u \in V$，$(v, u) \in E$ 都与该结点 v 通过链将它们连接，其中 $Adj(v)$ 表示取得结点 v 所有邻居结点集的函数。

如图 7.2 所示，$Adj(a)=[b]$，$Adj(b)=[c]$，$Adj(c)=[a, b]$。以结点 c 为例，与该结点相连接的结点的有 a 和 b，即 $Adj(c)=[a, b]$，意味着存在边 c→ a 和边 c→ b。如果图是无向的，比如图 7.1 左图中结点 a 和 b，则可以表示成 $Adj(a)=[b, d]$，$Adj(b)=[a, d]$。意味着存在 a→ b 和 b→ a 两个方向的连接。

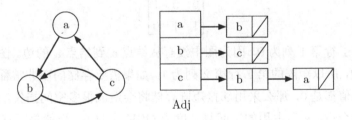

图 7.2　图的列表表示法

函数 $Adj(v)$ 返回与其输入结点 v 对应的所有连接的结点集合。可以用 Python 中的字典结构来实现结点之间的连接关系。图 7.2 所示的图可以按照代码 7.1 来表示。代码 7.1 中的 graph 为图的名称，是字典类型变量。graph 的 key 分别为结点'a', 'b'和'c'。key 对应的 value 就是各个结点相邻的结点集合。

代码 7.1　利用字典数据类型存储图

```
1  graph = {'a': ['b'],
2           'b': ['c'],
3           'c': ['a', 'b']}
```

将图存储后，就可以根据该图实现一些简单功能。比如，打印出图所有的边，其实现见代码 7.2。代码第 3 行的循环将遍历图中所有结点，而第 4 行的循环则遍历结点 node 的各个邻居结点。代码 7.2 通过两重循环实现了遍历图 graph 中各个边的功能，其时间复杂度为 $O(|E|)$，$|E|$ 表示边的数量。

代码 7.2 得到图所有的边

```python
def generate_edges(graph):
    edges = []
    for node in graph:
        for neighbour in graph[node]:
            edges.append((node, neighbour))
    return edges
```

如果调用该函数 print(generate_edges(graph))，就可以得到图 7.2 中边的集合，即：

$$[('a', 'b'), ('c', 'a'), ('c', 'b'), ('b', 'c')]$$

除了利用邻接表来表示图之外，也可以采用矩阵来存储图。假定 A=$[a_{ij}]$ 是一个 $n \times n$ 的矩阵，a_{ij} 表示矩阵第 i 行第 j 列的元素，它的值为：

$$a_{ij} = \begin{cases} 1; & \text{如果 } (i,j) \in \mathrm{E}, \\ 0; & \text{其他}. \end{cases}$$

由此可得图 7.2 的邻接矩阵表示为：

$$\begin{bmatrix} 0 & 1 & 0 \\ 0 & 0 & 1 \\ 1 & 1 & 0 \end{bmatrix}$$

矩阵的第 1 行第 1 列为 0，因为图中没有从结点 a 到结点 a 的边。图中有从结点 a 到结点 b 的边，所以矩阵的第 1 行第 2 列为 1。如果需要存储的图非常稀疏，即矩阵中大部分元素的值都是 0，那么采用邻接矩阵存储将会造成很多空间损失。此时利用邻接表存储图更为合适，它所占用的空间复杂度为 $O(|V| + |E|)$，也就是所有边数加上所有结点数，$|V|$ 表示结点数量，$|E|$ 表示边的数量。

现实生活中的图大多是稀疏的，读者可以画一幅所在班级同学的关系图来验证这一点。图中结点表示同学，如果两个同学在一学期中有 2 次以上一起在食堂就餐，就在这两点之间画一条边，然后采用矩阵的方式存储该图，并计算矩阵中 0 的占比。

7.4 宽度优先搜索

7.4.1 宽度优先搜索算法

在完成对图的存储后，本节将介绍图中常用的一个遍历所有结点的算法。该算法称为宽度优先遍历。BFS 最直接的应用就是在单源边无权重的图中，确定其他结点与源点之间的最短距离。由于各边无权重，因此源点到各个结点的最短路径就是从源点到各结点跳跃次数最少的路径。BFS 算法由 E.F.Moore 在 20 世纪 50 年代提出，1961 年 C.Y.Lee 在研究路由算法时，也独立的发现了 BFS 算法。

BFS 算法简单的说就是按照层来遍历图中的结点。首先，遍历源点 s，然后遍历所有与源点有连接的结点集 $V^1 \in V$，再依次遍历与结点集 V^1 中的结点有连接的下一层所有结点集 $V^2 \in V$，依此直到遍历完所有的结点。

图的存储依然采用邻接列表的方式存储，通过设计一个 Graph 类来表示图。Graph 类中的成员变量为字典类型变量 adj，用于存储图中每一个结点的邻边，成员函数 add_edge(u,v) 将两个结点 u 和 v 建立连接，Graph 类见代码 7.3 的第 1 ～ 7 行。

代码 7.3　图与 BFS 结果类定义

```
1  class Graph:
2      def __init__(self):
3          self.adj = {}
4      def add_edge(self, u, v):
5          if self.adj[u] is None:
6              self.adj[u] = []
7          self.adj[u].append(v)
8
9  class BFSResult:
10     def __init__(self):
11         self.level = {}
12         self.parent = {}
```

设计一个 BFSResult 类来存储 BFS 的输出结果，见代码 7.3 的第 9 行～ 12 行。一个字典类型的变量 level 来存储各层结点。level 的 key 对应层的结点，level 的 value 则是层的标号。以图 7.3 为例，level[s]=0 表示第 0 层的结点为 s，level[a]=1 和 level[x]=1 表示第 1 层的结点为 a 和 x。为了便于索引，还使用一个字典变量 parent 来记录结点的父结点。同样以图 7.3 为例，parent[a]=s 表示结点 a 的父结点为结点 s。

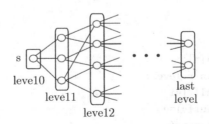

图 7.3　BFS 示意图

以图 7.4 为例，按照 BFS 遍历该图的过程如下：首先，将初始结点 s 设置为第 0 层，然后找出结点 s 的所有邻居结点，其中还没有被遍历到的结点就将它们作为第 1 层的结

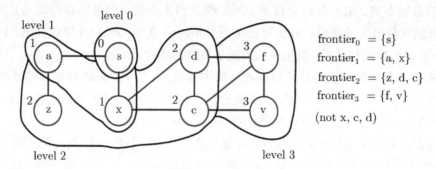

图 7.4　BFS 示例

点。再找出第 1 层结点的邻居结点，所有未遍历的结点作为第 2 层结点。依次遍历完图中所有结点，可得 BFS 的流程为：

- 将源点置为第 0 层，level[0] = s
- 从源点 s 到该第 i 层每一个结点需要经过 i 条边
- 第 i 层的每一个结点均来自前一层 $i-1$。其中，$i=1, 2, \cdots$ 为层数索引

　　BFS 的实现见代码 7.4，代码中函数 bfs 的输入参数为图 G 和初始结点 s。第 2 ～ 4 行初始化输出对象 r。变量 i 索引层数，列表变量 frontier 存储当前层的结点，列表变量 next 存储 frontier 中所有下一层的结点。对于 frontier 中每一个结点 u，找出 u 的所有邻居结点 v(代码 7.4 第 11 行)，如果邻居结点没有遍历 (代码 7.4 第 12 行)，则该结点 v 是下一层的结点。处理完 frontier 中所有结点后，用 next 对它重置。通过判断 frontier 是否为空 (代码 7.4 第 8 行) 来作为循环是否继续的条件。

代码 7.4　宽度优先搜索

```python
1  def bfs(g, s):
2      r = BFSResult()
3      r.parent = {s:None}
4      r.level = {s:0}
5
6      i = 1
7      frontier = [s]
8      while frontier:
9          next = []
10         for u in frontier:
11             for v in g.adj[u]:
12                 if v not in r.level:
13                     r.level[v]=i
14                     r.parent[v]=u
15                     next.append(v)
16         frontier = next
17         i += 1
18
19     return r
```

采用代码 7.4 来对图 7.4 进行宽度优先搜索。frontier_0 的初始值等于 {s}，下标 0 表示循环次数。第一次循环后，frontier_1={a, x}。第二次循环后，frontier_2={z, d, c}。第三次循环后，frontier_3={f, v}。第四次循环时，frontier 等于空，循环结束。

7.4.2　BFS 算法分析

代码 7.4 中，共有 3 重循环。其中，变量 frontier 存储的是当前层的结点，也就是说，最外层循环的循环次数为图的层数。如图 7.4 所示的外循环次数为 3。算法第二重循环也就是遍历了 frontier 中所有出现的结点。为了分析方便，我们直接考察结点出现在 frontier 中的次数。

从算法中不难发现，图中结点均会在 frontier 中出现一次。这是因为 frontier 每次循环后存储的是当前 level 的结点，已经遍历过的结点就不会再出现在 frontier 中。

第三重循环对 frontier 中每一个结点，找与其相邻的结点，也就是遍历图中所有的边，其时间复杂度为 $O(|E|)$。因此，BFS 算法执行时间包括遍历每一个结点及图中各个边的时间，即其时间复杂度为 $O(|E| + |V|)$。

7.4.3　BFS 算法应用举例

7.4.3.1　最短路径

给定无向图 G=(V, E)，求从源点 s 到图中各个结点 $v \in V$ 的最近距离。如图 7.4 所示，从源点 s 到结点 d，c 和 z 的最短距离均为 2，而到结点 f 和 v 的最短距离则为 3。

代码 7.5 利用 BFS 求最短路径

```
1   if __name__ == "__main__":
2       g = Graph()
3       g.adj = { "s" : ["a","x"],
4           "a" : ["z","s"],
5           "d" : ["f", "c", "x"],
6           "c" : ["x", "d","f","v"],
7           "v" : ["f", "c"],
8           "f" : ["c","d","v"],
9           "x" : ["s","d","c"],
10          "z" : []
11      }
12      bfs_result = bfs(g, 's')
13      print(bfs_result.level)
14      print(find_shortest_path(bfs_result, 'f'))
```

根据 BFS 算法，很容易求得图 7.4 各点的最短距离。最短距离就是查询各个结点 v 所处 level 的值，如果执行代码 7.5，则可以得到如下结果：

['a': 1, 'c': 2, 'd': 2, 'f': 3, 's': 0, 'v': 3, 'x': 1, 'z': 2]

如果要获得距离的路径，比如从 s 到结点 v 的路径，则可以通过获取 v 的父结点 parent[v]。再获得其父结点的父结点，即 parent[parent[v]]，依次进行直到源点 s。其实现过程见代码 7.6。

代码 7.6 返回最短路径

```python
def find_shortest_path(bfs_result, v):
    source_vertex = [verterx for verterx, level in bfs_result.level.items() if
        level == 0]
    v_parent_list = []
    if v != source_vertex[0]:
        v_parent = bfs_result.parent[v]
        v_parent_list.append(v_parent)
        while v_parent != source_vertex[0] and v_parent != None:
            v_parent = bfs_result.parent[v_parent]
            v_parent_list.append(v_parent)
    return v_parent_list
```

代码 7.6 中函数 find_shortest_path( ) 有两个参数 bfs_result 和 v，其中 bfs_result 是执行 BFS 后的结果，v 是需要确定最短路径的结点。代码 7.6 第 2 行首先求得图中的源结点，最短路径用变量 v_parent_list 存储。第 7 ~ 9 行的循环为求解结点 v 父结点的父结点，直到源点为止。记录下这之间经过的各个结点 v_parent，就是从源点到结点 v 的最短路径。图 7.4 中结点 f 的最短路径输出结果为 ['d', 'x', 's']。

7.4.3.2　虎胆龙威难题

虎胆龙威是美国演员布鲁斯·威利斯的成名系列电影，威利斯饰演的警察角色总是能化解各种危险的困局。在虎胆龙威第三集，布鲁斯·威利斯所扮演的警察与他的搭档遇到了一个难题，需要他们装出一桶 4 加仑的汽油，从而通过这桶汽油的重力用来解除炸弹威胁。然而，他们并没有磅秤，有的只是两个 5 加仑和 3 加仑的空瓶子，这次布鲁斯该如何来解决这个难题呢？

我们首先来看在电影情节中，威利斯和他的搭档是这么做的：

(1) 给 5 加仑的瓶子充满汽油，3 加仑的瓶子为空；

(2) 从 5 加仑的瓶子给 3 加仑的瓶子加满汽油，这样 5 加仑的瓶子中还剩下 2 加仑；

(3) 倒空 3 加仑瓶子里面的汽油；

(4) 将 5 加仑瓶子中剩下的 2 加仑汽油倒入 3 加仑的瓶子；

(5) 再次将 5 加仑瓶子加满；

(6) 然后从 5 加仑瓶子中往 3 加仑瓶子中加汽油，让 3 加仑瓶子加满。

由于 3 加仑瓶子原来有 2 加仑汽油，那么从 5 加仑瓶子倒出的汽油数为 1 加仑。因此，5 加仑瓶子中剩下的就是 4 加仑汽油。其过程见图 7.5。

以上问题可以用图来进行建模。图中每一个结点表示一个状态，状态包括二元组 (a, b)。其中，a 表示 5 加仑瓶子中的含油量，b 则表示 3 加仑瓶子中的含油量。我们的初始

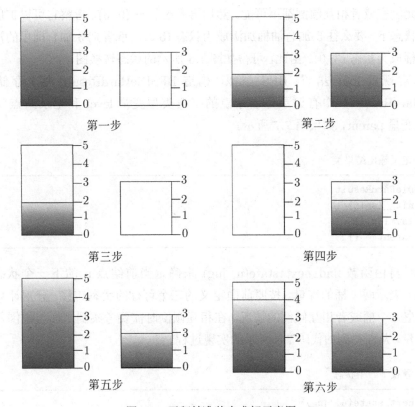

第一步　　　　　　　　　第二步

第三步　　　　　　　　　第四步

第五步　　　　　　　　　第六步

图 7.5　无秤精准装水求解示意图

状态为 $(0, 0)$，也就是两个瓶子都是空的。而我们期望达到的状态是 $(4, 0)$。图中结点与结点之间的边表示状态转移，允许的状态转移有：

- 填满一个瓶子
- 倒空一个瓶子
- 从一个瓶子往另外一个瓶子倒油，直到被倒入瓶子装满或者另外一个瓶子为空

图 7.6 中，$(0, 0)$ 是初始状态，按照三个允许的状态转移，该初始状态可达的状态有 $(0, 3)$ 和 $(5, 0)$。也就是装满 5 加仑的桶，或者装满 3 加仑的桶。由于初始状态两个桶都

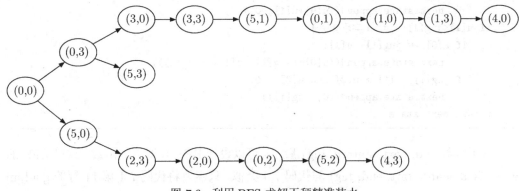

图 7.6　利用 BFS 求解无秤精准装水

是空, 因此倒空或者相互倾倒都不可能。然后再考虑状态 $(0, 3)$, 考察它可以扩展成什么状态。该状态下, 要么往 5 加仑油桶加满成为状态 $(5, 3)$, 或者把 3 加仑桶里的油倾倒至 5 加仑的桶成为状态 $(3, 0)$。由此, 可得如图 7.6 所示的状态转换图。

为了实现以上算法, 与 BFS 类似, 构造 BFSDieHardResult 类来存储结果。BFSDieHardResult 类中有记录每层结点的字典类型变量 level 和记录结点父结点的字典类型变量 parent, 如代码 7.7 所示。

代码 7.7 定义输出结果类

```
1  class BFSDieHardResult:
2    def __init__(self):
3      self.level = {}
4      self.parent = {}
```

然后, 再由函数 find_next_state(u, jug) 来确定当前结点 u 的下一个状态, 其中 jug=(5, 3) 表示两个桶的容量。按照前面定义的三个可行的状态转移, 分别计算装满一个桶、倒空一个桶或者相互倾倒的情况。在相互倾倒时需要考察倒入桶与被倒入桶各自已有的容量, 从而得到如代码 7.8 所示的实现过程。

代码 7.8 寻找下一个状态

```
1   def find_next_state(u, jug):
2       next_state = []
3       if u[0] < jug[0]:  # 注满第一个杯子
4           next_state.append((jug[0], u[1]))
5       if u[1] < jug[1]:  # 注满第二个杯子
6           next_state.append((u[0], jug[1]))
7       if u[0]>0:  # 倒掉第一杯子里面的东西
8           next_state.append((0, u[1]))
9       if u[1] > 0:  # 倒掉第二杯子里面的东西
10          next_state.append((u[0], 0))
11      if u[0]<jug[0]:  # 第一杯有空余
12          if u[1] >= jug[0]- u[0]:
13              next_state.append((jug[0], u[1]-(jug[0]- u[0])))
14          if jug[0]- u[0] > u[1] and u[1] > 0:
15              next_state.append((u[0]+u[1], 0))
16      if u[1]<jug[1]:  # 第二杯有空余
17          if u[0] >= jug[1]- u[1]:
18              next_state.append((u[0]-(jug[1]- u[1]), jug[1]))
19          if jug[1]- u[1] > u[0] and u[0] > 0:
20              next_state.append((0, jug[1]))
21      return next_state
```

有了函数 find_next_state(u, jug) 后, 就可以设计 BFS 来调用该函数。这里 BFS 的实现 bfs_diehard(start, end, jug) 与代码 7.4 类似, 只需要将代码 7.4 第 11 行的 g.adj[u] 改成 find_next_state(u, jug), 再增加一个是否达到结束状态 end 的条件判断即可。函数

bfs_diehard( ) 的参数 start 表示初始状态，设 start=(0, 0)。读者可以自行完成这个函数的编写，并利用与布鲁斯一样的数据测试代码的正确性。

7.5　深度优先搜索

深度优先搜索与 BFS 类似，都是遍历图上所有的结点。然而，DFS 与 BFS 的按层来遍历所有结点不同，DFS 是在某一条路径上一直进行搜索，直到这条路径走不通，再换一条路径进行尝试。19 世纪的一位法国数学家 Charles Pierre Trémaux 在研究迷宫问题时第一个提出了 DFS 算法。

根据 DFS 遍历图的过程，非常类似于在一个迷宫里面寻找出口。当身处一个迷宫，我们总是沿着某个路径进行尝试，直到这条路径上要么存在出口，要么确定走不通，然后再从另外一条路径继续进行尝试，如图 7.7 所示。图 7.7 中的起点为 s，实线为当前尝试的路径，虚线为确定该路线走不通后，回到另外一个结点重新开始探索新的路径。

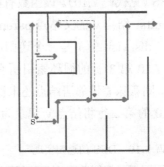

图 7.7　走迷宫与 DFS

DFS 与 BFS 一样，都需要不重复不遗漏的遍历图中所有结点。DFS 是按照深度方向一直遍历经过的结点，然后**回溯**到最近的还有分支的结点继续往深度方向遍历。以图 7.8 为例，按照深度方向依次遍历了结点 1，2，3，4，这些结点中最近包括分支的为结点 3。因此，当遍历完结点 4 后就回溯到结点 3，再从结点 3 开始按深度方向遍历结点 5 和结点 6。

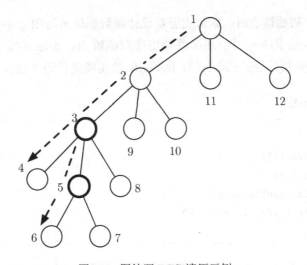

图 7.8　图按照 DFS 遍历示例

7.5.1　深度优先搜索算法

为了实现 DFS 算法，首先考虑用字典 parent 来存储 DFS 的结果。该字典的 key

就是图中的每一个结点，对应的 value 就是该结点的父结点。为此，定义一个包含变量 parent 的 DFSresult 类，见代码 7.9。

代码 7.9 DFS 结果类

```
1  class DFSResult:
2      def __init__(self):
3          self.parent = {}
```

如果给定的图只有一个起始点，那么可以设计递归函数 dfs_visit_r( ) 来实现 DFS（见代码 7.10）。该函数有四个参数，分别是输入图 g，起始结点 v，DFS 的输出结果 results，结点 v 的父结点 parent。由于初始结点没有父结点，因此首先设 parent=None。

dfs_visit_r( ) 是一个递归函数，递归的条件是判断结点是否已经求出其父结点。代码 7.10 第 3 行的循环索引所有与结点 v 连接的邻居结点 u，如果邻居结点还没有父结点，则意味着该邻居结点还未被遍历，于是经由第 5 行的递归函数遍历结点 u，并由代码 7.10 的第 2 行将结点 v 记录为 u 的父结点。

代码 7.10 DFS 的递归实现

```
1  def dfs_visit_r(g, v, results, parent=None):
2      results.parent[v] = parent
3      for u in g.adj[v]:
4          if u not in results.parent:        # 结点 u 还未遍历到
5              dfs_visit_r(g, u, results, v)   # 递归
```

当图存在多个初始结点时，那么就需要设计函数循环遍历图 g 中的所有结点。结点目前还没有在 parent 的 key 中，那么就调用递归函数 dfs_visit_r( )。也就是说，如果图中结点没有父结点，执行 dfs_visit_r( )。函数 dfs 的实现见代码 7.11。

代码 7.11 DFS 主函数

```
1  def dfs(g):
2      results = DFSResult()
3      for v in g.adj.keys():
4          if v not in results.parent:
5              dfs_visit_r(g, v, results)
6      return results
```

下面以图 7.9 为例，分析 DFS 算法的执行流程。算法 DFS 会依次遍历结点 a, b, e, d, c, f。算法开始执行后，由于结点 a 目前还没有父结点，因此调用递归函数 dfs_visit_r(g, a, results)。代码 7.10 第 2 行将结点 a 的父结点设为 None。然后，循环结点 a 的所有邻居结点 b, d。结点 b 没有父结点，递归调用函数 dfs_visit_r( )，也就是遍历到结点 b，并将 a 记录为 b 的父结点。再依次遍历到结点 e 和 d。

需要注意的是，当遍历到结点 d 时，其邻居结点为 b。但是结点 b 已经存在父结点，因此并不会从 d 结点再继续遍历下去。此外，由于结点 e 和 b 只有一个邻居，且它们都已经遍历，同时结点 d 也已经遍历。根据代码 7.11 第 4 行的条件，会选择目前还没有父结点的结点 c 进行遍历。图 7.9 中边的数字表示按照 DFS 算法执行的顺序，虚线表示遍历过的边。即首先遍历结点 a，然后分别遍历结点 b，e，d，c 和 f。结点 b 的父结点为结点 a，结点 e 的父结点为结点 b，d 的父结点为结点 e，f 的父结点为结点 b。

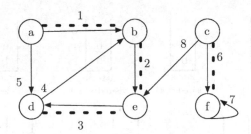

图 7.9　DFS 示例

代码 7.10 的递归函数也可以用循环来实现，这时需要使用一个叫作堆栈 (Stack) 的数据结构。堆栈的两个基本操作就是压入和弹出，在压入数据时遵循先后关系，也就是先来的数据先进。堆栈的弹出数据则按照"后进先出"原则。大家可以把堆栈想象成只有一个开口的瓶子，数据从瓶口进出。

DFS 遍历所有图中结点时，如果某条路径下的结点全部遍历完，则可以通过堆栈来存储从哪一个结点开始重新寻找新的路径。利用堆栈实现的 DFS 见代码 7.12。

代码 7.12　基于堆栈的 DFS 算法实现

```python
def dfs_iterative(graph):
    results = DFSResult()

    for v in graph.adj.keys():
        if v not in results.parent:
            results.parent[v] = None
            if v not in results.visited:
                stack = [v]
                while stack:
                    u = stack.pop()
                    if u not in results.visited:
                        results.visited.append(u)
                    for n in graph.adj[u]:
                        if n not in results.visited:
                            results.parent[n]=results.visited[-1]
                            stack.extend(n)
    return results
```

仍然以图 7.9 为例，我们可以画出代码 7.12 中堆栈内元素变化情况，见图 7.10。初始结点 a 进栈，结点 a 出栈并记录为已访问。结点 a 的两个邻居结点 b 和结点 d 分别进栈，结点 d 出栈并记录为已访问。结点 d 的邻居结点 b 进栈，此时栈内的结点为两个 b 结点。结点 b 出栈且记录为已访问，结点 b 的邻居结点 e 进栈，e 结点出栈且记录为已访问。e 结点的邻居结点 d 再进栈，d 和 b 依次出栈。此时，遍历结点顺序为 [a, d, b, e]。因此，不难看出 DFS 遍历的结果并不唯一。

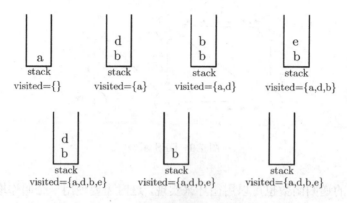

图 7.10　基于堆栈的 DFS 实现

7.5.2　DFS 算法分析

DFS 递归实现代码 7.10 和代码 7.11 有两个函数。其中 dfs_visit_r( ) 会访问一次结点 v，以及与该结点相连结的相邻结点，也就是该函数的时间复杂度为 $O(|E|)$。此外，另一个函数 dfs( ) 是外循环，它会遍历每一个结点，dfs( ) 函数的时间复杂度为 $O(|V|)$。因此，DFS 总的时间复杂度为 $O(|V| + |E|)$，与 BFS 一样均为线性时间复杂度。

7.5.3　DFS 应用举例

7.5.3.1　拓扑排序

拓扑排序是将有向图 G=(V, E) 中的顶点以线性方式进行排序。即对于任何连接自结点 u∈ V 到结点 v∈ V 的有向边 (u, v)∈ E，在最后的排序结果中，结点 u 总是在结点 v 的前面。

如果这个概念还略显抽象的话，那么不妨考虑一个常见的例子—— 选课。如果需要学习算法设计与分析，则必须有一些先选课，比如数据结构、离散数学和程序设计基础等。因此，在拿到学校的课程列表时，你需要按照一定的顺序选择课程。比如应该在第一学期修程序设计基础、离散数学，在第二学期修数据结构，而在第三学期修算法设计与分析课程。这样才能保证在学习过程中，不会存在知识脱节的问题。将每一门课程对应图中的一个结点，结点之间的边表示课程的依赖关系。以上选课中所考虑的先选或者后选过程，就是拓扑排序。

代码 7.13 拓扑排序

```
1  def dfs_visit(g, v, results, parent=None):
2      results.parent[v] = parent
3      for n in g.adj[v]:
4          if n not in results.parent:
5              dfs_visit(g, n, results, v)
6      results.order.append(v)
7
8  def topological_sort(g):
9      dfs_result = dfs(g)
10     dfs_result.order.reverse()
11     return dfs_result.order
```

我们可以利用 DFS 来实现拓扑排序。其算法非常简单，就是在 DFS 所遍历结点顺序的基础上，对其进行反序操作即可得到拓扑排序的结果，见代码 7.13。算法的关键是在 dfs_visit( ) 函数的最后将顶点 v 添加到列表 order 中，这样就能保证这个集合就是拓扑排序的结果。这是因为添加顶点到集合中的时机是在 dfs_visit( ) 函数即将退出之时，而 dfs_visit( ) 函数本身是个递归函数，只要当前顶点还存在边指向其他任何顶点，它就会递归调用 dfs_visit( ) 函数，而不会退出。因此，退出 dfs_visit( ) 函数，意味着当前顶点没有指向其他顶点的边了，即当前顶点是一条路径上的最后一个顶点。

可以简单证明以上算法总能获得正确的拓扑排序结果。让我们考虑某一时刻结点 u 已经由 dfs_visit( ) 函数调用，图中存在一条边到结点 v。那么这种情况下，存在以下三种可能：

- 如果结点 v 已经完成，显然结点 u 会在结点 v 之后完成
- 如果结点 v 还没开始，这意味着该结点会在结点 u 完成之后被调用，因此结点 v 会在结点 u 之前完成
- 如果结点 v 开始但还没完成，这意味着存在一条从结点 v 到 u 的路径，这意味着输入图存在环

如果假定输入的图不存在环，也就是第三种情况不会发生。这样总能保证结点 u 在结点 v 之后完成，也就保证了拓扑排序的结果。代码 7.13 第 9 行的函数 dfs( ) 实现见代码 7.11。

7.5.3.2　判断图中是否存在环

是不是所有的有向图都能够被拓扑排序呢？显然不是。继续考虑上面的例子，如果选修算法分析这门课之前需要学习程序设计，而选修数据结构前又要求选修算法分析，选修程序设计之前则要去选修数据结构。在这种情况下，就无法进行拓扑排序，因为各课程间存在互相依赖的关系，从而无法确定谁先谁后。在有向图中，这种情况意味着图存在环路。因此，一个有向图能进行拓扑排序的充要条件就是它是一个有向无环图（Directed Acyclic Graph，DAG）。

那么该如何判断有向图中是否存在环呢？这个问题依然可以根据 DFS 来进行求解。为此，可以先对图中的边进行分类，将图中的边按照连接关系分为两类：树边和回向边。按照 DFS 遍历各个结点的过程，如果一个结点存在父结点，那么从该结点的父结点到该结点的边就是树边。如图 7.9 所示，(a, b)，(b, e)，(e, d) 都是树边。在构成树边的结点中，如果某个结点有到其祖先结点的边，则称该边为回向边。按照 DFS 算法，d 结点来自 e，e 结点来自 b，而 b 结点来自 a。所以，a，b，e 这三个结点都是 d 结点到祖先结点。当存在结点 d 到其中的一个祖先结点 b 的连接，因此 (d, b) 是回向边。

在按照代码 7.10 执行 DFS 时，树边只需按照其中的 parent 进行索引就可以得到。当回边则需用一个栈来存储已经访问过的结点，当判断当前结点是否有回边时，需要依次判断当前结点与栈中存储的结点是否存在边即可。有了对边的分类，就可以很容易判断一个有向图中是否存在环。其判断准则就是，如果该图存在回边，那么图中一定有环。

7.6　小结

图由结点集合与边集合构成，当赋予图结点特定含义时，图将成为重要的建模工具。比如将结点看作神经元，边看作神经元之间连接的突触，那么图可以用于构建神经网络模型。当图中结点看作是随机变量，边看作随机变量之间的依赖关系，那么图就成为了概率图模型 (Probability Graph Model)。

图的应用中最为常见的算法就是遍历图中的每一个结点，要求不重复、不遗漏。本章主要介绍了两类重要的遍历算法，BFS 和 DFS。BFS 是按照图的层次进行遍历，而 DFS 则是先将某个结点所有能到的路径上的点遍历，然后再返回最近的有其他路径的结点进行遍历。BFS 常常用于寻找图上最短路径，而 DFS 则在策略寻找中有重要应用。BFS 和 DFS 除了应用于本章的问题外，DFS 还常用于回溯算法，而 BFS 则在分支界限算法中有重要的应用。

课后习题

习题 7-1　图的存储

序列 A=[1, 2, 3, 4, 5, 6, 7]，

(a) 序列 A 按照堆结构组织其中的元素，画出对应的完全二叉树。

(b) 利用邻接列表存储以上完全二叉树，画出邻接列表的结构。

(c) 利用二维数组存储以上完全二叉树，画出对应矩阵的结构。

(d) 设计一个函数，计算堆 A 对应的完全二叉树中每一个结点的出度与入度。

习题 7-2　好人对坏人

我们将职业摔跤手分成两类，即"好人"和"坏人"。任意一对摔跤手可能是对手，也可能不是对手。假定有 n 个摔跤手，其中 r 对彼此是对手。现需要设计一个复杂度

为 $O(n+r)$ 的算法，将这 n 个摔跤手分别赋予"好人"或者"坏人"的角色。要求必须是"好人"与"坏人"间才能成为相互的对手。

习题 7-3 判断环是否存在

本章我们介绍通过 DFS 可以在有向图中确定是否存在环。现给定一个无向图 G=(V, E)，给出一个复杂度为 $O(|V|)$ 的算法，确定 G 中是否包含有环。

习题 7-4 遍历每一条边

现给定一个联通无向图 G=(V, E)，给出一个复杂度为 $O(|E+V|)$ 的算法，遍历 G 中每条边，要求每一条边只能遍历一次。

习题 7-5 字梯问题

给定两个单词 (start, end) 和一个字典，要求找出从单词 start 变化到 end 的最小序列。变化过程中出现的中间单词必须是字典中有的单词，且每次只能是变化其中的一个字母。

比如 start="hit", end="cog", dict = ["hot", "dot", "dog", "lot", "log"]。那么从 start 变化到 end 经过了 5 步，即"hit" → "hot" → "dot" → "dog" → "cog"。

第 8 章 贪 心 算 法

本章学习目标

- 了解贪心算法求解优化问题的过程
- 掌握利用贪心算法求解典型的计算问题，并分析其时间复杂度
- 掌握贪心算法在单源最短路径和最小生成树中的应用

8.1 引言

贪心算法（Greedy Algorithm）是指在求解目标问题的若干步骤中，每一步总是作出在当前看来是最好的选择，以期望获得问题的全局最优解。尽管有些书也称这一算法为贪婪算法，但它与我们所知的形容贪婪的成语，如"贪得无厌"的意思不尽相同。贪心算法之所以"贪"，是因它只考虑了当前状况下的得失，可能产生"贪小失大"或者"拾芝麻而丢西瓜"的结果。

贪心算法的目标是要获得问题的最优解，为此在每一步总是选择当前情况下的最优策略。它与分治算法类似，都会把求解的问题划分成若干个小问题，每个小问题利用贪心策略求得其最优解，再组合这些小问题的最优解便能得到原问题的解。利用贪心策略获得的解并非一定不是最优解，这与问题和使用的贪心策略密切相关。也就是说，同样都是贪心的原理，但其策略可能并不相同。是否能获得最优解，需要通过证明才能确定。

本章将从较简单的优化问题，如硬币找零、间隔任务规划到较为复杂的优化问题，如单源最短路径和最小生成树等出发，向读者介绍设计贪心策略，以及证明贪心策略获得最优解的常用方法。此外，读者还将学习到堆 (见 5.4 节) 这一数据结构在算法性能优化中的应用。

8.2 硬币找零

8.2.1 问题描述

假如某种货币的硬币有如下几种面值：1 元、5 元、10 元、25 元和 100 元，且数量不限。如果给定需为某客户找零的数额 amount_rem，那么如何组合该货币的几种面值，从而使得客户所得找零的张数最少。

比如给客户找零的数额为 36 元,那么可以给客户 3 张零钱,即:25 元 +10 元 +1 元。当然,也可以给客户 3 张 10 元的和 6 张 1 元,共 9 张零钱。该问题要求找给客户的零钱数的总数必须等于 36 元,同时找零的货币张数最少。

8.2.2 问题求解

首先,考虑将给客户按照指定数额 amout_rem 进行找零这一问题分解成若干小问题,每个小问题对应着选择一张可能的面值,经过若干次选择后,所选择的面值总额等于 amout_rem。因此,硬币找零这一问题的子问题就是在每次选择后,完成剩余数额的找零。其次,根据子问题,设计贪心策略进行求解。由于面值的多样性,因此必然存在多种可能的选择。一个简单的贪心策略就是从所有满足条件的零钱中,选取面值最大的那张作为找零。最后,对于所有的子问题,均采用同样的贪心策略,直到找零的累加值等于指定数额 amout_rem。

以客户找零的数额为 36 元这一问题为例。第一步,amout_rem=36,那么除 100 元外,其他的面值都是可选的找零面值。按照贪心策略,应该选择可选的面值中最大的 25 元作为第一步的找零面值。第二步,由于已经找给客户 25 元,现在的 amout_rem= $36 - 25 = 11$ 元,同样按照贪心策略,这一步可选面值最大的零钱是 10 元。同理,第三步可选面值最大的零钱是 1 元。因此,不难得到找零的面值依次为 [25,10,1],其实现见代码 8.1。

代码 8.1　硬币找零的贪心算法

```
1   def get_min_coins(amount_rem):
2       coin_combinations = [1,5,10,25,100]
3       coin_list = []
4                                           # 从大到小排序
5       sorted_coin_combinations = sorted(coin_combinations,reverse=True)
6       for coin_val in sorted_coin_combinations:
7           coin_count = int(amount_rem/coin_val)   # 面值个数
8           coin_list += [coin_val, ]* coin_count   # 将面值 coin_val, 张数 coin_count
                                               ↪   的添加到输出列表
9           amount_rem -= coin_val * coin_count      # 计算剩余额度
10          if amount_rem <= 0.0:                    # 跳出循环条件
11              break
12      return coin_list
```

代码 8.1 第 5 行通过调用 Python 的排序函数 sorted 将零钱的面值进行排序,其中函数的参数 reverse 置为 True 是为了实现从大到小的排序。如果 reverse 没有赋值,sorted 返回的将是从小到大的序列。为了找出与输入额度 amount_rem 最接近的零钱,第 7 行通过整除的方法求得面值 coin_val 的张数为 coin_count,第 8 行的代码将面值与张数添加到输出列表 coin_list 中。在成功添加零钱后,第 9 行实现的功能是将原来的额度减去添加零钱的总数,即得到下一个子问题。

代码 8.1 执行时间包括两个部分：第一部分是对输入零钱的排序，其时间复杂度为 $O(n\log n)$；另一部分是第 6 行～ 11 行的循环，执行时间复杂度为 $O(n)$。因此，代码 8.1 中函数 get_min_coins( ) 的时间复杂度为 $O(n\log n)$。

8.2.3　最优解证明

如代码 8.1 所示，在每一步选择面值与当前找零最接近的硬币这一贪心策略，可以获得输入额度的找零结果。然而，这一找零结果是否就能获得最小的找零数并非不证自明。因此，下面我们将证明采用以上贪心策略可求得硬币找零问题的最优解。

我们得到选择的 1 元硬币个数小于等于 4。这个结论之所以成立，是因为如果 1 元硬币超过 4 个，就可以用 5 元硬币来替换其中的 5 个 1 元硬币。

类似的还可以得到如下结论：

- 选择的 5 元硬币个数小于等于 1
- 选择的 25 元硬币个数小于等于 3
- 选择的 5 元硬币加上 10 元硬币个数小于等于 3

有了以上结论后，下面就可以证明按贪心策略可求得硬币找零问题的最优解。

假定需要找零的数量为 x，如果有 $c_k \leqslant x < c_{k+1}$，那么贪心策略要求必须选择硬币 c_k。可以证明任何优化解都必须包括硬币 c_k，否则意味着需要从硬币 $c_1, \cdots, c_{k-1}$ 中选择硬币，使得它们累加和达到 x。从以上结论我们可以得到以下结果：

- 如果 c_k 是 5 元硬币，那么由硬币 $c_1, \cdots, c_{k-1}$ 组合的累加最大值为 4；
- 如果 c_k 是 10 元硬币，那么由硬币 $c_1, \cdots, c_{k-1}$ 组合的累加最大值为 9，这是因为最多只能包含 4 个 1 元硬币，以及 1 个 5 元的硬币；
- 如果 c_k 是 25 元硬币，那么由硬币 $c_1, \cdots, c_{k-1}$ 组合的累加最大值为 24，这是因为最多只能包含 4 个 1 元硬币，以及 2 个 10 元的硬币；
- 如果 c_k 是 100 元硬币，那么由硬币 $c_1, \cdots, c_{k-1}$ 组合的累加最大值为 99，这是因为最多只能包含 3 个 25 元硬币，其他面值累加和为 24。

以上结果表明从 $c_1, \cdots, c_{k-1}$ 中选择硬币其累加和小于 c_k，因此必须选择硬币 c_k。

8.3　间隔任务规划

8.3.1　问题描述

假如你现在参加某个国际学术会议，会议中有许多来自世界各地的科学家作报告，你的任务是听尽可能多的报告。于是从会议组织者拿到了会议日程表，发现每一个科学家的报告主题各不相同，而且他们报告的开始与结束时间也各不一样。那么你该如何选择听哪些报告，从而使得你能听的报告数最多呢？

分析以上问题，不难得到给定的输入应该是 n 个报告集 R=[r$_1$, $\cdots$, r$_n$]，以及每一个报告的开始与结束时间 $r_i=[a_i, b_i]$。由于报告起始时间有交错，而你不能一次参加两个报告。因此，选择的报告集合里面，报告时间都必须相容。相容意味着两个报告的发生时间里面没有重合，或者说一个报告开始时间需要大于另一个报告的结束时间。这样保证每个选择的报告都能参加，且能完整地听完报告。问题的输出就是，选择最大的相容报告集。

如图 8.1 所示，我们用一条线段来表示每一个任务，这样可以清楚的表示每一个报告的起始时间关系。图 8.1 中 r_1 与 r_2 就是两个不相容的报告，r_2 的开始时间小于 r_1 的结束时间。r_4 和 r_5 则是两个相容的报告，r_5 的开始时间大于 r_4 的开始时间。选择最大的相容报告集就是图中的椭圆所包括的 3 个报告集合，$[r_5, r_6, r_7]$。

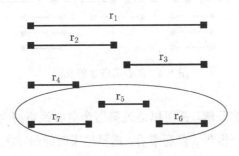

图 8.1 任务规划示例

8.3.2 问题求解

对于给定的 n 个报告集 R，我们尝试使用贪心算法来选择其中的各个报告。贪心算法本身非常简单，就是对当前子问题选择当前认为最好的报告，也就是：

(1) 按照贪心策略选择目前最好的一个报告 r_i；

(2) 删除 R 中的 r_i，以及与 r_i 不相容的其他报告；

(3) 在剩余的报告中重复步骤 (1)。

以上算法的第一步中，我们没有给出具体的贪心策略。有些问题很容易确定其贪心策略，比如硬币找零问题，就是尽量选择面额大的硬币。然而，任务规划问题的贪心策略就不是那么容易确定，因为存在多个可能的贪心策略，可能的贪心策略有：

(1) 选择开始时间最早的报告；

(2) 选择间隔时间最短的报告；

(3) 选择冲突最少的报告；

(4) 选择结束最早的报告。

我们逐个分析以上贪心策略，发现有些策略并不能保证获得最优解。比如，选择当前开始时间最早的报告，按照这个策略应该选择图 8.2 中第一行的报告，因为该报告在这三个报告中开始时间最早，但显然选择这个报告并非最优解。图 8.2 中应该选择第二行的两个报告。

第二个贪心策略的反例见图 8.3，选择最短时间间隔意味着选择第二行的报告，同样按该策略并不能得到最优解，而应该选择第一行的两个报告。

图 8.2　贪心策略 1 的反例   图 8.3　贪心策略 2 的反例

如图 8.4 所示的是第三个贪心策略的反例，当前冲突最少的是图中第二行中间的报告。然而，最优选择应该是第一行的 4 个报告，尽管它们的冲突比第二行中间的报告多。

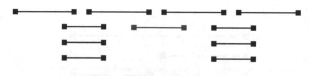

图 8.4　贪心策略 3 的反例

以上三个贪心策略的反例，都可以通过第四个贪心策略得到正确的解，也就是应该选择当前结束最早的那个报告。直观来看，选择结束时间最早的报告是为了空出更多的剩余时间，这样可以保证后面能选择更多的报告。

根据第四个贪心策略，我们可以得到如代码 8.2 所示的算法。代码第 4 行将输入的任务按照完成时间进行排序。这里采用 Python 中列表的排序函数 sort。其中，采用 lambda 表达式让输出按照列表中第 2 位元素的大小进行排序，即按照完成时间排序。参数 joblist 的输入是形如 [['e', 8, 10], ['b', 2, 5]] 的列表，其中 ['e', 8, 10] 表示一个任务，'e'表示任务代号，8 表示开始时间，10 为任务'e'的结束时间。

代码 8.2 第 11 行选择结束最早的任务加入到列表 job_schedule 中。在决定选择之前需要判断这个任务与 job_schedule 中最近的任务是否存在冲突（见代码 8.2 第 10 行），也就是新加入的任务开始时间需要大于 job_schedule 中最近任务的结束时间。由于在第 4 行对输入的任务集按照各自结束时间进行了排序，因此初始情况下，直接将排序后的第一个任务加入到列表 job_schedule 中（见代码第 7 行）。

代码 8.2　间隔任务规划的贪心算法

```python
def get_max_intervalschdeule(joblist):
    job_schedule = []
    num_jobs = len(joblist)
    joblist.sort(key=lambda x:  x[2]) # 按照结束时间对所有的 job 排序
    for n in range(num_jobs):
        if not job_schedule:
            job_schedule.append(joblist[n])
        else:
            # job(n) 是否与 job_schedule 中的 jobs 相容
```

```
10          if job_schedule[-1][2] <= joblist[n][1]:
11              job_schedule.append(joblist[n])
12      return job_schedule
```

如果输入的任务集合为

$$joblist = [['e', 8, 10], ['b', 2, 5], ['c', 4, 7], ['a', 1, 3], ['d', 6, 9]]$$

那么将得到如下选择任务集合

$$[['a', 1, 3], ['c', 4, 7], ['e', 8, 10]]$$

代码 8.2 的时间复杂度包括两个部分，第一是对 n 个输入任务按照其结束时间排序，其时间复杂度为 $O(n\log n)$，另一个部分就是按照结束时间最早的准则选择任务，其时间复杂度为 $O(n)$。因此，代码 8.2 的时间复杂度为 $O(n\log n)$。

8.3.3 最优解证明

以上算法正确性由以下命题保证，即

命题 1   按照选择当前结束时间最早报告的贪心策略，可以获得间隔任务规划问题的最优解。

假如按照以上贪心策略并不能得到最优解，那么意味着不选择最早结束的任务可以获得比贪心策略更优的解，我们称这个策略为优化策略。假如按照贪心策略，已经选择了任务 $i_1, i_2, \cdots, i_k$。按照优化策略选择的最优解为 $j_1, j_2, \cdots, j_m$。不妨设贪心策略与优化策略选择的任务最多有 r 项是一样的，也就是 $i_1 = j_1, i_2 = j_2, \cdots, i_r = j_r$，如图 8.5 所示的"替换前"。

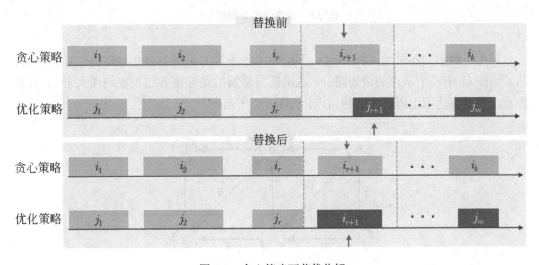

图 8.5 贪心策略可获优化解

第 $r+1$ 个任务贪心策略选择的是 i_{r+1}，而优化策略选择的是 j_{r+1}。显然，任务 i_{r+1} 的结束时间比 j_{r+1} 早。如果我们将优化策略下的任务 j_{r+1} 替换为 i_{r+1}，那么依然可以得到替换这个任务后，任务之间并没有冲突，如图 8.5 所示的"替换后"。这说明优化策略与贪心策略相同的任务数不是 r，与我们的假设矛盾。这表明按照贪心策略得到的就是最优解。

8.4　单源最短路径问题

自驾游是现在非常流行的一种旅游形态，主要是这种旅游方式的个性化和灵活性让许多人趋之若鹜。假如我们需要从杭州自驾车去北京，这两个城市之间还有许多城市值得停留。我们在电子地图软件中选择出发地点为杭州，目的地为北京，限制条件为路程最短。电子地图软件则根据选定的出发地与目的地，以及限制条件，为我们规划出一条从杭州到北京之间最短的行程，见图 8.6。

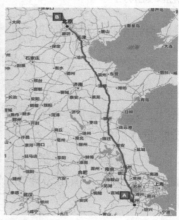

图 8.6　自驾游的最短路径

以上问题的输入是给定图 G=(V, E)，图上各条边的长度 $l_e \geqslant 0$，源点 $s \in V$。输出为从 s 到图 G 中各个结点的最短路径。这里需要强调的是假定各边长度均须大于 0，且从源点出发能到达图上所有的其他结点，如图 8.7 所示。

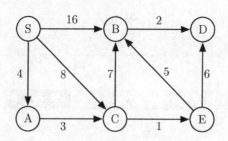

图 8.7　单源最短路径

为了能求得图 8.7 中结点 D 的最短路径 $d(D)$，$d(D)$ 的路径必定经过结点 D 的其中一个前驱结点，即 B 或 E。如果 B 和 E 的最短路径已经求得，分别为 $d(B)$ 和 $d(E)$，那么 $d(D)=\min(d(B)+l(B, D), d(E)+l(E, D))$。这意味着在求最短路径时，可以将图 G 的结点分解为两个部分，一个部分是已经求出最短路径的结点集合，另一部分则是还未求出最短路径的结点集合。

不妨用集合 S 存储图上已经计算出最短路径的结点，用 $d(u)$ 表示最短路径的值，其中 $u \in S$。显然，可以将源点 s 设为 S 中的第一个元素，即有 S=[s]，$d(s) = 0$。那么当逐步扩展集合 S，直到它等于 V，就意味着全部求得图 G 中结点的最短路径。下面将介绍根据贪心策略逐步扩展 S 从而求得图中各个结点最短路径的 Dijkstra 算法。

8.4.1　Dijkstra 算法

Dijkstra 是荷兰计算机科学家，他由于在设计 ALGOL60 语言方面的杰出成就，获得了 1972 年的图灵奖。Dijkstra 算法是一个非常典型的贪心策略的应用，它的基本思想是：

1. 维护一个已求出最短距离的集合 S；
2. 选择一个还未加入 S 的结点 $v \in$ V-S，加入到集合 S 中，结点 v 的距离值 c_v 按下式计算：

$$c_v = \min_{e=(u,v):u \in S} d(u) + l_e \tag{8.1}$$

将最小 c_v 值对应的结点 v 加入到 S 后，置 $d(v)=c_v$；

3. 重复执行第二步直到 S 包含了图中所有结点。

以上算法的第二步即为贪心策略，在集合 V-S 中选择了距离值最小的结点加入到 S。但是，我们能确保这个结点的距离值已经是最小，而不会在后面的计算中还会变小吗？此外，在计算 c_v 的值时，我们能确定这个值会随着算法的执行会逐渐变小，并最终等于该结点的距离最小值 $d(v)$ 吗？

在回答以上两个问题之前，我们先来看一下按照 Dijkstra 算法如何计算图 8.7 中各点的最小距离。图中起点为 s，初始设 $d(s)=0$，S={s}。与结点 s 连接的有三个结点，它们各自的距离值分别为 $0 + 16 = 16, 0 + 8 = 8, 0 + 4 = 4$。当前最小值为 4，则将该结点加入到 S 中，得 S={s, A}。现在与集合 S 中两个结点相连接的结点有 B 和 C，计算它们各自的距离值，然后选择距离值最小的 $c_C = 3 + 4 = 7$ 所对应的结点 C 加入到集合 S 中。

依此不难得到剩余各个结点的最短距离值，见图 8.8。其中，阴影部分涵盖的结点即为集合 S 中的各个结点，求出的各个结点最短距离值写在结点内，下划线对应的 c_v 就是按照贪心策略得到的结点距离值。

根据以上计算，可以得到如代码 8.3 所示的 Dijkstra 算法**伪代码**。第 4 行的函数 find_min( ) 的功能是从剩余结点 V-S 中计算各个与 S 结点中相连接的各个结点距离值，并返回其中的最小值。第 3 行的循环在集合 S 等于 V 时结束，S 存储所有已经求得最小值的结点集。

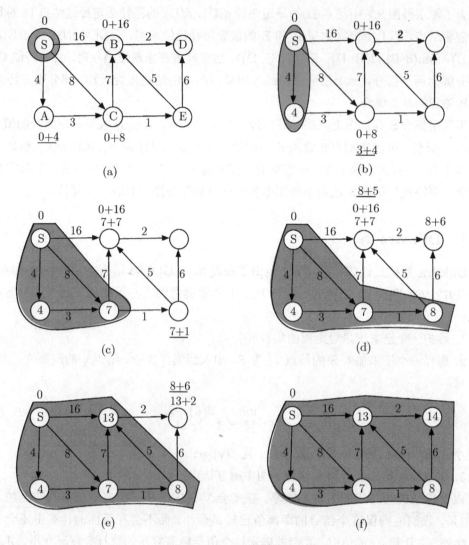

图 8.8　Dijkstra 算法示例

代码 8.3　Dijkstra 算法伪代码

```
1  def dijkstra_pseudo(G,s):
2      S = []                      # 用于存储已经求出最短距离的结点
3      while S != V:               # V 表示图 G 中所有结点集
4          c(v) = find_min(V-S)    # 按照贪心策略选择结点 v
5          S.append(v)             # 将结点 v 加入到 S
```

8.4.2　算法的正确性

　　在算法设计的时候，我们曾对从剩余结点集合 V-S 中取出最小的加入到 S 中是有疑问的。因为，这需要保证在后面的计算中这个加入到 S 中的结点距离值不会变小。或者说，我们需要证明在集合 S 中的结点 v，其距离 $d(v)$ 一定是从源点 s 到该点的最小距离。下面我们用归纳法来证明这个结论的正确性。

算法第一步是将源点 s 加入到 S，并设定其距离 $d(s)=0$。显然这一步的结论是正确的。不妨设当 S 中有 k 个结点时，都能保证当前距离都是从源点 s 到这 k 个结点的距离最小值。当前需将结点 $v \in V\text{-}S$ 加入到 S，结点 v 与 S 中的结点 $u \in S$ 相互连接，如图 8.9 所示。$c_v = d(u) + l(u,v)$，这意味着与结点 v 连接的 S 中的各个结点，经过边 $l(u, v)$ 的是最小距离。此外，当将结点 v 加入 S，则意味着当前所有 V-S 结点集合的距离值中，c_v 是最小的。

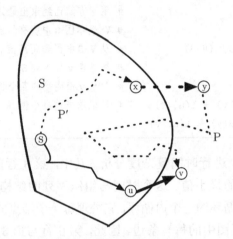

图 8.9 Dijkstra 算法证明示意图

不妨设还存在另一条从源点 s 到 v 的最小路径 P，那么这条路径上必定有一个结点 y 不属于 S，并假定 S 中与 y 相连的最后一个结点为 x，$x \in S$。如果不存在这样的结点 y，则意味着 s 到 v 的最小距离就是 $d(v)$。路径 P 的长度 $l(P)$ 一定大于等于源点 s 到 x 路径长度 $l(P')$ 加上 $l(x, y)$。由于 $x \in S$，根据归纳假设 $d(x)$ 已经是最小值，那么有 $l(P) \geqslant d(x)+l(x, y)$。

根据 $c(y)$ 的定义有 $d(x)+l(x, y) \geqslant c(y)$。又因为选择了结点 v 而非结点 y 加入到 S 中，意味着 $c(y) \geqslant c(x)$。因此，得到 $l(P) \geqslant c(v)$。意味着按照 Dijkstra 算法选择结点 v 加入到 s，保证了 v 是最小距离。

8.4.3 算法的性能优化

代码 8.3 描述的 Dijkstra 算法中需要根据下式计算结点 $v \in V\text{-}S$ 的距离值

$$c_v = \min_{e=(u,v):u \in S} d(u) + l_e \tag{8.2}$$

以上公式要求每次循环都需要更新集合 V-S 中所有与 S 集合中结点相连接的边，然后依此求得各个结点的 c_v，再取其中最小值。这一步计算可以简化，即只保存 c_v 当前的最小值。具体来说，就是在有新的结点 v 加入 S 后，更新所有与 v 相连接结点 u 的距离值，即：

$$c(u) = \min\{c(u), d(v) + l(u, v)\} \tag{8.3}$$

根据以上分析, 可以将代码 8.3 进行优化得到代码 8.4。其中, 代码 8.4 第 4 行的函数 extract_min( ) 是从集合 V-S 中得到距离值最小的结点 v, 然后将 v 加入到集合 S, 并通过第 6 行的循环更新所有与 v 连接的结点 u 的距离值。这里, $c(v) = \min\{c(u), d(v) + l(u, v)\}$。

代码 8.4 改进的 Dijkstra 算法伪代码

```
1  def dijkstra_pseudo(G,s):
2      S = []                          # 用于存储已经求出最短距离的结点
3      while S != V:                   # V 表示图 G 中所有结点集
4          c(v) = extract_min(V-S)     # 从 V-S 中得到距离值最小结点 v
5          S.append(v)                 # 将结点 v 加入到 S
6          for u in v.adj:             # 对与 v 相连接的各个邻居结点 u
7              if c(u) > d(v) + l(u, v):   # 只记录当前最小值
8                  c(u) = d(v) + l(u, v)
```

现在我们对代码 8.4 进行时间复杂度分析。其中, 第 3 行的循环次数为 $O(n)$, 循环内第 4 行是得到序列的最小值。这个时间与组织序列的结构有关, 不妨设该时间为 $T_{\text{extract\_min}}$。第 6 行是外循环的一个内循环, 它处理每一个结点的相邻结点。如果与外循环一起考虑, 就是计算了图中的每一条边。因此, 第 6 行与第 3 行一起, 执行的次数就是 $O(|E|)$, $|E|$ 为图 G 的边数。代码第 7 ~ 8 行是将集合 V-S 中结点 u 的距离值进行更新, 其执行效率同样与集合 V-S 中各个结点的存储结构有关, 设该时间为 $T_{\text{decrease\_key}}$。因此, 代码 8.4 总的执行时间为:

$$T(\text{dijkstra}) = O(V) \times T_{\text{extract\_min}} + O(E) \times T_{\text{decrease\_key}} \tag{8.4}$$

前面我们说 $T_{\text{extract\_min}}$ 的时间与组织序列的结构有关。不妨假设 V-S 中结点是按照列表进行组织, 那么从列表中查找最小值的时间复杂度是列表的长度的线性时间, 而 $T_{\text{decrease\_key}}$ 的功能是修改列表中的一个数据, 其时间复杂度为常数。因此, 当用列表存储 V-S 中的结点, 代码 8.4 所示的 Dijkstra 算法时间复杂度为 $O(|V|^2)$。

V-S 中结点值也可以按照堆结构 (见节 5.4) 进行组织。堆可以保持最小值在其根部, 那么代码 8.4 中函数 extract_min( ) 只需要直接从堆中取根结点即可, 而不需要经过查找才得到最小距离值, 也就是说 $T_{\text{extract\_min}}$ 是常数时间。但从堆上删除根结点, 会引起堆结构变化, 其时间复杂度为 $O(\log n)$, n 为列表中元素个数。

此外, 当用堆结构来组织 V-S 中结点值, $T_{\text{decrease\_key}}$ 就相当于执行了堆化 (见代码 5.13) 操作, 即改变的结点值会引起堆结构变化, 但其时间复杂度依然是 $O(\log n)$。因此, 用基于堆结构来组织 V-S 中结点值时, 由于基于堆的操作, 不管是从队列中删除一个元素, 还是队列中元素值发生变化而引起的队列元素位置变化, 其时间复杂度都是 $O(\log n)$ (见 5.4 节)。因此, 代码 8.4 所示的 Dijkstra 算法使用堆来存储 V-S, 其时间复杂度将从原来的 $O(|V|^2)$ 提高到 $O(|V| \log |V|)$。

代码 8.4 并未给出一个完整的实现，下面我们利用 Python 自带的堆结构来实现 Dijkstra 算法，见代码 8.5。代码第 5 行将原点和其最小距离值 0 添加到堆 priority_queue。第 7 行的循环直到堆中还有元素为止。堆的操作有第 9 行的 heappop() 和第 18 行的 heappush()，分别是从得到堆结构根结点和添加一个结点。代码用一个字典结构 visited 来存储每一个结点的最小距离。

代码 8.5 基于堆结构的 Dijkstra 算法

```
1   import heapq
2   def dijkstra(graph,source):
3       priority_queue = [] # 优先队列
4       c[source] = 0
5       # 堆初始化
6       heapq.heappush(priority_queue, (0, source))
7       visited = {} # 存储输出结果的字典结构
8       while priority_queue:
9           # 从堆中获取最小距离结点
10          (current_distance, current) = heapq.heappop(priority_queue)
11          if current not in visited:  # 将距离值添加到 visited
12              visited[current] = current_distance
13          if current not in graph:  continue
14          # 更新与 current 相邻各结点 neighbour 的 distance
15          for neighbour, distance in graph[current].items():
16              if neighbour in visited:  continue
17              new_distance = current_distance + distance
18              heapq.heappush(priority_queue, (new_distance, neighbour))
19      return visited
```

需要注意的是，代码 8.4 第 17 行与第 18 行并未直接更新结点的值，而是直接将结点 neighbour 的值加入到堆 priority_queue 中。这意味着 priority_queue 中有重复的结点，代码 8.4 通过第 11 行的条件判断来控制没有重复结点加入到 S 中。

8.5　最小生成树

一家网络公司因业务发展需要，需要在某市区县铺设电缆，该市共有 10 个区县。铺设的电缆需要经过每一个区县政府所在地，从而使得这 10 个区县政府之间都可以进行通信。各区县政府之间存在多个通路，由于各个通路的地质条件并不一样，导致各通路的铺设成本也各不一样。现在要求寻找一条联通这 10 个区县政府，且铺设成本最低的一种铺设方案，如图 8.10 所示。

以上问题可以通过构造一个图来进行建模。每一个区县政府用图中的一个结点表示，结点之间的边表示可行的通路，结点上耦合了一个权重值 W 来表示铺设成本。问题就变为给定有向图 G=(V, E, W)，求图上的最小生成树 (Minimum Spanning Tree, MST)。

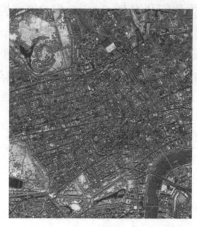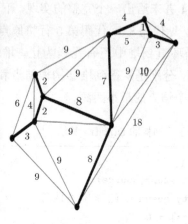

图 8.10　铺设电缆与最小生成树问题

　　MST 需要满足两个基本条件。第一，它必须是一个生成树，即形成一棵包含图上所有结点的树，结点之间相互联通且没有环。第二，图上可能存在多棵生成树，MST 是所有生成树中边的权重和最小的那棵生成树。图 8.10 的右图中深色线条就是一棵最小生成树的边。

　　为了求出给定图中的最小生成树，可以列举出所有的生成树，然后依次计算各个生成树的权重和，最小权重和对应的生成树就是满足条件的最小生成树。图中的每一条边要么在生成树上，要么不在，只有这两种可能。图共有 $|E|$ 条边，因此列举图中所有生成树的复杂度是 $O(2^{|E|})$，是指数时间复杂度。这表明穷举所有的生成树并不是一个高效的解决办法。那么，有没有更好的办法来求给定输入图的最小生成树呢？

8.5.1　Prim 算法

　　下面我们介绍利用贪心策略来求解 MST 问题的算法。这个算法在 1930 年由捷克数学家 Vojtěch Jarník 提出，在 1957 年美国计算机和数学家 Robert Clay Prim 也对这个问题进行了研究，并提出了类似的求解算法。

　　我们已经知道，利用贪心算法求解问题需要待解问题具有以下两个基本属性：

- 优化子结构。待求解问题能被分解成若干子问题，各个子问题的最优解就构成了待求解问题的优化解
- 贪心策略。求解每一个子问题的局部最优解，最终获得全局问题的最优解

　　对于 MST 问题，我们首先看是否存在优化子结构。假设给定图 G 的 MST 为 T，树 T 中存在两个相互连接的结点 u 和 v。将这两点之间的边去掉，那么原图 G 被分为两个子图 G_1 和 G_2，如图 8.11。此时，G_1 的最小生成树为 T_1。

　　可以采用反证法来证明这个结论。如果 T_1 不是子图 G_1 的最小生成树，那么不妨设 G_1 的最小生成树为 T_1'。那么树 T_1' 加上子树 T_2 和 u, v 之间的边，就构成一棵新的生成树 T'，且该生成树各边的和小于 T，这与我们假设 T 是 G 的 MST 矛盾。因此，G_1 的最小生成树为 T_1。同理可证 G_2 的最小生成树为 T_2。

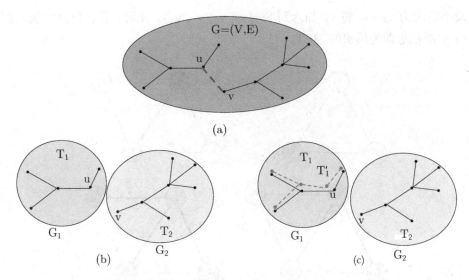

(a)

(b) (c)

图 8.11　MST 问题具有最优子结构

　　以上结果表明 MST 问题具有最优子结构，下面需要考虑的是贪心策略。我们在构造图 G 的 MST 过程中，该选择哪一条边加入到当前结果中呢？如果按照贪心的策略，显然应该选择权重最小的一条边加入到当前树中。也就是说，T 是图 G=(V, E) 的 MST，且结点集合 S 是 V 的子集，也就是 S⊂ V。假定 e=(u, v)∈ E 是一条最小权重的边，该边连接结点集合 S 与 V-S。可以证明，边 e=(u, v) 是最小生成树 T 中的一条边，e∈ T。

　　以上的结果可以通过"剪切－粘贴"的方法来证明。考虑图 G 的最小生成树 T（如图 8.12），如果边 e=(u, v) 不属于 MST 中的边，由于 MST 中各个结点必须相互连通，因此图 T 中一定存在一条从结点 u 到结点 v 的路径。由于 u∈ S，v∈ V-S，因此一定存在结点 u′∈ S 和 v′∈ V-S，这两点构成边 e′=(u′, v′) 属于 T。

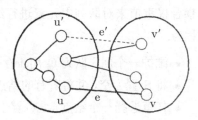

图 8.12　贪心策略证明示意图

　　由于选择了 e′，而不是 e，那么我们考察另一棵生成树 T′，有 T′=T-e′∪e，且权重关系 w(T′)=w(T)−w(e′)+w(e)。由于边 e 是跨过 s 与 V-S 之间的最小权重边，也就是 w(e)⩽ w(e′)，可得 w(T′)⩽ w(T)，这表明树 T′ 才是图 G 的 MST，这与假设 T 是 G 的 MST 矛盾。因此，边 e=(u, v) 是最小生成树 T 中的一条边，e∈ T。

　　有了以上结论后，可以很容易得到 MST 的算法。算法的基本流程是：

　　(1) 随机的从图 G=(V, E) 中选择一个结点 s，将结点存储于集合 S，即 S={s}；

　　(2) S 与 V-S 间权重最小的边为 e=(u, v)，其中 u∈ S，将结点 v 加入到 S 中；

　　(3) 重复第二步，直到所有的结点均加入到 S 中。

　　我们根据图 8.13 所示，来演示算法执行的过程。假定随机选择 v_2，并将它存储到 S={v_2}中。此时，S 与 V-S 间权重最小的边为 v_3-v_2，因此将 v_3 加入到 S={v_2, v_3}。当前 S 与 V-S 间权重最小的边为 v_1-v_3，将 v_1 加入到 S={v_2, v_3, v_1}。最后，S 与 V-S 间

权重最小的边为 v_4-v_3，将 v_4 加入到 S={v_2, v_3, v_1, v_4}。此时，所有结点均加入到 S，图 8.13 中深色边即为所求的 MST。

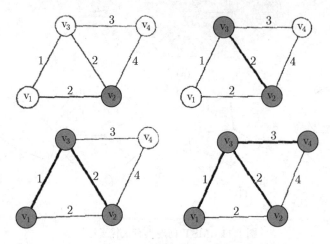

图 8.13　Prim 算法示例

8.5.2　算法实现

以上 Prim 算法的一个主要步骤是从 V-S 中选择一个符合要求的结点加入到 S 中，可以将边的权重耦合到结点上，根据加入到 S 中的结点，更新结点的权重值。每次选择结点耦合的权重值最小的结点加入到 S。这样可以考虑用优先队列来存储结点，根据结点耦合权重值来对队列中元素进行组织，每次选取队列的第一个元素加入 S。整个算法流程为：

- 维护一个优先队列 Q 用于存储结点集合 V-S
- 将 S 置为空，并将所有的结点 V 存储于队列 Q
- 任意选择一个结点 s∈ V 置于 S 中，并将其他结点 v.key 设为无穷大，v∈V-{s}
- 循环直到 Q 为空
  - 从队列中取出一个元素 u 加入到 s
  - 对于结点 u 的所有邻居结点 v，如果 w(u,v)<v.key，则更新结点 v 的值为 v.key=w(u,v)
- 循环结束后返回加入到 S 中的结点即可

算法实现见代码 8.6。代码第 1 行首先导入 heapq，经由堆实现优先队列。第 3 行申明了一个类 PriorityQueue，它有两个成员变量，pqueue 是优先队列，ke 用于记录各个结点的键值。第 13 行的循环初始化 PriorityQueue 的对象 Q，源点 source 的 key 记为 0，其他各个结点的 key 记为无穷大。

代码 8.6 第 21 行的循环遍历堆中各个元素，在第 22 行按照贪心策略选择结点 v 加入到 mst 中。第 25 行的循环索引结点 v 的所有邻居结点 u，只要 u 还没有加入到 mst 中，且它的键值大于 u 与 v 之间边的权重 graph[v][u]，则将结点 u 在堆中的键值进行更新。代码第 28 行先找到堆中元素 (Q.key[u],u) 的位置 ind_key，然后删除这个元素，再通过堆添加函数 heapq.heappush( ) 将具有新 key 的结点 u 加入到堆中，从而保持该结点堆的属性。

代码 8.6　最小生成树的 Prim 算法

```
1   import heapq
2   import math
3   class PriorityQueue:
4       def __init__(self):
5           self.key = {} # 记录结点的 key 值
6           self.pqueue = [] # 用于建堆
7
8   def prim(graph,source):
9       Q = PriorityQueue()
10      mst = {}
11      parent = {}
12      # 将图中结点初始化到堆中
13      for v in graph:
14          if v == source:
15              Q.key[v] = 0
16              heapq.heappush(Q.pqueue, (0, v))
17          else:
18              Q.key[v] = math.inf
19              heapq.heappush(Q.pqueue, (math.inf,v))
20      parent[source] = None
21      while Q.pqueue:
22          (v_key, v) = heapq.heappop(Q.pqueue) # 贪心策略，取出堆中最小元素
23          del Q.key[v]
24          mst[v] = parent[v]
25          for u in graph[v]:
26              if u in Q.key and u not in mst:
27                  if graph[v][u]<Q.key[u]:
28                      # 将堆 Q.pqueue 中结点 u 的 key 值更新为 graph[v][u]
29                      ind_key = Q.pqueue.index((Q.key[u],u))
30                      Q.pqueue.pop(ind_key)
31                      heapq.heappush(Q.pqueue, (graph[v][u],u))
32                      Q.key[u] = graph[v][u]
33                      parent[u] = v
```

下面我们分析代码 8.6 的时间复杂度，第 13 行到第 19 行遍历了图中各个结点，因此其时间复杂度为 $O(|V|)$。第 22 行之后是双重循环，其中外循环的 Q 里面存储图中各个结点，内循环可以分成两个部分，第一部分是第 22 行从 Q 中选择最小元素，这部分由于采用堆来存储 Q，因此其时间复杂度为 $O(\log |V|)$。内循环的第二部分是第 25 行之后的循环，由于它是遍历某个结点的邻接结点，因此与外循环一起其时间复杂度就是遍历了图上所有的边，即 $O(|E|)$。代码第 29 行到第 32 行是更新 Q 中一个元素的值，按照

第 5.4 节中关于堆结构操作函数的分析知，这段代码的执行时间复杂度为 $O(\log |V|)$。因此，利用堆实现的 Prim 算法时间复杂度为：

$$T(n) = O(|V|) + O(|V|\log(|V|)) + O(|E|(\log|V|)) = O(|V|\log|V|) \tag{8.5}$$

如果 Q 采用普通数组，那么第 22 行从 Q 中找出最小元素时间应该为 $O(|V|)$，第 29 行到第 32 行是更新 Q 中一个元素值的时间复杂度为 $O(1)$，因此其时间复杂度为：

$$T(n) = O(|V|) + O(|V||V|) + O(|E|) = O(|V||V|) \tag{8.6}$$

以上分析结果表明，采用堆结构实现的 Prim 算法相比较于数组的实现方式，其算法更为高效。

以图 8.14 为例，来说明算法的执行过程。算法执行前初始化 S 和 Q，得 S={}，Q={A, B, C, D, E, F, G, H}。选择 Q 中结点 G 为初始结点，则 S={G}。与 G 相邻的

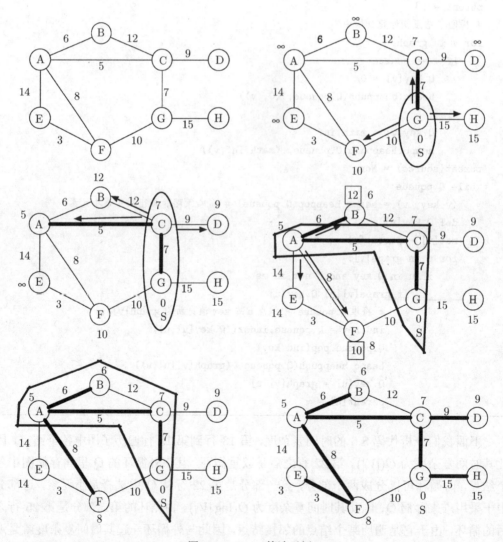

图 8.14　Prim 算法示例

三个结点 C、F 和 G 上的值原来为无穷大，现分别更新为 7，10，15。由于 Q 中结点的值发生变化，根据队列性质各个结点位置亦会随着变化。由于 Q 是一个优先队列，即队列中最小值元素在队列的第一个位置，因此 Q={C, F, G, A, B, D, E, H}。当从 Q 中取出一个元素置于 S，此时取到的结点应该是 C，也就是当前 S 与 V-S 间边的权重最小边被选择到。该边即为 G 点与 C 点间的边，权重值为 7。依照这个过程，最终得到图 8.14 右下图所示的最小生成树，生成树中各个结点的边加粗。

8.6　小结

2016 年计算机界最大的新闻之一就是 Google DeepMind 公司研发的阿尔法 Go，在 5 番围棋大战中打败了当时围棋界第一人李世石。围棋是一项非常复杂的智力游戏，其对弈的目的非常简单，就是尽可能多的占取更多的"地盘"。阿尔法 Go 如果仅仅考虑当前收益，而不对棋局后续变化进行推理是很难打败职业围棋高手的。本章介绍的贪心算法恰恰与阿尔法 Go 的策略不同，贪心意味着每一步都要求当前获得最好的收益。似乎这是一种非常"目光短浅"的算法，然而通过本章的介绍我们知道，贪心算法在求解问题时不仅简单，有时也能获得全局最优解。当然，是否能获得最优解，是需要通过证明才能确定的，并不是说使用贪心策略就一定能得到最优解。

在使用贪心算法求解问题时，与分治算法类似也需要先将问题划分成若干简单的子问题，这让我们再次体会到从大到小转化的力量。对于每一个子问题我们尝试采用贪心策略去求解。需要特别指出，此时可能存在多种贪心策略，这要求我们在这多种策略中寻找一个能获得期望解的策略。贪心算法往往能获得较高的执行效率，这是因为它并非在整个空间寻找最佳策略，而是只选择当前情景下最好的一个策略。因此，贪心算法的复杂度分析相对较为简单。

此外，本章还在实现 Dijkstra 和 Prim 算法时，通过堆结构来优化算法执行效率。这里之所以采用堆结构，是因为这两个算法都需要频繁的从序列中选择最小元素。此时，采用堆结构存储序列，那么得到其中最小元素的时间复杂度将从原来用普通数组的 $O(n)$ 提高到 $O(\log(n))$。

课后习题

习题 8-1　装箱问题

给定 n 件物品的序列，以及容量为 c 的箱子。要求将物品装入到箱子，每一个箱子装入的物品总重量不能超过箱子的容量。给出一个算法，要求用最小的箱子数将物品全部装入。

比如有 6 个物品，其重量分别为 [4, 8, 1, 4, 2, 1]，箱子容量 $c=10$。那么最少需要 2 个箱子将物品全部装入，其中一个箱子装入 [4, 4, 2]，另一个箱子装入 [8, 2]。

习题 8-2 完成任务的最小时间

给定一组不同的任务完成时间 job。有 k 位不同的工人被要求去完成这些任务，工人完成任务的单位时间为 T。设计算法找出完成任务的最小时间。完成这些任务有以下限定：

- 每位工人只能被分配连续的任务。比如有工作 1, 2, 3，那么不能将 1 和 3 分配给 1 个工人
- 一个工作只能指定一位工人

比如，$k=2$, T=5, job = [4, 5, 10]。那么最少需要 50 个单位时间完成任务，其分配方案是将任务 [4,5] 分配给工人 1，任务 [10] 分配给工人 2。

当 $k = 4$, T = 5, job = [10, 7, 8, 12, 6, 8]，其中 4 位工人的工作分配方案为 [10]，[7, 8], [12], [6, 8]，最小完成时间为 75。

习题 8-3 集合覆盖问题

一个集合 U 以及 U 内元素构成的若干个小类集合 S= $\{s_1, s_2, \cdots, s_m\}$，每一个 s_i 均有一个价值。给定一个算法，要去找到 S 的一个子集，该子集满足所含元素包含了所有的元素且使小类集合的总价值最小。

例如，U=[1, 2, 3, 4, 5], S = $[s_1, s_2, s_3]$。其中，$s_1 = [4, 1, 3]$, Cost(s_1) = 5；$s_2 = [2, 5]$, Cost(s_2) = 10；$s_3 = [1,4,3,2]$, Cost(s_2) = 3。选择集合 $[s_2, s_3]$ 可完成价值最小的完美覆盖，此时价值为 13。

习题 8-4 路径问题

(a) 给定一个有向无环图 G=(E, V)，其中各个边的权重均为 1，给出按照 Dijkstra 算法求出从图中原点到各个结点的最短路径，并利用宽度优先搜索求图 G 各点的最短路径。

(b) 给定一个有向无环图 G=(E, V)，如果边存在小于 0 的权重，是否仍然可以利用 Dijkstra 算法求得从原点到各点的最短路径？

习题 8-5 最小生成树

(a) 给出最小生成树的定义。

(b) 描述 Prim 算法的流程，并给出实现代码找出给定图的最小生成树。

第 9 章　动态规划算法

本章学习目标

- 了解动态规划算法求解优化问题的步骤
- 掌握利用动态规划算法求解简单的优化问题，并分析其时间复杂度
- 能画出动态规划表，并从中得到问题的解

9.1　引言

　　20 世纪 50 年代初美国数学家 R.E.Bellman 在研究多阶段决策过程的优化问题时，提出了著名的最优化原理，把多阶段过程转化为一系列单阶段问题，利用各阶段之间的关系逐个求解，创立了解决这类过程优化问题的新方法 —— 动态规划 (Dynamic Programming)。

　　动态规划在计算生物，决策理论和计算金融等领域均有广泛应用。它是一种强大的算法设计技术，常常用于求解最优化问题。在第 8 章我们已经学习了利用贪心算法求解优化问题，也知道最优化问题的目标往往是求诸如最大值、最小值、最长或最短值等。这些最优化问题如果使用简单的穷举算法求解，其时间复杂度往往会是指数规模，而采用动态规划算法后，时间效率则会优化至多项式规模。然而，动态规划并不是一个具体的算法，它是一类算法设计技术，本章将通过各种有趣的实例向读者展示动态规划算法求解优化问题的原理和基本步骤。

　　在第 4.3 节我们已经学习了使用递归算法来求解斐波那契数，其时间复杂度为指数规模。本章将从斐波那契数开始，利用动态规划来得到一个高效地求解斐波那契数的算法。通过求解斐波那契数，归纳出使用动态规划求解优化问题的常用步骤。然后，根据总结的步骤依次介绍如何使用动态规划求解"拾捡硬币""连续子序列和的最大值"与"文本排版"等一维优化问题，以及"矩阵的括号""字符串编辑距离"和"0/1 背包"的二维优化问题，通过这些有趣的实例向读者展示动态规划强大的功能，以及动态规划求解问题的具体步骤。

9.2　再遇斐波那契数

　　我们在 4.3 节曾经介绍过斐波那契数，并且利用递归算法求解了斐波那契数。通过分析可知，采用递归算法 (见代码 4.2) 求解斐波那契数的算法时间复杂度是 $O(2^n)$。下面

我们介绍如何利用动态规划来求解斐波那契数,从而获得时间复杂度为 $O(n)$ 的实现。

斐波那契数由以下递归式定义:

$$f(n) = \begin{cases} n, & n = 0, 1 \\ f(n-1) + f(n-2), & \text{其他} \end{cases} \tag{9.1}$$

为了便于理解,我们将利用递归算法计算 $n = 5$ 时的斐波那契数的执行过程用一棵树表示 (如图 9.1)。树中的每个结点表示一次函数调用,如结点 fib(4) 表示输入参数为 4 时调用递归函数 fib( )。为了计算 fib(5),图 9.1 将所有被调用到的函数和调用关系都用树结构表示出来。显然,为了计算 fib(5),树中的每一个结点根据深度优先依次遍历到。然而,不难发现这棵树有许多重复的结点,如有 2 个 fib(3) 结点和 3 个 fib(2) 结点。这些重复的结点在求解过程中都会被重复的展开进行计算。因此,采用递归算法求解斐波那契数时,其函数调用中存在许多重复,这是导致其效率低下的主要原因。

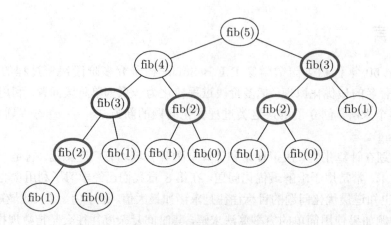

图 9.1 斐波那契数的递归求解

既然算法的实现过程存在诸多重复的函数调用,那么为了提高算法执行效率,应该考虑优化这些重复的函数调用。我们采用的方法非常简单,**记忆**。也就是说,在计算出一个输入参数为 n 的斐波那契数 fib(n) 后,就把 fib(n) 用表的形式存储下来。在函数递归调用前,首先在表中查找函数对应参数的值是否在表中。如果表中没有对应的值,说明该参数对应的函数还未被调用,那么就调用该参数对应的递归函数;否则,说明该参数的斐波那契数已经计算出来,这时就不用调用该参数对应的递归函数,而是直接将表中存储的斐波那契数返回即可。

以上过程见示意图 9.2,执行到结点 fib(4) 需要递归调用 fib(3) 和 fib(2),fib(3) 函数已经执行且返回值 3。此时,fib(4) 需要递归调用函数 fib(2),然而由于 fib(2) 的值已经在表中,因此不需要去展开结点 fib(2),而是直接查表得到 fib(2)=2,这样可以算出 fib(4)=5。

以上过程的实现见代码 9.1。memo 是 Python 的字典数据结构,它的关键字为参数 n,值为参数 n 对应的斐波那契数 fib(n)。在确定是否递归求解参数 n 的函数前,由代

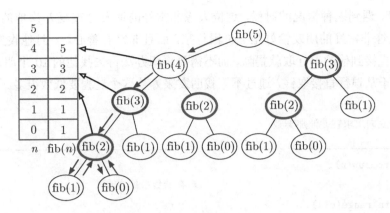

图 9.2　记忆中间过程

码 9.1 第 3 行来判断该参数 n 的斐波那契数是否存在于表中。如果该参数对应的斐波那契数存在，则直接返回表中的斐波那契数；否则，调用函数递归求解 fib(n)。需要特别注意的是，在求出 fib(n) 后，应将该值由代码 9.1 第 10 行将结果存储于变量 memo 中。

代码 9.1　利用记忆求解斐波那契数

```
1   memo = {}
2   def fib2(n):
3       if n in memo:                    # 查表
4           return memo[n]
5       else:
6           if n <= 2:                    # 边界条件
7               f = 1
8           else:
9               f = fib2(n-1) + fib2(n-2)    # 递归调用
10          memo[n] = f                   # 将结果存储于表中
11          return f
12
```

下面我们分析代码 9.1 求解斐波那契数的时间复杂度。求解 fib(n) 时，对于每一个参数对应的函数 fib( )，只存在一次递归调用，共有 n 次调用。这是因为第二次调用的时候，不需要递归展开，而只需要查表得到值，查表的时间复杂度为 $O(1)$。因此，按照代码 9.1 求解斐波那契数的时间复杂度为 $O(n)$。

通过以上求解斐波那契数的例子可以看到，利用**记忆**可以将原来指数时间复杂度的递归算法提高到线性时间复杂度。之所以有这样的变化，主要是因为求解斐波那契数的递归展开存在许多的重复子问题。存在重复的子问题，就可通过记忆来提高递归实现的效率。

为什么通过记忆这一实现技巧就可以提高算法效率？我们仍然以筹集善款的问题为例，求解该问题的策略是将自己需要筹集的款数分解，然后找朋友帮助筹集分解后的款项。显然，在不停地找朋友时，很有可能某人是许多人的朋友，那么他可能会接受到 k

份筹款邀请。遇到这种情况的时候，这位人缘非常好的朋友会重复 k 次他的筹款计划。如果这位人缘非常好的朋友恰好是一位银行家，而且非常有善心。一旦他收到筹款的邀请，就可以直接到他的银行取款捐献，而不需要再想办法再去找他的 10 个朋友筹钱。显然，相比较于从银行直接取钱，通过不停找朋友来筹款这个过程要低效很多。

代码 9.2　自底向上求解斐波那契数

```python
def fib_bottom_up(n):
    fib = {}                         # 存储结果的字典
    for k in range(n+1):
        if k<=2:                     # 边界条件
            f = 1
        else:
            f = fib[k-1]+fib[k-2]    # 自底向上填表
        fib[k] = f
    return fib[n]
```

除了利用记忆实现递归外，还可以用自底向上的方法来实现递归，如代码 9.2 所示。代码直接采用循环来代替递归函数调用。fib(0) 和 fib(1) 是边界条件，有了它们就可以求出 fib(2)。有了 fib(1) 和 fib(2)，则可以求 fib(3)。因此，索引 i 从 2 依次递增到 n，根据递归式仅仅使用循环，而非递归函数实现求解斐波那契数。

代码 9.2 的实现可看作如图 9.3 所示的执行过程。图中每一结点代表一个参数对应的斐波那契数。任意一个结点求值所需要的信息，都是已经求出的结点值。也就是说，当前结点的值只与该结点左边的结点有关，与该结点右边结点无关，而当前结点左边结点的值均已经算出。具体而言，如果要求 fib(5) 这个结点的值，需要知道这个结点左边结点的值，而该结点左边结点的值在求结点 fib(5) 之前便已经得到。

如果将代码 9.1 看作是自顶向下的求解斐波那契数，那么代码 9.2 就是自底向上求解斐波那契数。之所以称为自底向上，是因为在求解 fib(n) 的值时，我们从 fib(0)，fib(1)，fib(2) 开始直到 fib(n)。自底向上的实现递归，总是利用已知的信息去求未知的信息，这相当于对图 9.3 进行**拓扑排序**后得到的结点顺序。

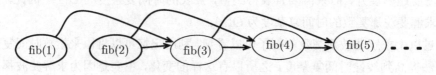

图 9.3　求解斐波那契数的有向无环图

代码 9.2 和代码 9.1 功能等价，且算法复杂度也是 $O(n)$。显然，由于代码 9.2 中没有递归，因此更易于分析其算法复杂度。本章后面的例子都将通过自底向上的方式来实现递归。

也许读者会非常惊奇，本节介绍的求解斐波那契数算法就是动态规划，似乎非常简单。的确，动态规划并不复杂，它求解问题的过程是有迹可循的。一般来说，利用动态规划求解问题可以归纳为以下 5 个简单的步骤：

(1) 定义子问题；

(2) 猜测部分解；

(3) 建立各个子问题之间的递归关系；

(4) 自底向上的求解递归式；

(5) 组合所有子问题的解从而获得原问题的解。

也许读者会奇怪为什么动态规划需要第二步的**猜测**，难道算法设计中需要靠猜才能得到解。猜的确在算法设计中有非常重要的作用，这里的猜主要是用于建立子问题解的关系，或者说是一种试探法。也就是说，如果对于一个待求解的问题，在对解的形式完全不清楚的情况下，何不先猜测一个解。这样便于建立各个子问题解之间的关系。后面各节将通过各类有趣的实例，来介绍动态规划如何利用以上 5 个步骤求解具体的优化问题。

下面对照求解斐波那契数的过程，简单描述一下各个步骤进行的计算：

- 子问题为 $fib(k)$，其中，$1 \leqslant k \leqslant n$，因此共有 n 个子问题
- 子问题的解由式 (9.1) 直接给出
- 各个子问题之间的递归关系同样可以根据式 (9.1) 得到
- 代码 9.2 给出了自底向上求解递归式 (9.1) 的实现，图 9.3 表明求解的过程满足拓扑排序
- 图 9.3 中最后一个单元 $fib(n)$ 就是原问题的解

从以上 5 个步骤不难看出，**记忆**、**递归**与**猜测**是动态规划的三个重要的组成部分。我们把动态规划归纳为：通过**递归**来得到求解子问题的策略，经由**猜测**来建立子问题解的关系，而利用**记忆**来得到递归的高效实现。

动态规划算法的运行时间等于**子问题数 × 每个子问题的求解时间**。以代码 9.1 而言，子问题个数为 n，每个子问题求解的时间 $O(1)$[①]，因此该算法的时间复杂度为 $O(n)$。

9.3　一维动态规划

在利用动态规划求解优化问题时，如果划分子问题的参数只有 1 个。在建立了子问题间的递归关系后，问题求解的过程就是根据递归式填写一张一维表的数据，本书将这类问题统称为一维动态规划问题。比如，求斐波那契数的参数就是 1 个，即待求斐波那契数的整数 n。因此，我们将 9.2 节求斐波那契数的问题归类为一维动态规划。下面将根据动态规划求解问题的 5 个基本步骤，向读者详细介绍如何根据这些步骤求解具体的问题。

---

① 这里第二次递归调用的时间复杂度为 $O(1)$。

9.3.1 拾捡硬币

假如有 n 个硬币排在一行,如

$$c[0], c[1], \cdots, c[n-1]$$

要求不能拾取相邻的两个硬币,以获得累加面值最大的拾取子序列。比如,有面值如下的硬币:

$$5, 1, 2, 10, 6, 2$$

可以拾取 $5 + 2 + 6 = 13$,也可以拾取 $1 + 10 + 2 = 13$。以上两种拾取的硬币均不相邻,因此都是符合要求的拾取方式。但是,最大总面值的拾取应是 $5 + 10 + 2 = 17$。这个拾取首先没有相邻的硬币,而且是所有可行拾取中累加面值最大的一个拾取。

以上问题最直接的算法是求出所有可行的拾取子序列,并求出它们各自的累加值,其中累加值最大的序列就是所求结果。也就是,从输入序列中穷举所有可行序列。由于序列中每一个元素要么在所求序列中,要么不在,这样将有 2^n 个可行序列。因此,采用穷举法来求解该问题的算法效率是指数规模,下面将介绍通过动态规划来获得一个更为高效的算法。

定义子问题

不妨设从硬币 $c[0]$ 直到 $c[i]$ 中累加和最大的值为 collect_coins(i)。如果将每一个硬币都当成一个字符,输入硬币的前缀 $c[:i]$ 就是定义的子问题,该子问题的求解函数示为 collect_coins( )。由于 i 取值 $[0, n-1]$,因此子问题的个数为 n。

猜测解

利用动态规划求解斐波那契数时,由于直接给出了斐波那契数的递归式,因此并不需要猜测解这一步。然而,当利用动态规划求解大部分问题时,都需要我们构建问题的递归解。为了求得子问题的解,就需要使用猜测这一方法。猜测就是一种尝试或者假设。对于子问题 $c[:i]$,考察硬币 $c[i]$,它存在两种可能的猜测:

- 最优解不包括第 i 个硬币。那么前 i 个硬币累加和最大值应等于 collect_coins($i-1$)
- 最优解包括第 i 个硬币。那么前 i 个硬币累加和最大值则等于 collect_coins($i-2$)+c[i]

如图 9.4 所示,在子问题 $c[:i]$ 的解中,我们考察硬币 $c[i]$。对于 $c[i]$,不妨先猜测最优解中不包括硬币 $c[i]$,则子问题 $c[:i-1]$ 的解等于子问题 $c[:i]$ 的解。比如 $c[:i]$=[5, 1, 2, 10, 6],该子问题的解为 $5 + 10 = 15$,最后的硬币 6 不在最优解中,那么将硬币 6 拿开后剩余的子问题为 $c[:i-1]$=[5, 1, 2, 10],这个子问题的解依然是 $5 + 10 = 15$。

此外,硬币 $c[i]$ 也可能就在最优解中,那么子问题 $c[:i]$ 的解应等于子问题 $c[:i-2]$ 的解加上硬币 $c[i]$ 的面值。比如,子问题 $c[:i]$=[5, 1, 2, 10],其最优解为 $5 + 10 = 15$。硬币 10 在最优解中,那么子问题 $c[:i-2]$=[5, 1] 的最优解为 5,因此子问题 $c[:i]$ 的最优解 15 等于子问题 $c[:i-2]$ 的最优解 5 加上 $c[i]$=10。

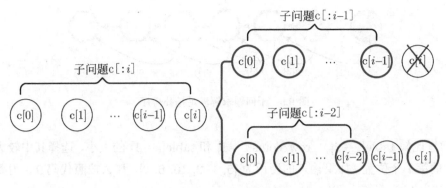

图 9.4　猜测部分解

子问题之间的递归关系

根据以上分析，不难得到子问题之间的递归关系：

$$\text{collect\_coins}(i) = \max\{c[i-1] + \text{collect\_coins}(i-2), \text{collect\_coins}(i-1)\}, i \geqslant 2 \quad (9.2)$$

该递归式表明 $\text{collect\_coins}(i)$ 要么等于 $\text{collect\_coins}(i-1)$，要么等于 $\text{collect\_coins}(i-2)+c[i-1]$。由于原问题是求最大的累加面值，因此 $\text{collect\_coins}(i)$ 的值应该等于它们之中较大的那个。当没有硬币时，$\text{collect\_coins}()=0$。只有一个硬币的话，$\text{collect\_coins}()$ 应该等于当前的硬币面值。因此，式 (9.2) 的边界条件为，

$$\text{collect\_coins}(0) = 0, \text{collect\_coins}(1) = c[0]$$

递归式 (9.2) 存在诸多重复的子问题，如 $\text{collect\_coins}(1)$, $\text{collect\_coins}(2)$, $\text{collect\_coins}(3)$ 等。此外，还存在优化的子结构，也就是原问题的最优解可由各个子问题的最优解合成得到。这意味着如果采用自底向上的方法实现递归式 (9.2)，可以获得较高的执行效率。

自底向上构造动态规划表

建立了子问题间的递归关系，就可以利用自底向上的方法求解递归关系。自底向上实现递归的本质就是填表，我们称该表为动态规划表。一个子问题就对应于表格的一个单元格，每一个单元格的值经由递归式来完成计算。因此，单元格在计算过程中存在相互依赖关系。

为了保证动态规划表内每一个单元格在计算过程中都有足够的数据，因此填表的过程必须满足拓扑排序。也就是说，表中某个单元的值只依赖于已有值的单元格。如图 9.5 所示，每一个结点代表一个子问题，该子问题要么依赖于前一个结点，要么依赖于前两个结点。图 9.5 中最左边的两个结点代表初始值，有了初始值就可以按照图中所示的方向从左向右依次求解各个子问题的解。

可以根据图 9.5 所示的结构，设计自底向上的填表程序，见代码 9.3。该代码与上节求解斐波那契数自底向上实现代码类似，首先声明了一个变量为 table 的表（动态规划

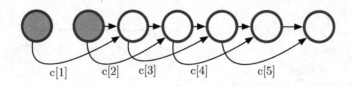

图 9.5 子问题求解满足拓扑排序

表)，通过比较 $\text{table}[i-2] + \text{row\_coins}[i-1]$ 和 $\text{table}[i-1]$ 的大小，选择其中较大的填入表中的第 i 个位置。如果输入的硬币为 [5, 1, 2, 10, 6, 2]，那么按照代码 9.3 得到的表格值如表 9.1 所示。

代码 9.3 自底向上实现递归策略

```python
def bottom_up_coins(row_coins):
    table = [None] * (len(row_coins) + 1)      # 申明表格
    table[0] = 0                               # 表格初始化
    table[1] = row_coins[0]
    for i in range(2, len(row_coins)+1):
        table[i] = max(table[i-2] + row_coins[i-1], table[i-1])   # 填表
    return table
```

表 9.1 自底向上方法得到的表格值列表

i	0	1	2	3	4	5	6
table[i]	0	5	5	7	15	15	17

动态规划求解拾捡硬币问题的子问题个数为 $O(n)$，每一个子问题的复杂度为 $O(1)$，因此算法的时间复杂度为 $O(n)$。

原始问题的解

最终解存储于表格的最后一个单元。如果需要返回到底捡了哪几个硬币，可以根据表的值得到最终解。这一信息可以根据表中每一个单元来自于之前的哪个单元（父结点）得到。当前单元的值只与它左边的两个格子有关，当 $\text{table}[i]>\text{table}[i-1]$，则意味着 $\text{table}[i]$ 的父结点应该是 $\text{table}[i-2]$。从单元格的最后一位开始计算，得到的结果存储于 select，实现见代码 9.4。

代码 9.4 回溯得到拾捡硬币问题最优解

```python
def trace_back_coins(row_coins,table):
    select = []
    i = len(row_coins)   # i 从表格最后一位来索引
    while i >= 1:
        if table[i] > table[i-1]:
```

```
6          select.append(row_coins[i-1])
7          i -= 2
8      else:
9          i -= 1
10     return select
```

求解原始问题的算法只有一个循环，它遍历有 n 个元素的表格，因此其时间复杂度为 $O(n)$。

需要特别指出的是，采用动态规划求解问题时的动态规划式并不是唯一的。这与如何设定子问题，以及如何构建子问题间的关系有关。比如，拾捡硬币还可以假设 collect_coins$[i]$ 为第 0 个到第 i 个硬币的最优解，那么得：

$$\text{collect\_coins}(i) = \max(c[i] + \text{collect\_coins}[j]_{j \leqslant i-2}) \tag{9.3}$$

此时，由于 i 是子问题最优解的索引，因此子问题 collect_coins(i) 的解应该等于子问题 collect_coins$[j]$ 的解加上第 i 个硬币面值 c$[i]$。然而，满足要求的 j 不止一个。对于所有可能符合要求的 j，即 $j \leqslant i-2$ 均需要依次计算，其中最大值对应的索引就是符合要求的 j。读者可以根据以上递归式完成程序设计，并验证算法的正确性。

9.3.2　连续子序列和的最大值

在 6.2 节介绍了利用分治算法求解股票买卖问题，并且已经知道这个问题可以转化为求连续子序列和的最大值问题。如股票价格为 $[10, 11, 7, 10, 6]$，那么前后两日的收益差值为 $[1, -4, 3, -4]$。原问题就变换成给定一个序列，找出其中连续累加值最大的子序列，序列 $[1, -4, 3, -4]$ 中 $[3] = 3$ 即为连续累加值最大的子序列，意味着在股票价格为 7 的时候买入，股价为 10 的时候卖出将获得最佳收益，收益值为 3。

当给定 n 个元素的序列 A，求和最大的连续子序列时，输入序列元素必须包含负值才有意义。否则当输入序列均为正值，那么连续子序列和最大的就是原序列本身。

该问题最简单的算法就是穷举给定序列的所有子序列，然后求得子序列累加和的最大值。对于有 n 个元素的序列，其所有连续子序列的个数为 n^2。该问题也可以用分治法来求解，读者也可以参考 6.2 节设计一个分治算法来求解该问题，分治算法的时间复杂度为 $O(n \log n)$。下面将根据动态规划求解问题的基本步骤，介绍时间复杂度为 $O(n)$ 的算法。

定义子问题

该问题输入的是一个有 n 个元素的序列 A，与上一节类似不妨设 P(i) 为直到第 i 个元素的最大和，也就是将输入序列的前缀作为子问题。每一个元素就对应一个子问题，子问题的个数为 $\Theta(n)$。

猜测解

对于子问题 P(i)，考察元素 A$[i]$=-5，如图 9.6 所示。该元素要么在子问题的解中，要么不在，也就是：

- 子问题 P(i) 的解包括第 i 个元素，如图 9.6 第 2 行所示。此时有 P(i)=P(i − 1)+A[i]；
- 子问题 P(i) 的解不包括第 i 个元素，如图 9.6 第 3 行所示。意味着需要从第 i 个元素开始重新计算值，即 P(i)=A[i]。

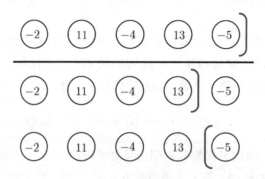

图 9.6　猜测解

子问题之间的递归关系

根据以上分析，可以建立子问题间的递归关系如下：

$$P(i) = \max\{P(i - 1) + A[i], A[i]\} \tag{9.4}$$

初始条件为

$$P(0) = 0$$

这个递归式与之前拾捡硬币问题的递归式类似，都是当前子问题的解只与已经求得解的子问题有关，也就是递归求解的过程满足拓扑排序。

自底向上构造动态规划表

对于每一个子问题的解，由于只与已经求出的子问题解有关。也就是说，如果将各个子问题间的关系画成图，求解该问题的过程就相当于在图上做拓扑排序。因此，可得自底向上实现的递归关系，见代码 9.5。

代码 9.5　自底向上实现子序列和最大值的递归策略

```python
def bottom_up_cont_subseq(alist):
    table = [None] * (len(alist) + 1)
    table[0] = 0
    for i in range(1, len(alist)+1):
        table[i] = max(table[i-1] + alist[i-1], alist[i-1])
    return table
```

代码 9.5 首先声明一个表格 table 用于记录子问题的解,table 就相当于递归式中的 P。然后,从第 1 个元素开始索引,按照递归关系求得每一个子问题的解。

以输入序列 A=[$-2, 11, -4, 13, -5, 2$] 为例,那么按照代码 9.5 得到的动态规划表见表 9.2。以 $i = 2$ 为例,该单元格的值要么等于 A[2]=11,要么等于 A[2]+table[1]=9。table[2] 应该取这两者中的最大值,即 table[2]=11。

表 9.2 中 table 单元格内的最大值 20 即为序列 A 中连续子序列和的最大值,也就是 P(n)=20。代码 9.5 有一个次数为 n 循环,循环内部比较两个值的时间复杂度为常数。因此,根据动态规划求解连续子序列和的算法时间复杂度为 $O(n)$。

表 9.2 自底向上方法得到的表格值列表

i	0	1	2	3	4	5	6
table[i]	0	-2	11	7	20	15	17

原始问题的解

在求得动态规划表以后,可得最优解为 max(P)=20。如果还需要返回具体的最优序列 [$11, -4, 13$],同样可以由回溯法得到该序列,实现见代码 9.6。

代码 9.6 中,首先得到 table 中最大元素位置,然后从这个位置开始依次找到其"父结点",也就是确定当前元素的值是由它左边的哪个子问题得到。由于每一个 table 元素的父结点只有两种可能,因此只需做一次判断就可以确定当前元素的父结点。

代码 9.6 回溯得到子序列和最大问题的最优解

```python
def track_back_subseq(alist, table):
    import numpy as np              # numpy 是 python 中常用的数学库
    select = []
    max_sum = max(table)
    ind_max = np.argmax(table)      # 得到 table 中最大值索引
    while ind_max >= 1:
        if table[ind_max] == alist[ind_max-1]+table[ind_max-1]:
            select.append(alist[ind_max-1])
            ind_max -= 1
        else:
            select.append(alist[ind_max-1])
            break
    return select
```

9.3.3 疯狂的 8

计算机安装微软 Windows 操作系统的读者,对其中一款叫空中接龙的游戏一定不陌生。游戏中有 4 叠扑克,系统随机给出一张扑克 $c[i]$,玩家确定将这张扑克放置于 4 叠扑克中的哪一叠。如果当前扑克 $c[i]$ 与当前叠中的扑克 $c[j]$ 配对，那么该叠扑克从 $c[i]$ 到 $c[j]$ 之间的扑克将被系统收走，玩家的目标就是尽可能消减这 4 叠扑克的数量。

图 9.7　输入序列

本节的问题与空中接龙游戏类似，都是扑克匹配问题。给定一个扑克序列 $c[0]$，$c[1]$，$\cdots$，$c[n-1]$（如图 9.7 所示），要求找出最长的配对子序列 $c[i_1]$，$\cdots$，$c[i_k]$，其中 $i_1 < i_2 < \cdots < i_k$。如果两张扑克 $c[i_j]$ 和 $c[i_{j+1}]$ 配对，意味以下之一条件必须满足：

- 这两张扑克有相同的面值
- 这两张扑克有相同的花色
- 其中一张面值是 8

如果以上条件满足，就称这两张扑克配对，记为 $c[i_j] \sim c[i_{j+1}]$。图 9.7 所示的输入序列对应的最长配对子序列就是 $c[0]$, $c[2]$, $c[3]$, $c[4]$ 这四张扑克。我们将这个问题称为疯狂的 8，因为面值为 8 的扑克最为特殊，可以与其他任何牌面配对。

疯狂的 8 是一个优化问题。可以利用穷举法列出 n 张扑克的所有子序列，然后选出其中最长的配对子序列。但是，由于得到 n 张扑克子序列是指数时间复杂度，因此我们寻求通过动态规划来得到一个更为高效的算法。

定义子问题

假如有一个函数 trick( ) 可以求解从 $c[0]$ 直到 $c[i]$ 间的最长配对子序列，即从扑克 $c[0]$ 直到 $c[i]$ 最长配对子序列可由 trick($c[:i]$) 计算。与连续子序列和问题类似，都是将输入序列的前缀作为子问题。由于 $0 \leqslant i \leqslant n$，因此子问题的个数为 $\Theta(n)$。

猜部分解

图 9.8 中能与扑克 $c[i]$ 配对的是哪张扑克？不妨猜测是来自某张扑克 j，其中 $j = 0, 1, 2, \cdots, i-1$。$c[i]$ 与 $c[j]$ 这两张扑克可配对，我们用 $c[i] \sim c[j]$ 来表示配对关系。由于是猜测，因此满足条件的 $c[j]$ 可能不止一张，那就将所有可能的 j 都计算出来，然后取满足条件的那个。到底哪个 j 能满足条件呢？显然应该选择这些能与 $c[i]$ 配对中 trick 值最大的那张扑克，即如图 9.8 虚线所对应的扑克。

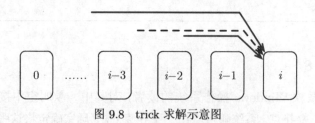

图 9.8　trick 求解示意图

建立递归关系

根据以上分析，不难得到如下递归式：

$$\text{trick}(i) = \max[1 + \text{trick}(j)_{j<i,c[i]\sim c[j]}] \tag{9.5}$$

在构建递归关系时，我们也可以这样考虑。第一张扑克的 trick(0)=1（边界条件），第二张扑克如果可以与第一张扑克配对，则有 trick(1)=trick(0)+1，否则 trick(1) = 1。第三张扑克的 trick 值需要考虑前两张扑克能否与它配对，对于不能与 c[2] 配对的扑克不需要考虑，因为对 c[2] 的计算没有贡献。如果只有一张能与 c[2] 配对，如是 c[1]，那么 c[2] = c[1]+1。如果前两张都能与 c[2] 配对，那么选择前两张中 trick 值最大的与 c[2] 配对。

自底向上实现递归

通过式 (9.5)，可以求出所有 n 张扑克对应的 trick 值，最大 trick 值就是最长配对子序列的长度。式 (9.5) 是一个典型的递归函数，求解前 i 张扑克问题的解时，需要知道前 $i-1, i-2, \cdots, 0$ 张扑克问题的解。这意味着递归式 9.5 的求解满足拓扑排序，可以通过自底向上的方法来实现。以图 9.7 的输入为例，可得到如表 9.3 所示的一维动态规划表。

表 9.3 疯狂的 8 的动态规划表

i	0	1	2	3	4
trick[i]	1	2	2	3	4

同时，式 (9.5) 也表明存在许多重复的子问题。如在求第 i 和第 $i-1$ 张扑克问题的解时，$i-2, \cdots, 0$ 分别被求了两次。因此，通过自底向上实现递归可以提高算法效率，实现见代码 9.7。

代码 9.7 自底向上求解疯狂的 8

```python
1  import numpy as np
2  def crazy_eight(cards):
3      trick = {}
4      parent = {}
5      trick[0] = 1
6      parent[0] = None
7      for i, ci in enumerate(cards):
8          tem_trick = []
9          if i > 0:
10             for j, cj in enumerate(cards[:i]):
11                 if is_trick(ci,cj):
12                     tem_trick.append(trick[j])
13                 else:
14                     tem_trick.append(0)
```

```
15          max_trick = max(tem_trick)
16          trick[i] = 1+max_trick
17          ind_max = np.argmax(tem_trick)
18          if is_trick(ci,cards[ind_max]):
19              parent[i] = ind_max
20          else:
21              parent[i] = None
22      return trick, parent
```

代码 9.7 中第 7 行遍历所有扑克，第 10 行的循环遍历第一张扑克直到当前第 i 张扑克，即 c[: i]。循环变量经由 enumerate( ) 函数（第 10 行）遍历序列中的元素以及它们的索引。因此，循环索引可以用两个变量 i, $c[i]$，它们分别表示扑克的下标和扑克的值。trick 是字典类型变量，它的 key 是参数索引 i，key 对应的值为从 0 到 i 的最长扑克配对数。代码 9.7 第 11 行调用函数 is_trick( )（见代码 9.8），用于判断两张扑克是否配对。

代码 9.8 判断两张扑克是否匹配

```
1  def is_trick(c1, c2):
2      if c1[0] == c2[0]:
3          return True
4      elif c1[1] == c2[1]:
5          return True
6      elif c1[0] == '8' or c2[0]=='8':
7          return True
8      else:
9          return False
```

代码 9.7 中，第 10 行～第 14 行求解每一个子问题，也就是尝试每一个猜测，最后选择其中的最大值作为当前 trick 的值。每一个子问题的求解时间复杂度为 $O(n)$，共有 $O(n)$ 个子问题。因此，代码 9.7 的时间复杂度为 $O(n^2)$。

为了测试算法，需要随机产生 n 张扑克，其实现见代码 9.9。变量 SUITS 为扑克的四种花色，RANKS 则表示扑克的十三种牌面值。代码 9.9 第 7 行中通过函数 itertools.product 实现 RANKS 和 SUITS 的笛卡尔积（直积），也就是从 RANKS 中依次取出一个牌面值与 SUITS 中的四个花色组成序对存储于变量 card。通过.join 对序对添加引号。第 8 行将生成的扑克序列进行随机的洗牌。如果 $n = 10$，那么函数 generate_cards( ) 的输出就是形如 ['3d', 'Jc', '8h', '3c', '3h', '6s', 'Kc', 'As', '4c', 'Kd'] 的输出结果。

代码 9.9 随机产生扑克

```
1  # 随机产生 n 张扑克
2  def generate_cards(n):
```

```
3    import random
4    import itertools
5    SUITS = 'cdhs'                         # 四种花色
6    RANKS = '23456789TJQKA'                # 十三种面值
7    DECK = tuple(' '.join(card) for card in itertools.product(RANKS, SUITS))
8    hand = random.sample(DECK, n)
9    return hand
```

代码 9.9 中函数 generate_cards( ) 只考虑了随机生成 n 张扑克，而没有考虑生成 n 副扑克。读者可以考虑修改该函数，让它的输出是 n 副扑克。其中，1 副扑克有 54 张扑克。

得到原问题的解

原问题的解即为表格 trick 中取最大值。如果还需要返回具体是哪几张扑克，就需要在填表时增加每一个表格的父结点这一信息，父结点就是使得 $trick[i]$ 取最大值的某一个具体的 j。代码 9.7 第 18 行～第 21 行实现了填写父结点的内容，父结点信息存储于字典 parent 变量中。

代码 9.10 中的函数 get_longest_subsequence( ) 根据 parent 返回最长配对的扑克。第 2 行首先找到字典 trick 中值最大值对应的关键字，然后将该关键字对应的扑克存储于列表变量 subsequence 中。第 6 行根据 parent 记录的父结点信息，找到下一张配对扑克索引。

代码 9.10　得到疯狂的 8 的问题解

```
1    def get_longest_subsequence(cards, trick, parent):
2        ind_max = max(trick.keys(), key=(lambda key: trick[key]))
3        subsequence = []
4        while ind_max is not None:
5            subsequence.append(cards[ind_max])
6            ind_max = parent[ind_max]
7        subsequence.reverse()
8        return subsequence
```

9.3.4　文本排版

现代办公离不开文字处理软件，如金山 WPS、微软的 Word 或者是 Latex 等，这些软件都能将键入的单词进行合理排版，得到一份非常漂亮的文档。给定一组单词和页面宽度，这些排版软件能将单词合理排在每一行，从而得到"美观"排版结果。本节将介绍动态规划算法如何解决文字排版的问题。

输入是 n 个单词和页面宽度 w，输出是每一行词的分布。排版单词时，要求不改变各单词原来顺序，且页面每一行各个单词累加的长度不能超过页面宽度。

在解决以上问题之前，需要先定义什么是"美观"的排版。直观来说，一行文字如果空格很多，那么这行就不是一个美观的排版。因此，通过变量 badness 来量化一行的难看程度

$$
\text{badness}(i, j) = \begin{cases} \infty, & \text{如果 } wl > wp \\ (wp - wl)^3, & \text{其他} \end{cases} \tag{9.6}
$$

其中，wl 表示第 i 个词到第 j 个词的累加宽度，wp 是页面宽度。假如，页面宽度 $wp = 20$，有 4 个单词序列 [panda, panda, panda, panda]，各个单词有 5 个字母，其宽度均设为 $ww = 5$。那么，当一行中只有前 2 个单词时，$\text{badness}(1, 2) = (20 - (5 + 5))^3 = 1000$；而一行中有输入序列的前 3 个单词时，$\text{badness}(1, 3) = (20 - (5 + 5 + 5))^3 = 125$。也就是说，一行中只排版了两个单词的话，我们用 1000 来表示其难看程度。如果该行排了 3 个单词，那么其难看程度是 125。这表明该行排 3 个单词比排 2 个单词要美观，这是因为排 3 个单词时页面的空白处相比较于排 2 个单词的空白要小。$badness$ 函数中 $wp - wl$ 取立方，是为了增加 $wp - wl$ 的差异值，即凸显一行中空白的不美观度。

有了以上量化函数，问题就变成求得一种排版结果，使得 badness 的值最小。显然，这是一个优化问题。对于优化问题，可以首先尝试采用"贪心"算法进行求解，即从 n 个输入单词中选择前面的 k 个词"美观"的排在第一行，然后依次将所有的词排列于各行。但是，用贪心算法来求解该问题，尽管前面各行"美观"的排在了一行，但并不能总体上保证所有的行都排的很美观。比如，word[0] = 'panda', word[1] = 'panda', word[2] = 'panda', word[3] = 'panda', word[4] = 'reallongwordsfor'。页面宽度 $pw = 16$。

按照贪心算法，应该将前 3 个词排在第一行，这对第一行而言是最美观的排版。但是，第二行就只能排下第 4 个词，第 5 个词排在第 3 行。对第二行而言，显然其排版结果非常不美观。按照贪心算法其排版结果如图 9.9 的左图。同样这些单词，一个更为美观的排版应该如图 9.9 的右图。显然，对于这种排版方式第一行并不是最优排版结果，但排完所有单词后总体排版结果是最美观的。读者可以根据式 (9.6) 分别求出图 9.9 各自的 badness，从而验证哪种排版是更为美观的排版结果。

贪心算法排版　　　更为合理的排版

图 9.9　排版结果比较

定义子问题

首先定义子问题，由于输入的是单词序列，那么不妨设 words[:i] 为子问题，也就是输入序列的前缀作为子问题。将这些单词的 badness 记为 DP[i]，这里的 DP 与本章前几

节定义子问题的函数类似，都表示一维动态规划表。由于 i 可以取 0 到 n 之间的值，因此共有 n 个子问题。

猜部分解

在定义了子问题后，就需要建立子问题间的递归关系，为此，考察子问题的解 $DP[i]$，显然子问题最为特殊的就是最后一行。也就是说，与单词 i 在同一行的词应该在什么地方切分。

如图 9.10，这时不妨猜测第 j 个单词与词 i 为同一行。然而，这个猜测并不一定准确，单词 j 究竟是哪一个并不能确定。单词 j 的范围我们知道应该是第 0 个单词到第 $i-1$ 个单词之间的某一个。因此，既然不能确定 j 究竟是哪一个，那就将它所有可能的范围都计算一遍。其中，让值 $DP[i]$ 取最小值的 j 就应该是与 i 同一行的第一个单词。

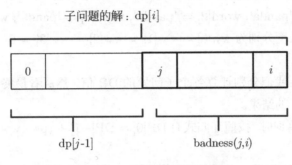

图 9.10 子问题解之间关系

根据以上分析，可以得到子问题间的递归式：

$$DP[i] = \min\{\text{badness}(j, i) + DP[j-1]\}_{0 \leqslant j \leqslant i-1} \tag{9.7}$$

当没有单词时，排版的 badness 应该等于 0。因此，边界条件 $DP[-1] = 0$。

自底向上求解递归式

按照递归式 (9.7)，可以很容易地将上式按照自底向上的方式实现，见代码 9.11。代码第 2 行将输入单词序列按照空格提取每一个单词的长度，将长度值存储于变量 words。代码 9.11 第 6 行的循环遍历每一个单词，第 8 行内循环遍历第一个单词到当前单词。变量 tem_sum 存储内循环中各个 j 对应的 DP 值。

从该实现可以看出算法共有 n 个子问题，每一个子问题的执行时间是 $O(n)$。因此，代码 9.11 的时间复杂度为 $O(n^2)$。

代码 9.11 文字排版的动态规划算法

```
1  def text_justification(text, pw):
2      words = [len(word) for word in text.split()]
3      len_words = len(words)
4      DP = {}
```

```
5       DP[0] = 0 # 边界条件
6       for i in range(1,len_words+1):
7           tem_sum = []
8           for j, wj in enumerate(words[:i]):
9               badness = (pw - sum(words[j:i]))**3
10              if badness < 0:  # 越界
11                  badness = float("inf")
12              tem_sum.append(DP[j] + badness)
13          DP[i] = min(tem_sum)
14      return DP
```

为了让读者更容易理解递归式 (9.7)，下面将通过一个实例来详细说明如何求解 DP$[i]$ 以及如何利用该表划分单词。假设有 5 个单词的输入序列，分别是 word[0] = 'panda', word[1] = 'panda', word[2] = 'panda', word[3] = 'panda', word[4] = 'reallong-wordsfor'。各单词长度分别为 ww[0] = ww[1] = ww[2] = ww[3] = 5, ww[4] = 15。其中，页面宽度 pw = 16。

根据代码 9.11，我们分别计算各个子问题的 DP 值，然后看最终的排版结果是否是如图 9.9 的右图所示的结果。

当只有第一个单词时，按照递归式有 DP$[0]$ = DP$[-1]$ + (pw$-$ww$[0]$)^3 = 0+$(16-5)^3$ = 1331。

当有单词序列的前两个单词时，DP$[1]$ 要么等于 DP$[-1]$+(pw$-$ww$[0]$$-ww[1]$)^3= 0+216= 216，或者 DP$[0]$+(pw$-ww[1]$)^3=1331+1331=2662。显然，两者取小的赋值给 DP$[1]$ = 216。

单词序列为前三个单词时，DP$[2]$ 的计算需要考虑以下三种情况：

- DP$[2]$ = DP$[-1]$+(pw$-$ww$[0]$$-ww[1]$$-ww[2]$)^3 = 0 + 1 = 1
- DP$[2]$ = DP$[0]$+(pw$-$ww$[1]$$-ww[2]$)^3 = 1331 + 216 = 1647
- DP$[2]$ = DP$[1]$+(pw$-$ww$[2]$)^3 = 216 + 1331 = 1647

上述三种情况取最小值的话，可得 DP$[2]$ = 1。

单词序列为前四个单词时，DP$[3]$ 的计算需要考虑以下四种情况：

- DP$[3]$ = DP$[-1]$+(pw$-$ww$[0]$$-ww[1]$$-ww[2]$$-ww[3]$)^3 = 0 + ∞ = ∞，单词总长度超出了页面宽度
- DP$[3]$ = DP$[0]$+(pw$-$ww$[1]$$-ww[2]$$-ww[3]$)^3 = 1331 + 1 = 1332
- DP$[3]$ = DP$[1]$+(pw$-$ww$[2]$$-ww[3]$)^3 = 216 + 216 = 432
- DP$[3]$ = DP$[2]$+(pw$-$ww$[3]$)^3 = 1 + 1131 = 1332

上述四种情况取最小值的话，可得 DP$[3]$ = 432。

单词序列为前五个单词时，DP$[4]$ 的计算需要考虑以下五种情况：

- DP$[4]$ = DP$[-1]$+(pw$-$ww$[0]$$-ww[1]$$-ww[2]$$-ww[3]$$-ww[4]$)^3 = 0 + ∞ = ∞，单词总长度超出了页面宽度

- $\text{DP}[4] = \text{DP}[0]+(\text{pw}-\text{ww}[1]-\text{ww}[2]-\text{ww}[3]-\text{ww}[4])^3 = 1331 + \infty = \infty$，单词总长度超出了页面宽度
- $\text{DP}[4] = \text{DP}[1]+(\text{pw}-\text{ww}[2]-\text{ww}[3]-\text{ww}[4])^3 = 216 + \infty = \infty$，单词总长度超出了页面宽度
- $\text{DP}[4] = \text{DP}[2]+(\text{pw}-\text{ww}[3]-\text{ww}[4])^3 = 1 + \infty = \infty$，单词总长度超出了页面宽度
- $\text{DP}[4] = \text{DP}[3]+(\text{pw}-\text{ww}[4])^3 = 432 + 1 = 433$

上述五种情况取最小值的话，可得 $\text{DP}[4] = 433$。

有了以上各个子问题的值之后，便可知如何划分单词。为了便于说明，我们将以上的计算过程用图 9.11 表示出来。其中，通过表格下面的线段表示每一个子问题的值来自于前面的哪个子问题，也就是如何划分单词到每一行。图 9.11 中的虚线表示切分位置，也就是词 word[0] 和 word[1] 置于一行，word[2] 和 word[3] 置于一行，word[4] 置于一行。因此，通过动态规划得到了一个优化的排版结果。

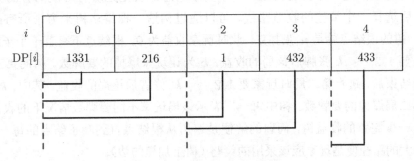

图 9.11　排版问题的动态规划表

代码 9.11 仅仅计算了输入单词序列的动态规划表的值，并没有给出按照动态规划算法得到的切分结果。读者可以修改代码 9.11，从 DP 表每一个单元的指向关系得到每一行单词的排版结果。

9.3.5　完全信息的 21 点

21 点是又名黑杰克（Black Jack），起源于法国，是世界各地赌场最为流行的游戏之一。游戏中有两个角色，分别是庄家和玩家。庄家一般是 1 位，而玩家人数则不限。为了描述方便，我们假设只有 1 位玩家。庄家先给玩家发两张牌，再给自己发两张牌。大家手中扑克点数的计算是：K、Q 和 J 牌都算作 10 点。A 牌既可算 1 点也可算作 11 点，由玩家自己决定，其余所有 2 至 9 均按其原面值计算。根据手上已有的两张扑克，玩家开始要牌。玩家可以随意要多少张，目的是让手上扑克总数尽量等于 21 点，但不能超过 21 点。一旦所有的牌面值累加起来超过 21 点，这种状况称为爆掉 (Bust)。假如玩家没爆掉，又决定不再要牌了，这时庄家按照固定的策略要牌。其策略是：如果庄家所有牌面点数不到 17，他就一直要牌；直到他所有牌面点数超过（包括）17 点，则停止要牌。最后，庄家和玩家相互比较手上牌的总点数，点数大的胖。游戏过程中，只要有一方的牌面总点数爆掉，就判输，并开始新的一局。

　　假如现在只有两人在玩这个游戏，一个是庄家，另一个是玩家。我们需要编写一个软件来帮助玩家与庄家对战，从而使得玩家在多次对局中的总收益最大。假定获胜一次赢得 1 元奖励，输的一方失去 1 元，相同分数意味着平局，平局即没钱进也不出钱。我们还假设，为了赢得这个游戏，玩家戴了一个特殊的 X 射线眼镜，他可以看到庄家未发的整副扑克的点数，即

$$c_0, c_1, \cdots, c_{n-1}$$

　　当将桌面上的扑克序列作为输入传给软件，软件需要提供给玩家的就是帮助其决策，即连续要几张牌或不要牌。由于所有扑克牌面均已知，且庄家的策略固定，因此玩家在每一局的策略不仅会决定当前局次的收益，而且对后面局次收益有直接影响。这意味着玩家为了获取最大的总收益，可能会故意输掉其中的一些局次，为的是在此后局次中获得更多收益。

　　以上问题显然是一个优化问题，一个简单的想法就是把所有可能的牌面分布穷举出来，然后选择一个最佳的收益路线。可以通过构造一棵策略树来穷举所有的解（如图 9.12）。树的根结点就是 n 张扑克，此时玩家收益为 0。根结点下有若干个子结点，分别表示只要 $1, 2, \cdots, k$ 张牌后该局的收益，k 为让玩家爆掉的要牌数。树的第三层则是在第一局结束后，进行第二局时玩家要 $1, 2, \cdots, k'$ 张牌后该局的收益。其中，k' 等于让玩家在第二局爆掉的要牌数。树中每一层表示该局玩家不同要牌数情况下的收益。依此便可构造一棵完整的收益树，问题的解便是遍历从根结点直到叶子结点的每一条路径，累加和最大的路径便是玩家应该采用的策略（树上加黑的边）。

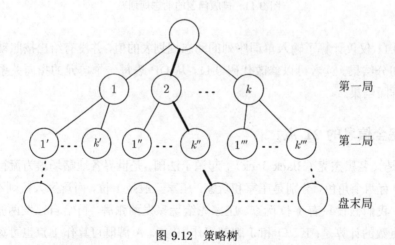

图 9.12　策略树

　　采用以上算法可以求得满足要求的解，但由于需要遍历策略树的每一条路径，而树中每一层的结点是按指数规模增长，这表明穷举法是一个非常低效的算法。为此，下面将寻求动态规划的解法，以便得到一个多项式时间的算法。

定义子问题

按照动态规划求解问题的步骤，首先定义子问题。假设 i 是剩余的扑克数，BJ(i) 则

是剩余扑克为 c_i, c_{i+1}, $\cdots$, c_{n-1} 的最佳收益数。BJ(i) 就是定义的子问题，显然 i 的取值范围从 0 到 n，因此子问题的个数为 n。在前几节，如果把输入序列看作一个串，那么其子问题就是这个串的前缀。与之前定义子问题的方式不同，这次我们将输入串的后缀作为子问题[①]。

猜测解

根据定义的子问题，利用猜测来建立子问题间的关系。由于只有两人对战，而且庄家的策略已知，那么唯一不确定的就是玩家会要几张牌。不妨猜测一下玩家抓了多少张扑克，如果这个值确定，那么就可以确定这一局将用掉 k 张牌。那么，下一局的子问题就变为 BJ($i+k$)。

这两个子问题之间的关系是什么？BJ(i) 表示剩余扑克为 c_i, c_{i+1}, $\cdots$, c_{n-1} 的最佳收益数，那么 BJ($i+k$) 表示剩余扑克为 c_{i+k}, c_{i+k+1}, $\cdots$, c_{n-1} 的最佳收益数。它们之间的差异就是局次的收益，该局次消耗的扑克为 c_i 直到 c_{i+k}。

根据以上分析不难得到子问题 BJ(i) 的递归解，

$$\text{BJ}(i) = \max\{[+1, 0, -1] + \text{BJ}(i+k)\}, \quad k = 0, 1, \cdots \tag{9.8}$$

其中，k 表示剩余扑克为 c_i, c_{i+1}, $\cdots$, c_{n-1} 时该局次使用的牌数，它的范围包括所有没有爆掉情况下玩家与庄家一起抓起的扑克数。任意一方的扑克点数超过 21 点，则该局停止，并判该爆点的一方输。该问题的边界条件是当牌数不足 4 张时的情形（按照规则，庄家和玩家必须每人 2 张底牌），此时 BJ 的值为 0。

以上递归式同样的可以使用有向无环图来描述，如图 9.13 所示。图中每一个结点对应于一个子问题，图中的边表示对战局次收益。原问题的解就是从结点 0 开始直到结点 $n-1$，寻找一条权重值累加和最大的路径。从图 9.13 中不难看出，每一个结点的值只与其右边已经求解出值的结点有关，因此按照该图求得每个结点值的过程相当于在图上进行拓扑排序。

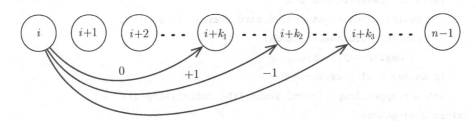

图 9.13　21 点游戏的有向无环图

自底向上求解递归式

有了以上分析，不难得到如代码 9.12 所示的算法实现。简单来说，代码 9.12 就是按照递归式填写一个 1 行 n 列的表 bj_table。函数 black_jack_iterative( ) 有一个从

①前几节的问题也可以使用输入串的后缀作为子问题。

$n-1$ 到 0 的循环，用于索引 bj_table 表中每一个单元格。单元格的值通过调用函数 black_jack() 计算，函数 black_jack() 按照递归式计算每一个单元格的值。对每一个单元格，函数 black_jack() 通过循环变量 p 索引玩家的抓牌数，然后比较与庄家（其抓牌数是固定的）之间的大小关系，得到的结果存储于表 options 中。在计算完玩家所有抓牌数的尝试后，求出 options 中的最大值就是 bj_table 当前单元的值。

代码 9.12 21 点问题的动态规划算法

```
1   def black_jack_iterative(cards):
2       global n
3       n = len(cards)
4       bj_table = {}
5       bj_table[n] = 0
6       for i in xrange(n-1, -1, -1):
7           bj_table[i] = black_jack(i, bj_table)
8       return bj_table
9
10  def black_jack(i,bj_table):
11      if n-i < 4:return 0 # 没有足够的扑克
12      options = []
13      for p in xrange(0, n-i-3):
14          # 玩家尝试抓各种数量的牌
15          player_cards = get_player_cards(cards, i, p)
16          player = sum(player_cards)
17          if player > 21:
18              options.append(-1+bj_table[i+4+p])
19              break
20          # 庄家按照固定的策略抓牌
21          for d in xrange(0, n-i-p-3):
22              dealer_cards = get_dealer_cards(cards, i, p, d)
23              dealer = sum(dealer_cards)
24              if dealer >=17:  break
25          if dealer > 21:   dealer = 0
26          options.append(cmp(player, dealer)+bj_table[i+4+p+d])
27      return max(options)
```

代码 9.12 第 6 行和第 7 行有一个 $O(n)$ 循环，其中调用函数 black_jack() 用于填表，该函数有一个嵌套的循环，其时间复杂度为 $O(n^2)$。因此，整个算法的时间复杂度为 $O(n^3)$。

代码 9.12 第 15 行和第 22 行分别调用函数 get_player_cards() 和 get_dealer_cards()，它们分别实现了为玩家和庄家从第 i 位开始抓 p 张牌的功能，其实现见代码 9.13。

代码 9.13 玩家和庄家抓牌函数

```
1   # 玩家第 i 位开始抓 p 张牌
2   def get_player_cards(cards, i, p):
3       player_cards = []
4       player_cards.append(cards[i])
5       player_cards.append(cards[i+2])
6       for k in xrange(0, p):
7           player_cards.append(cards[i+4+k])
8       return player_cards
9   # 庄家第 i 位开始抓 p 张牌
10  def get_dealer_cards(cards, i, p, d):
11      dealer_cards = []
12      dealer_cards.append(cards[i+1])
13      dealer_cards.append(cards[i+3])
14      for k in xrange(0, d):
15          dealer_cards.append(cards[i+4+p+k])
16      return dealer_cards
```

原问题的解

在得到动态规划表之后，就可以很容易得到玩家每一局的策略。从表 bj_table[0] 开始，找到其父结点，也就是确定玩家要牌的位置。持续根据结点及其父结点的跳转关系，直到最后一张扑克，便能获得最佳收益下玩家的策略。这里需要强调的是，通过动态规划可以在 21 点这个游戏中获得最佳收益，但并不意味着可以使用这个算法去征战赌场。这是因为玩家获得最佳收益的前提是已经知道桌面所有的扑克序列，实际的赌场中玩家应该是得不到这个信息的。

9.4 二维动态规划

上一节从求斐波那契数问题开始，直到 21 点游戏的各个问题，都是根据递归式填写一维表来实现求解每一个子问题的解。这是因为每一个子问题的参数只有一个，我们将子问题只有一个参数的动态规划问题称为一维动态规划。那么，如果子问题有两个参数，得到的将是一张二维动态规划表，本节将介绍几个经典的二维动态规划问题。

9.4.1 矩阵的括号

对于喜欢科幻影片的同学，一定记得 1999 年发行的《黑客帝国》系列电影，这部电影的英文名是 The Matrix。本节我们不是讨论这部伟大科幻片的情节，而是需要评价 Matrix（矩阵）乘法在不同结合律下的运算效率。给定 n 个矩阵 A[0], A[1], $\cdots$, A[$n-1$] 序列，由于矩阵乘法满足结合律，因此可以通过在这 n 个矩阵中添加括号，来控制将哪些矩阵优先放在一起进行运算。不同的结合方式，完成矩阵计算最终的效率各不相同。

比如有三个矩阵 A、B 和 C，A 的行列数为 100×1，矩阵 B 的行列数为 1×100，矩阵 C 的行列数为 100×1。现需计算这三个矩阵相乘的结果 ABC，如图 9.14(a) 所示。按照矩阵乘法的结合律可以先将 AB 相乘，再将结果与 C 相乘。其运算过程可以表示成 (AB)C（图 9.14(b)）。还可以按照图 9.14(c) 的结合方式，A(BC)。根据结合律，这两种不同结合方式最终的运算结果相同。但是，它们各自的运算次数并不一样。先计算 AB 产生了一个 100×100 大小的矩阵（图 9.14(b)）；而先计算 BC，新产生的是一个数（图 9.14(c)）。因此，第一种结合方式需要运算 $\Theta(100^2)$，而第二种结合方式需要运算的次数为 $\Theta(100)$。

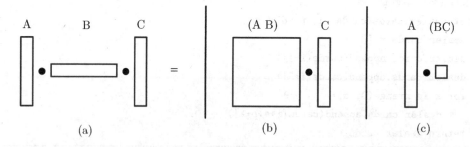

图 9.14　矩阵不同结合方式导致计算效率的变化

为此，需要设计算法求得给定矩阵序列的最优结合方式。或者说，通过括号控制优先级从而得到最少运算时间的矩阵结合方式。这显然是一个优化问题，我们先看能否直接给出解决办法。最简单直接的方法就是穷举出所有结合方式，分别求得每一个结合方式的计算时间，再从中取最小计算时间对应的结合方式就是问题的解。对于 n 个矩阵，不妨设共有 $T(n)$ 种结合方式。当 $n = 1$ 时，$T(n) = 1$。当 $n \geqslant 2$，我们可以将这 n 个矩阵一分为二。一部分有 k 个矩阵，另一部分就是 $n - k$ 个矩阵。这种分解方式下，k 可以等于 $1, 2, \cdots, n - 1$。因此，可得

$$T(n) = \begin{cases} 1, & n = 1 \\ \sum_{k=1}^{k=n-1} T(k)T(n-k), & n \geqslant 2 \end{cases} \tag{9.9}$$

上面这个递归式表明，采用穷举法的时间复杂度是 $O(2^n)$，[①]也就是指数时间规模。下面我们考虑使用动态规划来得到一个多项式时间的算法。

与一维动态规划问题类似，二维动态规划求解问题依然是五个基本步骤。首先，我们考虑这 n 个矩阵的不同结合方式中，哪一个是最特殊或者说特征最显著的部分？由于不管进行何种结合，最后一定是形成两个矩阵相乘的结果，因此最外层的括号对是特征最显著的部分。不妨设最外层括号将输入矩阵分解成两个部分，并且我们猜测在 $A[k-1]$ 和 $A[k]$ 之间将原问题分解成两部分，也就是

$$(A[0]A[1] \cdots A[k-1]) (A[k] \cdots A[n-1])$$

① 读者可以利用 4.5.1 节介绍的替换法证明。

如果将输入的矩阵序列看作字符串，以上的结果似乎预示需将输入矩阵的前缀和后缀分别定义为两个子问题。如果按照这种定义子问题的方式，可得子问题的进一步分解为：

$$((A[0] \cdots A[k'-1])(A[k'] \cdots A[k-1]))(A[k] \cdots A[n-1])$$

然而，以上 $(A[k'] \cdots A[k-1])$ 子问题既不是原问题的前缀，也不是后缀。也就是说，这种递归分解原问题会产生一个结构不一样的子问题，从而导致无法重复利用求解原问题的策略。

$(A[k'] \cdots A[k-1])$ 既不是原问题输入序列的前缀也不是后缀，而是原问题输入序列的中缀。这提示我们应该考虑定义原问题的中缀为子问题，即 $A[i:j]$。不妨设 $DP[i,j]$ 为求解子问题 $A[i:j]$ 的策略，该函数返回最小运算次数。当 i 固定一个值时，j 的变化有 $\Theta(n)$，而 i 取值范围 $\Theta(n)$。因此，子问题个数为 $\Theta(n^2)$。

如果将 $A[i:j]$ 定义为子问题，设矩阵 $A[i]$ 到 $A[j]$ 之间最后一个括弧的位置为 k。也就是 k 将 $A[i:j]$ 分成两部分，左边的为 $A[i:k]$，右边部分为 $A[k+1:j]$。如果子问题 $A[i:j]$ 的解为 $DP[i,j]$，那么子问题 $A[i:k]$ 和 $A[k+1:j]$ 的解则分别为 $DP[i,k]$ 和 $DP[k+1,j]$。需要注意，这三个子问题的结构类似，都是输入矩阵序列的中缀。

那 $DP[i,j]$ 到底等于多少呢？由于我们只知道 k 取值范围 $i+1$ 到 $j-1$ 之间，但并不确定 k 的取值。因此，这里不妨穷举所有可能的 k 值，分别计算出子问题 $A[i:k]$ 和 $A[k+1:j]$ 各自矩阵的计算时间。列举所有 k 可能取值对应子问题的解，取其中的最小值就等于子问题 $DP[i,j]$ 的解。

因此，可得子问题间递归关系为：

$$DP[i,j] = \min \{DP[i,k-1] + DP[k,j] + cost[行(A[i]) \times 行(A[k]) \times 列(A[j])]\} \quad (9.10)$$

其中，$k \in [i+1,j]$ 且 $j-i>1$，最外层括弧对应的两个矩阵中，左边矩阵的行数为 $A[i]$ 的行、左边矩阵的列数和右边矩阵的行数都是矩阵 $A[k]$ 的行数，右边矩阵的列数则是矩阵 $A[j]$ 的列数。式中的 cost 表示最后两个矩阵计算所需的计算次数。

如果 $0 < j-i \leqslant 1$，则意味着输入矩阵序列只有两个，可直接计算它们的 DP 值，应该等于 $A[i]$ 的行数乘以 $A[i]$ 的列数再乘以 $A[j]$ 的列数。式 (9.10) 递归式的边界条件为 $DP[i, j = i] = 0$，即输入矩阵序列个数只有一个时，其最优结合方式就是该矩阵本身，设此结合方式的输出为 0。

以上递归式有两个变量，分别为 i 和 j，这意味该动态规划表是二维表。又因为 $j \geqslant i$，因此这个二维表并不是一个完整的矩阵，而是矩阵的从对角分隔后的一半，如图 9.15 所示。

那么按照以上递归式填表过程是否符合拓扑排序呢？当只有一个矩阵的时候，$DP[i, j = i] = 0$。也就是图 9.15(a) 中 $D[i=0, j=0]$、$D[i=1, j=1]$、$D[i=2, j=2]$ 和 $D[i=3, j=3]$ 的单元格值为 0。当有 2 个矩阵时，此时应该填写图 9.15(a) 中 $D[i=0, j=1]$、$D[i=1, j=2]$ 和 $D[i=2, j=2]$，根据递归式 (9.10) 可直接计算出输出结果。当有 3 个矩阵，假设 $i=0, j=2$，此时 $DP[i,j]$ 的计算需要已知的单元格分别为

$DP[i = 0, j = 0]$, $DP[i = 1, j = 2]$, $DP[i = 0, j = 1]$, $DP[i = 2, j = 2]$。显然，这些单元格的值已经在计算 $DP[i = 0, j = 2]$ 之前得到。因此，按递归式 (9.10) 填表的过程符合拓扑排序。

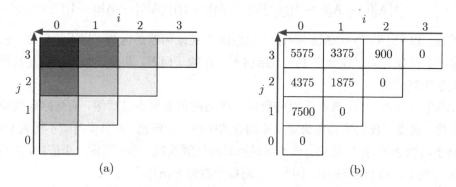

图 9.15　矩阵结合问题的状态图

式 (9.10) 的求解过程符合拓扑排序，因此可利用自底向上的方法实现递归式，见代码 9.14。该代码的功能就是填写二维表格 $DP[i, j]$，如图 9.15(a) 所示。填表的过程就是从图的浅色部分逐渐向深色部分进行，初始条件时只有一个矩阵，第一次循环填写的是两个矩阵情况下的最优结合，第二次循环填写的则是三个矩阵情况下的最优结合，依此类推。$DP[0, n-1]$ 的值即为原始问题的解，也就是图 9.15 中左上角单元格的值。

代码 9.14 的第 1 行变量 gk 是通过一个 lambda 表达式将索引 i 和 j 组合成一对串，从而便于后面在字典类型变量 m 中当作 key。lambda 表达式在 Python 语言中是较为常用的一种简单函数实现方式。对 lambda 感兴趣的读者可以参考官方文档 https://docs.python.org/3/tutorial/controlflow.html。

根据子问题个数 $O(n^2)$，以及每一个子问题求解的时间复杂度 $O(n)$，可得利用动态规划求解该问题算法复杂度为 $O(n^3)$。如果还需要返回具体的结合方式，可以通过记录单元格的父结点来获得，读者可以修改代码 9.14 来完成这一功能。

代码 **9.14**　矩阵括号问题的动态规划实现

```python
gk = lambda i,j:str(i)+','+str(j)
def memoized_matrix_chain(p):
    n = len(p)-1
    m = {}
    for i in range(1, n+1):
        for j in range (i, n+1):
            m[gk(i, j)] = float("inf") # 初始化矩阵 m
    return lookup_chain(m, p, 1, n)

def lookup_chain(m, p, i, j):
    if m[gk(i, j)] < float("inf"):
        return m[gk(i, j)]
```

```
13      if i == j:
14          m[gk(i, j)] = 0 # 矩阵对角置为 0
15      else:
16          for k in range(i, j):
17              q = lookup_chain(m, p, i, k) + lookup_chain(m, p, k+1, j) +
                ↪    p[i-1]*p[k]*p[j]
18              if q < m[gk(i, j)]:
19                  m[gk(i, j)] = q
20      return m[gk(i, j)]
```

以输入矩阵序列 $[A_0, A_1, A_2, A_3]$、矩阵大小 $[20 \times 25, 25 \times 15, 15 \times 5, 5 \times 12]$ 为例。按照代码 9.14 填写的动态规划表结果如图 9.15(b) 所示。当 $i = 0, j = 2$ 时，k 分别等于 1 和 2。如果 $k = 1$，则意味着结合方式为 $A_0(A_1 \times A_2)$，此时的 DP 值等于 0+1875+20×25×5=4375。而当 $k = 2$ 时，则意味着结合方式为 $(A_0 \times A_1)A_2$，此时的 DP 值等于 2500+0+20×15×5=9000。DP$[i = 0, j = 2]$ 的值应该等于以上 DP 值中相对小的 4375。在求得 DP$[0, 3]$ 的值以后，可以通过结点之间的连接关系得到矩阵的最佳结合方式为 $(A_0(A_1 \times A_2)) \times A_3$。

9.4.2　字符串编辑距离

近年来，我国将检测短串联重复 (STR，Short Tandem Repeat) 技术应用到犯罪侦探中。STR 是人体中染色体的一段，它以 2 个至 5 个碱基为核心进行重复，每个人的重复次数不同，并且具有遗传性。只要检测多个 STR 位点，就可以做个体的认定，进而使 DNA（脱氧核糖核酸，Deoxyribonucleic Acid）检测得以应用于实际工作中。从案件现场提取到的一滴血、一根毛发甚至皮屑中就能找到指认犯罪的铁证，所以 DNA 也被人们称为"血液指纹"。

在第 3.2 节，我们曾经完成了一个拼写纠正程序，即找到与输入字符串最相近的一个正确的单词。不管是 DNA 比较还是单词拼写纠正问题，都可以形式化的表述为：给定两个字符串 x 和 y，如果要将字符串 x 转换为 y，转换过程只有三个基本操作 (插入（ins）字符 C，删除（del）字符 C，将字符 C 替换（rep）为字符 C′)，那么如何组合这些操作从而使得转换的代价最小，这就是字符串编辑距离优化问题的形式化描述。

操作的基本代价需要根据具体的问题进行定义。如在比较某个 DNA 序列与另外的两个序列的相似性时，根据基因突变的理论知，碱基 C 到碱基 G 的变换就比碱基 C 到碱基 A 的变换代价小。假设插入与删除操作的代价均为 1，而替换操作的代价为无穷大，那么最小编辑距离等价于寻找两序列的最长公共子序列（Longest Common Subsequence, LCS）。比如单词 HIEROGLYPHOLOGY 与 MICHAELANGELO，它们最长公共子序列就是另外一个英文单词 HELLO。

字符串编辑距离是一个优化问题，我们考虑采用动态规划来求解。首先，依然是需要确定子问题。该问题与本章之前的问题不同，之前问题的输入都是一个序列，而字符串编辑距离问题的输入是两个序列。那么该如何定义子问题呢？这里我们考虑将输入序列的后缀作为子问题，也就是分别取输入字符串 x 和 y 的后面部分作为子问题。

不妨设函数 DP 是用于求解该问题的策略，那么将 $DP(x[i:], y[j:])$ 定义为子问题，其中 $0 \leqslant i < len(x)$，$0 \leqslant j < len(y)$，$len()$ 为求长度的函数。需要注意的是，这时函数 DP 的输入是两个变量。因为当 x 固定 i，j 可取值的范围是 0 到 $len(y)$，而 i 的取值范围则是 0 到 $len(x)$ 之间。因此，子问题的个数为 $O(len(x)len(y))$。

在定义了子问题后，就需要建立子问题解的递归关系。如图 9.16(a) 所示，为了将字符串 x 转换为 y，对于字符 $x[i]$ 无非经历以下三种情况的操作：

- 删除字符 $x[i]$，如图 9.16(b) 所示。此时 $DP(x[i:], y[j:])=DP(x[i+1:], y[j:])+$ cost(del$_x[i]$)；
- 插入字符 $y[j]$，如图 9.16(c) 所示。此时 $DP(x[i:], y[j:])=DP(x[i:], y[j+1:])+$ cost(ins$_y[j]$)；
- 替换字符 $x[i]$ 为 $y[j]$，如图 9.16(d) 所示。此时 $DP(x[i:], y[j:])=DP(x[i+1:], y[j+1:])+$cost(rep$_y[j]$)。

其中，cost() 函数为执行一次操作的代价，del、ins 和 rep 分别表示删除、插入和替换操作。

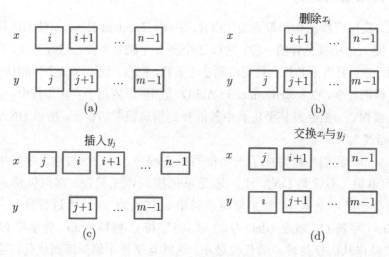

图 9.16 子问题的结构

根据以上分析不难建立各个子问题之间的递归关系，为：

$$DP(x[i:], y[j:]) = \min \begin{cases} DP(x[i+1:], y[j:]) + \text{cost}(\text{del}_x[i]), & i < len(x) \\ DP(x[i:], y[j+1:]) + \text{cost}(\text{ins}_y[j]), & j < len(y) \\ DP(x[i+1:], y[j+1:]) + \text{cost}(\text{rep}_y[j]), & i < len(x), j < len(y) \end{cases}$$

$$(9.11)$$

其中，递归式的初始条件为 $DP(len(x), len(y)) = 0$。

有了以上递归式后，求解原问题的解相当于填写如图 9.17 所示的二维表。该表的填写过程是从右下到左上，对于单元格 (i,j)，它的值只与 $(i,j+1)$、$(i+1,j+1)$ 和 $(i+1,j)$ 这三个单元格有关，而这三个单元格值的计算总是先于单元格 (i,j)。因此，按照以上递归式填写动态规划表的过程相当于在表上做拓扑排序。

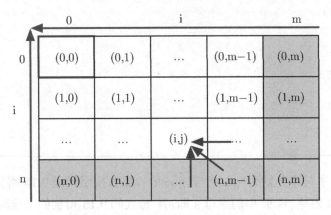

图 9.17　字符串编辑距离问题状态图

代码 9.15　字符串编辑距离的动态规划实现

```python
def min_edit_dist(target, source):
    n = len(target)
    m = len(source)
    # 初始化二维动态规划表
    distance = [[0 for i in range(m+1)] for j in range(n+1)]
    # 边界条件
    for i in range(n):
        distance[i][m-1] = distance[i+1][m] + insertCost(target[i])
    for j in range(m):
        distance[n-1][j] = distance[n][j+1] + deleteCost(source[j])
    distance[n-1][m-1] = substCost(source[m-1],target[n-1])
    # 自底向上求解递归式
    for i in range(n-2,-1, -1):
        for j in range(m-2,-1, -1):
            distance[i][j] = min(distance[i+1][j]+1,
                            distance[i][j+1]+1,
                        distance[i+1][j+1]+substCost(source[j],target[i]))
    return distance
```

按照式 (9.11) 求解字符编辑问题的实现见代码 9.15，其中，函数 insertCost( )、deleteCost( ) 和函数 substCost( ) 分别为插入、删除和替换的价值函数，这三个函数的实现见代码 9.16。最终问题的解即为动态规划表 DP$(0, 0)$ 的值，如果需要求得具体操作指令，同样可以通过记录单元格父结点来实现。

代码 9.16 价值函数

```python
def insertCost(i):
    return 1

def deleteCost(i):
    return 1

def substCost(i, j):
    if i==j:
        return 0
    else:
        return 1
```

如果输入的字符串分别为"geek"与"gesek"，那么按照代码 9.15 得到的最小编辑距离为 1，即只需要删除 gesek 中的字母 s 即可。按代码 9.15 得到的二维动态规划表为：

$$[[1, 2, 2, 2, 1, 0],$$
$$[2, 1, 1, 1, 1, 0],$$
$$[2, 1, 1, 0, 1, 0],$$
$$[1, 1, 1, 1, 0, 0],$$
$$[0, 0, 0, 0, 0, 0]]$$

当输入的字符串分别为"sunday"和"saturday"，那么按照代码 9.15 得到的最小编辑距离为 3。这两个字符串第 1 个和最后 3 个字符相同，将 sunday 中的 un 的前面插入 at 再将 n 替换为 r 后可得到 atur，也就是经过 3 次编辑就可以将 sunday 变换为 saturday。

由于子问题的个数为 $O(len(x)len(y))$，每一个子问题求解的时间复杂度为 $O(1)$，因此代码 9.15 的时间复杂度为 $O(len(x)len(y))$。

9.4.3   0-1 背包问题

为了吸引观众，各卫视开播了许多真人游戏节目。一类闯关游戏节目很受观众欢迎，因为参与节目的观众可以获得价值不菲的奖品。在游戏中，参与的观众需回答一系列问题，答对的观众将有机会在规定的时间内挑选奖品。由于有时间限制，因此大部分观众会选择这些奖品里面价值最高的物品搬走。但是，电视台挑选的备选奖品非常有意思，其中价值高的往往体积大，不容易搬动，比如大彩电或者大电冰箱。因此，观众为了获取最大的收益，需要权衡是拿价值小的物品（如一壶油、一箱饼干），通过多拿几趟获得最大收益；还是尽量拿价值大的物品，但这样减少了拿的趟数，甚至规定时间内都难以完成一趟。

0-1 背包问题与以上游戏非常类似，都是需要从一堆物品中进行挑选，或者说决策（物品 i 是拿走还是不拿），从而确保总收益最大。0-1 背包问题有一个限制条件是，挑选的物品只能装进一个背包里面。由于背包容量有限，因此同样需要权衡。如果都挑选价值大的物品装包，有可能装不了几个物品。也就是说需要在物品的价值和包容量之间进行权衡。

我们可以把以上问题进行形式化定义。假设有 n 个物品，每个物品 i 的价值为 v_i，大小为 s_i。包的容量为 S，要求从这 n 个物品中挑选若干物品装进包中，在所有装进包中物品的大小小于等于包容量 S 的前提下，包中物品总价值最大。比如，有 3 个物品，它们的大小和价值分别为：

$$(s_0 = 3, v_0 = 4); (s_1 = 4, v_1 = 5); (s_2 = 5, v_2 = 6)$$

其中，包的容量 $S = 10$。那么，应该选择物品 $(s_1 = 4, v_1 = 5); (s_2 = 5, v_2 = 6)$。此时，$s_1 + s_2 = 9 \leqslant S = 10$，且这种选择的情况下总价值 $v_1 + v_2 = 11$ 最大。

为了使用动态规划求解该问题。各个物品构成了输入序列，对于第 i 个物品，无非有两个状态：放入包中或者不放入包中。除此外，当前状态还需要考虑当物品放入或者不放入后，包的容量发生的变化。由此，可以定义子问题从物品 $0, \cdots, i-1, i$ 中选取若干物品置于包中，这些物品的重量为 X，且获取了最佳收益。假设该子问题可以经由策略 Knapsack 来求解，该策略此时的输入参数为 Knapsack(i, X)。

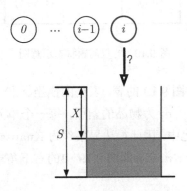

图 9.18　背包问题的子问题

这样不难得到 0-1 背包问题的子问题个数为 $O(nS)$，这是因为函数 Knapsack(i, X) 中 i 的取值为 $0, 1, \cdots, n-1$，而 X 的范围是 $[0, S]$。那么各个子问题之间的递归关系是什么？如图 9.18 所示，需要考虑第 i 个物品的两种可能的情况：

- 物品 i 不放入包中。那么 Knapsack(i, X) 的解等于从物品 $0, \cdots, i-1$ 选取容量为 X 的物品价值，也就是 Knapsack(i, X)=Knapsack($i-1, X$)；
- 物品 i 放入包中。那么 Knapsack(i, X) 的解应该等于剩余物品 $0, \cdots, i-1$ 放入容量为 $X - s_i$ 的包中物品价值再加上物品 i 的价值 v_i，也就是 Knapsack(i, X)= Knapsack($i-1, X - s_i$)+v_i。

由于背包问题要求获得最佳收益，因此以上两种情况下取较大的值作为 Knapsack($i-1, X$) 的解。

根据以上分析可得以下递归式：

$$\text{Knapsack}(i, X) = \max \begin{cases} \text{Knapsack}(i-1, X) \\ \text{Knapsack}(i-1, X-s_i) + v_i, & \text{如果 } X > s_i \end{cases} \quad (9.12)$$

不难看出，填写图 9.19 所示的表格可以采用由自底向上方法实现，因为填表满足拓扑排序的过程。如填写图 9.19 中单元格 (i, j) 的值，需要已经求得该单元格上一行从 $(i-1, 0)$ 到 $(i-1, j)$ 之间各个单元格的值，由于这些单元格的值已知，因此计算单元格 (i, j) 的值满足拓扑排序。这意味着递归式 (9.12) 可采用自底向上的方式进行求解。

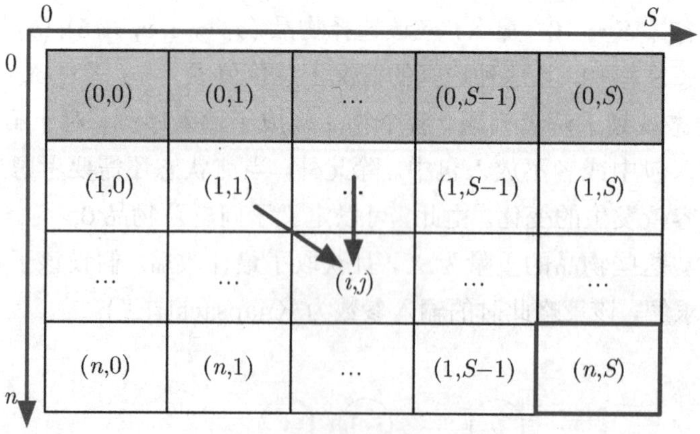

图 9.19 背包问题状态示意图

代码 9.17 相当于填写如图 9.19 的表，表格的横坐标 $[0, 1, 2, \cdots, S-1, S]$ 表示剩余容量的变化，纵坐标 $[0, 1, \cdots, n]$ 为物品的索引，每一个单元格表示一个状态。当 $i = 0$ 时，由于没有物品可以放入包中，因此得边界条件为 $\text{Knapsack}(0, X) = 0$，其中，$0 \leqslant X \leqslant S$。原始问题的解为 $\text{Knapsack}(n, S)$，即图 9.19 中的右下角单元格。

代码 9.17 背包问题的动态规划实现

```python
def knapSack(W, wt, val, n):
    K = [[0 for x in range(W+1)] for x in range(n+1)]

    for i in range(n+1):
        for w in range(W+1):
            if i==0 or w==0:
                K[i][w] = 0
            elif wt[i-1] <= w:
                K[i][w] = max(val[i-1] + K[i-1][w-wt[i-1]], K[i-1][w])
            else:
                K[i][w] = K[i-1][w]

    return K
```

以 $S=10$，3 个物品的大小 $[3, 4, 5]$ 和价值 $[4, 5, 6]$ 为例，按照代码 9.17 执行后的二维动态规划表为：

$$[[0, 0, 0, 0, 0, 0, 0, 0, 0, 0, 0],$$
$$[0, 0, 0, 4, 4, 4, 4, 4, 4, 4, 4],$$
$$[0, 0, 0, 4, 5, 5, 5, 9, 9, 9, 9],$$
$$[0, 0, 0, 4, 5, 6, 6, 9, 10, 11, 11]]$$

结果意味着包最多可以放入物品的总价值为 11。如果算法不仅需要返回包中能放物品的价值和，还需要列出哪些物品被添加，那么只需要在填写表格时，添加每一个单元格求值是根据哪一个单元格得到的这一信息即可。这样就可以从单元格 (n, S) 开始根据父结点进行回溯即可，读者可以根据代码 9.17 完成该功能。以上问题的第 2 个物品和第 3 个物品应该放入包内。

利用动态规划求解 0-1 背包问题需要求解 $O(nS)$ 个子问题，每一个子问题依赖于另外两个子问题之一的值，由于采用自底向上实现递归，每一个子问题所需时间复杂度为 $O(1)$，因此总的时间复杂度为 $O(nS)$。但是需要特别指出的是，其算法时间复杂度并非**多项式**时间，而是**伪多项式**时间。

使用动态规划求解 0-1 背包问题的时间复杂度为 $O(nS)$，该时间复杂度不仅是输入规模 n 的函数，也与背包容量 S 这一数值有关。在 2.2 节我们已经知道 RAM 机器模型对于数值 S 的存储需要 $b = \log S$ 个比特位，那么 0-1 背包问题的时间复杂度可写为 $O(n2^b)$。当存储物品大小的比特位翻倍 $b' = 2b$，那么算法的时间复杂度将呈指数规模增长。

需要注意的是，当物品个数增加 1 倍 $n' = 2n$，算法的时间复杂度呈线性时间增长。也许读者会有疑惑，为什么输入规模 n 的分析与容量 S 不一样？这是因为 n 个输入数据的每一个数据一般都可以在 RAM 中的一个字节内存储，当输入规模 n 增加时，字节的个数按照相同的增长规模增长。然而，如果算法复杂度与输入的数值数据有关，这时存储数值数据的比特位可能超过一个字节具有的比特位数，存储数值数据的比特位的增长就会导致算法复杂度按照指数规模增长。

因此，我们说动态规划求解 0-1 背包问题的时间复杂度是伪多项式时间，因为随着输入规模的翻倍，其时间复杂度并不总是呈线性时间增长，而是有可能呈指数规模增长。然而，伪多项式时间与指数增长并不相同，算法复杂度如果是指数规模增长表明这个算法效率在输入规模较大的情况下没有实用价值，然而伪多项式时间复杂度算法在输入规模较大的情况下依然是一个可以接受的算法。

9.5　小结

动态规划是一类用于解决优化问题的方法。使用动态规划解决问题的难点在于，它并没有一个固定的公式。由于各种问题的性质不同，确定最优解的条件也互不相同，因而动态规划的设计方法对不同的问题，有各具特色的解题方法，并不存在一种万能的动态规划算法用于解决各类最优化问题。但是，我们依然可以总结出一些共性的步骤。

本章将动态规划归纳为"递归""记忆"和"猜测"。动态规划的核心是构建子问题间的"递归"关系。而为了要建立这一关系，不妨大胆地采用"猜测"去得到子问题间的递归关系。在猜测的时候需要注意的是，猜测的结果并不准确，还需要将各种可能的结果考虑进去。因此，从这个角度而言，动态规划可以看作是一类"限定范围"的穷举。

建立子问题间的递归关系后，下一步就是实现该递归关系。本章介绍采用"记忆"的方法来实现递归，以便提高递归的执行效率。之所以可以通过记忆来提高递归的执行效率，是因为存在诸多重复的子问题。对于已经计算出结果的子问题，应该先将结果存表。在下次需要计算某个子问题时，就可以通过查表，而非递归调用函数来实现。因此，动态规划通过"记忆"这一技术能提高实现的效率。

动态规划算法的执行时间等于子问题数乘以每个子问题的执行时间。在设计子问题时，通过本章的例子不难发现，往往考虑将输入序列的前缀、后缀或者中缀当成一个子问题。究竟选择哪个部分作为子问题，最为关键的是子问题结构要类似。比如，一个问题 A 是将输入的前缀 A[:i] 作为子问题，那么该子问题 A[:i] 的子问题 A[:j] 应该还是 A[:i] 的前缀，这样就保证了子问题结构的一致性。

课后习题

习题 9-1　最长递增子序列

输入序列 A=[18, 17, 19, 6, 11, 21, 23, 15]。请给出序列求解 A 中最长递增子序列的动态规划算法，并分析算法时间复杂度。

习题 9-2　矩阵乘法的结合

输入矩阵 P_1, P_2, P_3, P_4，它们各自行与列数分别为 $40 \times 20, 20 \times 30, 30 \times 10, 10 \times 30$，请根据代码 9.14 画出二维动态规划表结果。

习题 9-3　整数划分问题

对于从 1 到 N 的连续整集合合，能划分成两个子集合，且保证每个集合的数字和是相等的。比如 N=3，对于 [1, 2, 3] 能划分成两个子集合，它们每个的所有数字和是相等的：[1, 2] 和 [3]。这是唯一一种分法（交换集合位置被认为是同一种划分方案，因此不会增加划分方案总数）。

设计一个算法，当给出整数 N，算法应该输出划分方案总数，如果不存在这样的划分方案，则输出 0。

习题 9-4　最长公共子序列

如果字符串 1 的所有字符按其在字符串中的顺序出现在另外一个字符串 2 中，则字符串 1 称之为字符串 2 的子串。注意，并不要求子串（字符串 1）的字符必须连续出现在字符串 2 中。

请编写一个函数，输入两个字符串，求它们的最长公共子串，并打印出最长公共子串。例如：输入两个字符串 BDCABA 和 ABCBDAB，字符串 BCBA 和 BDAB 都是它们的最长公共子串，则输出它们的长度 4，并打印任意一个子串。

习题 9-5　双人游戏问题

有如下一个双人游戏：$N(2 \leqslant N \leqslant 100)$ 个正整数的序列放在一个游戏平台上，两人轮流从序列的两端取数，取数后该数字被去掉并累加到本玩家的得分中，当数取尽时，游戏结束。以最终得分多者为胜。

编一个执行最优策略的程序，最优策略就是使自己能在当前情况下得到最多总分的策略。要求程序要始终为第二位玩家执行最优策略。

第 10 章　最大流算法应用

本章学习目标

- 掌握最大流问题的定义，了解流量、容量以及它们之间的关系
- 掌握增广路径求最大流问题的过程
- 了解 Ford-Fulkerson 和 Edmond-Karp 算法以及它们之间的差异
- 了解将计算问题转化为最大流问题的基本过程

10.1　引言

　　不管是人与人之间构成的复杂人际关系网，还是生物与生物之间构成的复杂的食物链网络，通过网络都可以在网络结点间传递信息。给定网络结构，一个常见的问题就是如何实现网络中信息的快速传递，以及计算网络中信息的流量。

　　比如，2008 年 10 月 28 日新闻报道中国和俄罗斯当天签署了一项协议，即在西伯利亚铺设一条通往中国的石油管线，该管线预计每年可向中国输送 1500 万吨石油。该管道途经国内的许多城市，并与国内已有的石油管线对接。假设该管线由西伯利亚可达我国的上海市，每一段管线由当地政府施工，其管线的直径将根据当地的经济状况确定。因此，如果将每个城市看作结点，那么城市间的管道就是边，边标注的是该段管道的直径。最大流问题就是，求出从西伯利亚出发到上海的这个石油管网中能够允许的最大流量。

　　网络流的应用已遍及通信、运输、电力、工程规划、任务分派、设备更新以及计算机辅助设计等众多领域。本章首先通过图来形式化最大流问题，并给出一个直观的求解算法。在此基础上，进一步介绍两个最大流算法，即 Ford-Fulkerson 算法和 Edmond-Karp 算法。最后，通过二向图最大匹配问题和文件传输问题，向读者展示最大流算法如何用于求解其他的计算问题。

10.2　最大流算法

　　我们通过图来形式化描述以上石油管网的最大流问题。给定有向图 G=(V, E)，图中的每一个结点代表一个城市，其中结点 s∈V 表示源点（西伯利亚），结点 t∈V 表示目标点（上海）。如果城市 u 和 v 间有管道连接，则存在一条连接 u 和 v 间的边，即 (u, v)∈E。这条边是有方向的，且边还有一个属性用于描述管道的直径，我们称这个属性为

容量 $c(u, v)$。显然，容量是一个非负的值，如果结点 u 和结点 v 之间不存在边的连接，那么设其容量为 0，也就是 $c(u, v)=0$，$(u, v) \notin E$。边上除了容量外，还有一个属性表示管道当前石油的流量，其表示为 $f(u, v)$，$(u, v) \in E$。

如图 10.1 所示，结点 u 与 v 连接，其中 $c(u, v)=3$ 表示该段管道最多容许 3 个单位的石油流过，$f(u, v)=2$ 则表示当前流经该管道的石油流量为 2 个单位。

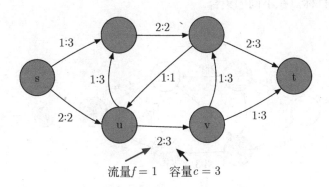

图 10.1　容量与流量示意图

流量就是结点与结点到一个实数的映射，即 f:V× V→ R，且图上的流量应该满足以下限制：

(1) 容量限制。流经某段管道的流量不能超过该段管道的容量，也就是 $f(u, v) \leqslant c(u, v)$，$u, v \in V$。需要注意的是，这里并不限制 u 和 v 之间一定是一条边。

(2) 流量保存。对图中除了源点和目的点之外的其他结点 $u \in V-\{s, t\}$，流入的石油单位应该等于流出的石油单位，也就是忽略石油在管道中可能的各种损耗。用数学形式表示这一限制就是 $\sum_{v \in V} f(u, v)=0$，图 10.1 中结点 u 流入的石油单位为 1+2=3，流出的石油同样等于 3 个单位。

(3) 偏对称性。上一限制条件成立需要我们定义一个对称性的量，即如果 u 和 v 是图中结点，则 $f(u, v)=-f(v, u)$。如图 10.1 所示的结点 u 和 v，$f(u, v)=2$，$f(v, u)=-2$。

给定 G=(V, E) 上的流量 f，由于流量一定大于 0，因此表示为 $|f|$，其值为：

$$|f| = \sum_{v \in V} f(s, v) = f(s, V) \tag{10.1}$$

也就是说，我们用 $f(s, V)$ 来表示图 G 中，从源点 s 出发到各个结点的流量。需要强调的是 $f(s, V)$ 也要满足前面的三个限制条件。

有了这个定义后，我们可以很方便地表示图中一些简单的结论。比如，从源点 s 流出的流量和等于流入目标点 t 流量和，即

$$f(s, V) = f(V, t) \tag{10.2}$$

比如图 10.1 中，$f(s, V)=f(V, t)=3$。

最大流问题中一个非常有意思的结果是流量与图割的关系。割就是把图结点分开的边，见图 10.2 中的虚线，该虚线的一部分包括两个结点集合 S，另一个部分就是剩下的 4 个结点集合 T。其中，集合 S 包括了源点 s，而 T 则包含目标点 t。通过这个割的流量为 $f(S, T)=(2+2)+(-2+1-1+2)=4$，也就是说 $f(S, T)=f(s, V)=|f|$，即通过割上的流量等于图上从源点 s 出发到各个结点的流量。需要注意的是，这个结果需要满足的条件就是源点和目标点在不同的集合。

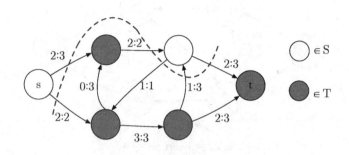

图 10.2　通过割的流量

割上除了定义流量外，还定义了容量。图 10.2 中所示的割的容量为 $c(S, T)=3+2+1+3=9$。与割上的流量需要区别的就是，容量只考虑从结点集合 S 到结点集合 T 的边的容量累积。与每一条边的流量不能超过容量类似，图上的流量不能超过图中任意割的容量。这意味着，如果需要在图上找出其最大的流量，只需要求得图中所有割中容量最小的值便可以确定最大流。

以上的结论就是"最大流最小割"定理。割的容量就好比图上的拐点，这些拐点的容量大小不一。如果知道其中最小的那个拐点，就可以确定这个图上流量容许的最大值。那么求最大流问题就可以转化成求解最小割问题。

在实际的求解图中最大流时，采用的是逐步逼近法。从源点 s 到目的地点 t，找出一条路径，确定该路径上可行流量的最大值。然后依次找出各条路径，直到流量不能再增长为止。以图 10.3(a) 为例，可以先假定图中各边的流量为 0，然后找到一条从源点到目的点的路径 s→ u → x→ y→t，该路径上可行的最大流量等于 2。当我们继续尝试找从结点 s 到 t 可扩展容量的路径时，发现这样的路径并不存在，如图 10.3(b) 所示。从结点

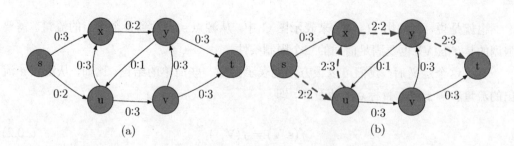

图 10.3　逐步逼近法找最大流

s 到结点 u，流量已经等于容量；从结点 s 到 x，流量可以扩展 3，但结点 x 之后就不能继续扩展流量了。

根据逐步逼近的方法找最大流，得到图 10.3(a) 的最大流为 2。然而，该图的最大流应为 4，即路径 s→ u → v→ t 这条路径上的流量为 2；而 s→ x → y→ t 这条路径上的流量也为 2。

那我们该如何继续寻找可以扩展的路径呢？这里用到的方法就是回退法，以图 10.3(b) 的结点 u 为例，可以将原来从 u 到 x 的流量从 2 变为 0，流入结点 u 的流量依然是 2。根据流量保存条件，从 u 到 v 的流量应为 2，得到如图 10.4(a) 所示的流量图。这时就可以再找到一条路径 s→ x → y→ t，在该路径上可以增加 2 个单位的流量。

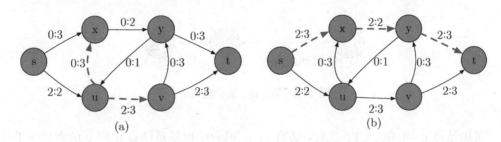

图 10.4　回退增加了扩大容量的可能性

以上分析表明，为了能逐步增加可行的流量，需要有能让已有流量实现"回退"的方法。可以实现"回退"的流量图称为剩余流量图（Residual Graph），该图可以辅助寻找可行的增广路径，用于扩展流量。

如图 10.5(a) 所示，从结点 u 到 x，假定其容量为 c，流量为 f。那么该图对应的剩余流量图中，结点 u 到 x 还可以允许的流量为 $c-f$，结点 x 到 u 允许回退的流量则是 f。以图 10.3(b) 为例，可以得到如图 10.5(b) 所示的剩余流量图。可以从剩余流量图中发现存在路径 s→ x → u→ v→t，该条路径还可以扩展的流量为 2。需要特别注意的是，剩余流量图 10.5(b) 中，存在从结点 x 到 u 的边，而实际的输入图 G（图 10.3(a)）中并不存在这条边。剩余流图中，这条边的目的是为了回退从 u 到 x 的流量，回退的数量为 2，意味着取消从 u 到 x 的原输入流量。

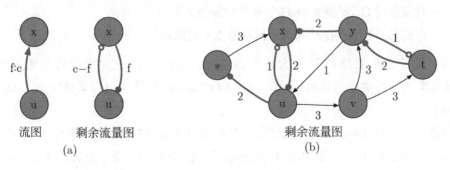

图 10.5　剩余流量图

最大流问题有一些非常有意思的等价描述。如果 f 是最大流，那么意味着此时剩余流量图 G_f 上没有可扩展的路径。如果还存在可扩展的路径，则意味着流量还可以增加，这与 f 是最大流的假设矛盾。因此，如果剩余流图不再有可扩展的路径，这时得到的流量就是最大流。

如果剩余流量图 G_f 上没有可扩展的路径，那么 s 到 t 的割上容量等于流量，即 $|f|=c(S, T)$，这就是著名的最大流最小割定理，下面我们简单证明这个结论。

假定当流量为 f 时，G_f 不能再进一步扩展，如图 10.6 所示。定义结点集合 S 为从初始结点 s 可达的所有结点集 $\{u \in V\}$。结点集 T=V−S，也就是除了结点集 S 外剩余的其他结点。由于 $s \in S$, $t \in T$，因此 (S, T) 是一个割。

图 10.6　最大流、最小割关系

考虑结点 $u \in S$ 和 $v \in T$。此时，必有 $c_f(u, v)=0$，也就是结点 u 到 v 的容量等于 0。如果 $c_f(u, v) \neq 0$，那么则意味着 $v \in S$，而不是假设的 v 属于 T。因此，从结点 u 到结点 v 应该没有剩余容量了。由于在剩余流图 G_f 中有 $c_f(u, v)=c(u, v)-f(u, v)$，意味着 $c(u, v)=f(u, v)$。对于在集合 S 中所有的结点 $u \in S$，和在 T 中所有结点 $v \in T$，把它们全部累加，可得 $f(S, T)=c(S, T)$，也就是最大流等于割 (S, T) 上的容量。

10.2.1　Ford-Fulkerson 算法

1956 年，L.R.Ford 和 D.R.Fulkerson 提出了一个求最大流的算法（Ford-Fulkerson 算法），该方法的思想就是在剩余流量图中寻找可扩展路径，从而逐步增加流量，直到剩余流量图中没有从源点到目的点的可扩展路径为止。该算法的基本步骤为：

- 对所有的边将其流量值置为 0
- 从剩余容量图 G_f 选择一条从源点 s 到目的点 t 的路径 P
  - 对流量图 G，扩展路径 P 上允许的最小流量
  - 直到 G_f 上不存在从源点 s 到目的点 t 的路径

以上算法在扩展路径 P 上允许的流量时，选择了 P 上允许的最小流量进行扩展，这其实是一种贪心的策略。因此，Ford-Fulkerson 算法也可以看作是贪心算法（见第 8 章）。

但是，Ford-Fulkerson 最大流算法在某些情况下效率会非常低。如图 10.7 所示，该图的最大流为 2×10^9。按照 Ford-Fulkerson 算法，找到第一条扩展路径为 s→a→b→t，这条路径可扩展的流量为 1，如图 10.7(b) 所示。扩展流量 1 后得到图 10.7(c) 所示的流图，以及图 10.7(d) 所示的剩余流图。

根据如图 10.7(d) 所示的剩余流图，找到可扩展路径为 s→b→a→t，这条路径可扩展的流量依然是 1。从而得到如图 10.7(e) 所示的流图，以及如图 10.7(f) 所示的剩余流图。

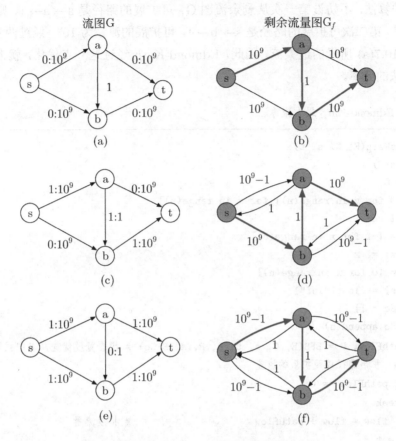

图 10.7　Ford-Fulkerson 算法效率慢的示例

从以上计算不难发现，按照 Ford-Fulkerson 算法计算如图 10.7(a) 所示的最大流的过程中，可能总是在 G_f 中选择了 a 和 b 这两个结点之间的连接，从而每次只能扩展 1 个单位流量。依此过程进行扩展，需要 $O(10^9)$ 步才能计算出该图的最大流。

如果在剩余流图 G_f 上寻找第一条从源点 s 到目的点 t 的路径时，就选择了路径 s→a→t，那么可以在第一次就将流量扩展为 10^9。这意味着只需要 2 步计算就可以求得如图 10.7(a) 所示的最大流。下面我们介绍另一个改进的最大流算法，该算法可以提高 Ford-Fulkerson 算法的效率。

10.2.2　Edmond-Karp 算法

Edmonds 和 Karp 在 Ford-Fulkerson 算法基础上改进了最大流算法，他们的思想非常简单，就是在 G_f 上寻找可扩展路径时，总是按照宽度优先原则来得到可扩展路径。

我们在 7.4 节已经知道，如果给定各个边的权重均为 1 的图，那么按照 BFS 寻找从源点 s 到目的点 t 的路径时，可以得到从 s 到 t 的最短路径。也就是说，Edmond-Karp

算法在确定 s 到 t 的可扩展路径时,选择了从 s 到 t 的最短路径。

同样以图 10.7 为例。按照 BFS,源点为 s;第一层的结点为 a 和 b,第二层的结点为 t。因此,按 BFS 选择从 s 到 t 的路径应该是 s→ a→ t 或者 s→ b→ t。按照 Edmonds 和 Karp 的算法,不妨设第一次从剩余流图 G_f 可扩展的路径是 s→ a→ t,则可扩展的流量为 10^9。第二次可扩展的路径是 s→ b→ t,可扩展的流量为 10^9。经过两步扩展,就能求得图 10.7(a) 所示的最大流。因此,Edmond-Karp 经过这一点优化,就大大提高了最大流算法的效率。

代码 10.1 Edmond-Karp 最大流算法

```python
 1  def EdmondsKarp(E, C, s, t):
 2      n = len(C)
 3      flow = 0
 4      F = [[0 for y in range(n)] for x in range(n)]
 5      while True:
 6          P = [-1 for x in range(n)]
 7          P[s] = -2
 8          M = [0 for x in range(n)]
 9          M[s] = float("Inf")
10          BFSq = []
11          BFSq.append(s)
12          pathFlow, P = BFS(E, C, s, t, F, P, M, BFSq) # 根据宽度优先从 F 中找到可
            ↪    扩展路径以及扩展的流量
13          if pathFlow == 0:
14          break
15              flow = flow + pathFlow                    # 扩展流量
16          v = t
17          while v != s:                                 # 修改剩余流量图
18              u = P[v]
19              F[u][v] = F[u][v] + pathFlow
20              F[v][u] = F[v][u] - pathFlow
21              v = u
22      return flow
```

Edmond-Karp 的实现见代码 10.1,输入变量 E 为边的权重矩阵,C 为各边的容量矩阵,s 为源点,t 为目的点。输出 flow 为最大流值。代码第 3 行将 flow 流量初始化为 0。第 4 行变量 F 为剩余容量矩阵,初始化各个值为 0。第 5 行的外循环直到变量 pathFlow 等于 0 为止,也就是直到没有可扩展的路径就跳出循环。代码第 12 行经由 BFS 寻找一条可以扩展的路径,函数 BFS(见代码 10.2)从所有可扩展的路径中选择一条从源点到目的结点路径最短路径 P 作为返回路径。这点是 Edmond-Karp 算法与 Ford-Fulkerson 算法最大的不同之处。代码 10.1 第 17 行的循环是在流量扩展后,修改扩展路径上流量的变化。

代码 10.2　按照 BFS 寻找可扩展路径

```
1  def BFS(E, C, s, t, F, P, M, BFSq):
2      while (len(BFSq) > 0):
3          u = BFSq.pop(0)
4          for v in E[u]:
5              if C[u][v] - F[u][v] > 0 and P[v] == -1:
6                  P[v] = u
7                  M[v] = min(M[u], C[u][v] - F[u][v])
8                  if v != t:
9                      BFSq.append(v)
10                 else:
11                     return M[t], P
12      return 0, P
```

Edmond-Karp 算法的执行时间为 $O(|V||E|^2)$，其中 $|E|$ 和 $|V|$ 分别为输入图 G 的边数与结点数。以上结果的证明过程较为复杂，但我们将给出其证明过程的框架流程。首先，按照代码 10.1 第 12 行找出的可扩展路径长度是单调递增的。这意味着每一次循环内，需要 $O(|E|)$ 次确定可扩展路径。其次，图上的每一条边 E 取其最小值在扩展路径上，最多会出现 $O(|V|)$ 次。而输入图有 $O(|E|)$ 个结点对，这意味着 Edmond-Karp 算法要经过 $O(|V||E|)$ 次循环。因此，Edmond-Karp 算法的执行时间复杂度为 $O(|V||E|^2)$。而 Ford-Fulkerson 算法的执行时间复杂度为 $O(|E|f^*)$，其中 f^* 为最大流。因此，当图总体规模不大，而最大流值 f^* 很大时，采用 Edmond-Karp 算法求解最大流的效率要高于 Ford-Fulkerson 算法。

10.3　最大流算法的应用

最大流算法可以用来求解许多的优化问题，其中的关键便是将具体的问题转化为在图中求最大流的问题。下面将通过两个示例来向读者展示最大流算法的具体应用。

10.3.1　二向图最大匹配问题

一家软件开发公司有 n 个项目经理，该公司最近接了 n 个项目，公司需要为每一个项目安排一位项目经理负责项目进度。假定每位项目经理只熟悉其中部分项目的业务，现在的目标是要实现项目与项目经理最大的匹配。

最大匹配意味着每位项目经理只对应一个项目，配对数为 M，此时不能通过改变配对关系获得超过 M 的配对数。如图 10.8 所示，根据配对关系可得 3 个配对，即 a:1, c:3 和 d:5。然而，3 个配对并非最大配对数，这是因为还存在 a:2, b:1, d:3 和 e:5 这 4 个配对。图 10.8 所示的最大匹配数为 4，这时不能通过改变配对关系获得超过 4 的配对数。因此，4 就是图 10.8 所示配对关系下的最大匹配数。

对以上问题，我们首先考虑用图来进行建模。每一位项目经理用结点集合 A 表示，而每一个项目则用结点集合 B 表示。如果项目经理 a∈ A 熟悉项目 1∈ B 和项目 2∈ B 的业务，则结点 a 与结点 1、2 相连接，如图 10.8 所示。假如每位项目经理熟悉所有项目的业务，那么这个问题非常简单，只需要让经理 a 负责项目 1，经理 b 负责项目 2，依此类推，可以让每一个项目都有一个负责人。问题困难在于，每位项目经理只熟悉部分项目的业务，我们并不一定能为每一个项目都找到负责人，但我们期望为尽可能多的项目找到负责人。

以上问题可以通过二向图来进行建模。那么以上问题就等价于，给定二向图 G=(A∪ B, E)，寻找边的集合使得其中的匹配边数最大。

对于二向图问题可以考虑将其转化为最大流问题进行求解，即从结点集 A 到结点集 B 的最大流量。为此，需要先增加原匹配关系图中的源点和目的点。得到的转化过程如下：

- 按照是否熟悉项目业务，建立从结点集 A 到结点集 B 的有向边
- 新增加出发结点 s，并新增从该结点到所有 A 中结点的边
- 新增加目的结点 t，并新增 B 中结点到结点 t 的边
- 图中每一条边的容量设为 1

由于结点之间是否连接只有两种可能，连接或不连接，这样就可以设图上的容量均为 1，得到如图 10.9 所示的图结构。这意味着将原来求图 10.8 所示的最大匹配数问题，转化为求如图 10.9 所示的最大流问题。

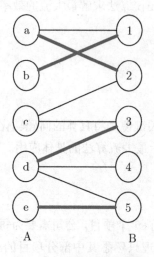

图 10.8　项目经理与项目

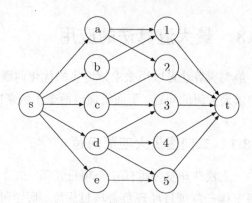

图 10.9　二向图最大匹配转化为最大流问题

在图 10.9 所示的最大流路径中，A 中结点的出路最多一条，而 B 中各结点最多只能有一条入径。这一点可以从图 10.9 中很容易看出，A 中结点只有 1 个单位流量流入，因此只能有一条出去的流量。同理，B 中结点只有 1 个单位流量流出，因此只能有 1 个单位流量流入。

图 10.9 中各条边的容量均为 1，下面我们按照 Edmond-Karp 算法来求其最大流。首先，根据图 10.9 按照 BFS 找到从源点 s 到目标结点 t 的最短路径 s→ a→ 1→t，如图 10.10(a) 所示。该条路径上能扩展的流量为 1，扩展后的剩余流图如 10.10(b) 所示，其中路径 s→ a→ 1→t 的点画线为扩展后剩余流路径。再根据如图 10.10(b) 所示的剩余流图，经由 BFS 算法，找到下一条可扩展路径 s→ c→3→t，这条路径上可扩展的流量也为 1，如图 10.10(b) 所示。

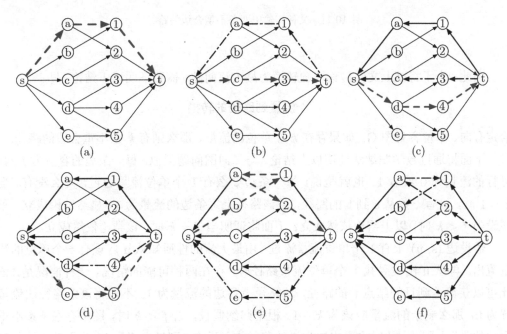

图 10.10　二向图最大匹配的计算示意图

根据 Edmond-Karp 算法，最后不难得到如图 10.10(f) 所示的剩余流图。该剩余流图不再有可扩展路径，可得图 10.9 的最大流 $f=4$，意味着图 10.8 的最大匹配数就是 4。匹配关系就是剩余流图 10.10(f) 对应的流图，在将该流图上的源点 s 和目标点 t 删除后，如图 10.8 所示。

10.3.2　文件传输中的不重合边问题

假设现在需要在网络中传输两个不同的文件，文件均从出发点 s 发往终结点 t，为了避免在网络中可能出现的拥堵，要求两个文件在传输过程中经过的路径没有重合。如果是需要传输 k 个文件，则需要找出 k 条没有重合边的路径。如图 10.11 所示，其中有 $k = 2$ 条没有重合边的路径，一条为图中虚线所示的路径，另一条则为点画线所示的路径。

这个问题我们同样可以利用最大流算法求解。首先，需要考虑如何把这个问题转换成一个最大流问题。假设给定有向图 G，该图中存在从初始结点 s 到目的结点 t 的 k 条没有重合边的路径。如果每一条路径上流过 1 个单位的流量，那么该图有 k 个单位流量从结点 s 流出，k 个单位流量流入结点 t。该流量满足流量图的三个限制条件。

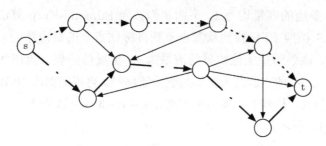

图 10.11 文件传输中两条不重合边的路径

因此，为了将以上文件传输问题转换为最大流问题，需要证明以下结论，即：

流量到路径的转换

给定有向、单位容量图 G。如果存在 k 个单位的流量，那么则有 k 条不重合边的路径。

下面将通过数学归纳法证明以上结论。与二向图问题类似，每一条边的容量为 1，其可行的流量为 0 或者 1。也就是说，每一条边要么有 1 个单位流量通过，要么没有。当 $k = 1$ 时，只有一条从 s 到 t 的路径，且该路径上每条边的流量为 1，显然结论成立。不妨设当 $f < k$ 时，以上结论依然成立。下面将证明当 $f = k$ 时，该结论依然成立。

假设边 (s, u) 上有 1 个单位流量流过，由最大流的性质知从 u 应该有一个单位的流量流出。再从 u 出发寻找 1 个单位流量路径时，存在两种可能的情况。一种情况是，依此可以获得达到目的结点 t 的路径，该路径上各边的流量为 1。不妨将该条路径的流量置为 0，那么剩余的流量应该为 $k - 1$。根据归纳假设，当 $f < k$ 时，图中存在 f 条不重合边的路径。因此，此时将原来置为 0 的路径加入进去，则最大流为 k，且不重合边数也为 k。

另外一种情况是，不能找到直达目标点 t 的路径，而是回到曾经经过的结点，这种情况意味着路径上存在环。如图 10.12(a) 所示，该图最大流等于 3。从源点 s 出发，其路径为 s→c→b→d→e→c，意味着回到原来曾经经过的结点 c，如图 10.12(b) 所示。此时，c→b→d→e→c 构成环。如果将这个环上的流量置为 0，那么原图的最大流量依然是 3，如图 10.12(c) 所示。

这意味着在第二种情况下，当置环的路径上的流量为 0 后，图的流量依然为 k。再依照第一种情况可以证明最大流为 k，则图中存在 k 条不重合边的路径。因此，命题得证。

以上证明过程实际也表明了如何从图 G 中寻找满足条件的路径，即：

(1) 求出图 G 的最大流；

(2) 从初始结点 s 开始，按照流图遍历路径；

(3) 如果在达到目的结点 t 之前，遇到环，则将属于该环的边的流量置为 0；

(4) 到达 t 后，输出从 s 到 t 的路径；

(5) 重复第二步，直到 s 出发的每一条可行流路径均已经遍历过。

以上算法的另外一个应用就是寻找如何最快地切断两地的通信。比如，已知城市 A 与城市 B 之间通信网络结构，那么最少需要剪切掉哪些结点间的连接才能彻底让这两座

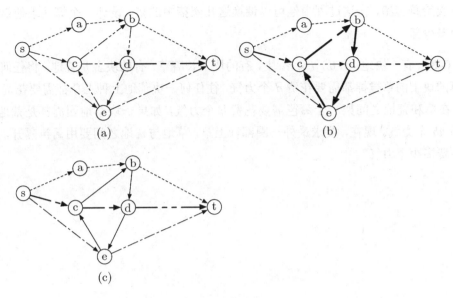

图 10.12 发生循环情况的示意图

城市之间的通信瘫痪？根据以上证明结果不难知道，最少剪切的边数就等于从结点 A 到结点 B 的最大流量，这里假设每一条边的流量要么等于 0、要么等于 1。

10.4 小结

最大流理论是由 Ford 和 Fulkerson 于 1956 年创立的，他们指出最大流的流值等于最小割 (截集) 的容量这个重要的事实，并根据这一原理设计了用逐步扩展求最大流的方法。后来，Edmonds 和 Karp 等人加以改进，使得求解最大流的方法更加丰富和完善。最大流问题的研究密切了图论和运筹学，特别是与线性规划的联系，开辟了图论应用的新途径。

在求解给定图的最大流时，读者要特别注意流量与容量的区别。尤其是，流图和剩余流图之间的异同，理解剩余流图中的边并非真实流图中实际存在的边，而是为了回退而存在的一条虚拟的边。

现实中的问题采用最大流算法求解时，最大的困难来自如何将原问题转化为最大流问题。在问题转换时需要特别注意结点的物理意义，以及始点和终点的设定。

课后习题

习题 10-1 有 n 头牛，有 f 种食物和 d 种饮料，每个牛喜欢一个或多个食物和饮料，但是所有的食物和饮料每种都只有一个，问最多可以满足多少头牛的需要？

习题 10-2 一个人有好几猪圈的猪，给你猪圈中猪的个数。这个人自己没有猪圈的钥匙。现在他知道有一些顾客要来买猪，他们会带来一些猪圈的钥匙。这样他就可以打开猪圈并卖给顾客猪,在这过程中他可以调换这几圈猪中的猪。设计一个算法求他最多可以卖出多少猪。

习题 10-3 有一块地,分成 $n \times m$ 块。有的块上长着草,有的块上是荒地。将任何一块长着草的块上的草拔掉都需要花费 d 个力气,往任何一块荒地上种上草都需要花费 f 个力气,在草和荒地之间架一个篱笆需要花费 b 个力气,如果一块草地四周都是荒地,则得花掉 $4b$ 个力气。现在,要求最外一圈都种上草,草地与荒地之间要用篱笆隔开,最少需要花费多少个力气?

第11章 随机算法

本章学习目标

- 了解两种典型的随机算法，即蒙特卡洛和拉斯维加斯算法的异同
- 熟练掌握利用随机算法求典型计算问题
- 了解随机快速排序算法时间复杂度分析过程

11.1 引言

当读者在参加考试遇到一道选择题并不知道如何求解时，是放弃该题的作答，还是会随便选择一个呢？大部分读者都不会倾向于放弃作答，因为这意味着该题你的得分必然是 0。往往大部分人倾向于**随机**选择一个选项作为解答。

如果只有 2 个选项 A 和 B，到底该选择哪一个作为最终的解答？这可以通过抛硬币的方式来确定最终的选项（如图 11.1）。向空中抛一次硬币，落地后如果正面朝上则选择 A，否则就选择 B。这意味着这两个选项各有 50% 的概率被选中。

在利用算法求解计算问题时，也会用到随机策略，即按照一个概率值来作出选择。也许读者会有疑问，我们之前学习的算法每一步都是确定的，现

图 11.1 通过抛硬币来进行决策

在引入随机策略，会不会让算法的执行出现混乱。带着这个疑问，本章将通过一些具体的示例来阐明随机策略在算法设计中的作用。

一般将随机算法分为两类，各自用世界有名的赌城分别命名，它们是拉斯维加斯（Las Vegas）和蒙特卡罗（Monte Carlo）。这两类随机算法是在算法执行效率和正确性之间权衡的结果。其中，拉斯维加斯算法能保证结果一定正确，但算法运行时间只能是平均情况下的多项式时间。也就是说，拉斯维加斯算法在执行过程中并不能总是保证其执行时间是多项式。蒙特卡罗算法则不同，该算法运行时间总是多项式时间，但是其运算结果只在一定概率下正确。因此，这两个随机算法各有特点，到底选择哪个算法需要根据具体问题进行选定。

本章将首先介绍如何利用随机算法判断矩阵乘积结果，该算法是一个典型的蒙特卡

罗算法，而随机的快速排序则是拉斯维加斯算法的应用。最后，还将介绍随机算法在选择第 k 小的数与寻找最小割这两个问题中的具体应用。

11.2 矩阵乘积结果验证

给定两个 $n \times n$ 矩阵 A 和 B，它们的乘积 C=A$\times$B。如果按照矩阵乘法公式，直接计算 C。那么 C 中每一个元素都需要 $\Theta(n)$ 次计算，C 中共有 n^2 个元素。因此，直接计算的算法效率为 $O(n^3)$。Strassen 在 1969 年提出可以利用分治算法改进这个算法，其算法效率为 $O(n^{2.81})$。理论上来说，计算 A$\times$B 的时间复杂度最高能提高到 $O(n^2)$，然而如果是需要验证 A$\times$B 是否等于某个已知的矩阵 C，那么其算法效率的能达到 $O(n^2)$ 吗？

为了验证 A$\times$B 是否等于 C，直观感觉就是先计算出 A$\times$B=D，然后再依次比较 D 和 C 是否相等。但是，我们已经知道计算 A$\times$B 目前还没有 $O(n^2)$ 的算法。因此，我们考虑的方向应该是尽量减少 A$\times$B 计算的次数。可以先让矩阵 B 与一个向量 x 相乘，其中 x 是 $n \times 1$ 大小的向量。B$\times$x 得到的是一个 n 行 1 列向量，且其时间复杂度为 $O(n^2)$。然后再用 A 乘以 B$\times$x，最后得到的依然是 n 行 1 列向量。也就是我们将 A$\times$B 转换为 A(Bx)，计算 A(Bx) 结果的时间复杂度为 $O(n^2)$。

我们的目的是验证 A$\times$B 是否等于 C，因此现在问题变成验证 A$\times$B$\times$x 是否等于 C$\times$x。不妨设 A$\times$B = D，因此有以下两种情况：

- 如果 D = C 成立，那么 D$\times$x = C$\times$x
- 如果 D $\neq$ C，那么 D$\times$x $\neq$ C$\times$x

以上计算通过引入一个新的变量x，简化了计算，从而可以在 $O(n^2)$ 的时间内判断 AB 是否等于 C。但是，如果我们仔细分析第二种情况，就会发现情况似乎并没有这么简单。这是因为如果 D $\neq$ C，仍有可能使得 D$\times$x = C$\times$x 成立。这一点可以从图 11.2 看出，矩阵 C 和 D 除了标出的两个元素外，其他元素均相等，但显然由于这两个元素不相等，因此 C$\neq$ D。然而，由于 x 与矩阵 C 和 D 中 3 和 1 对应的元素均为 1，因此有 Dx = Cx。

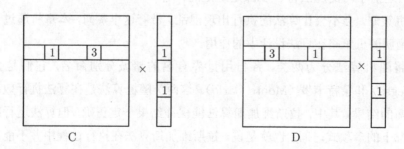

图 11.2　矩阵 C 不等于 D

通过引入一个新的变量提高了计算效率，但带来的结果是判断存在错误的可能。为了减少这种错误，可以随机产生 x 中的元素，比如 x 中每一个元素要么是 0、要么是 1。

到底选择其中的哪一个值，通过抛一枚硬币来决定，正面朝上为 1，反面朝上则取为 0。这意味着每一个元素取为 1 的概率为 50%。尽管 x 中元素是随机产生，但依然不能排除当 $D \neq C$ 时，存在 AB=C 的可能。那么发生这种情况的概率是多少呢？

不妨设 $D \neq C$，其中只有对应的行 $d \in D$ 与 $c \in C$ 不相等，D 和 C 中其他行元素都相等。在行 d 和行 c 中元素 $d_i \neq c_i$。如果 x 中元素是随机产生，那么只有当 $(d-c)x=0$ 时，才会发生误判，即错认为 D=C。

下面考察 $(d-c)x$，将它分为两个部分，第一部分 $(d_i-c_i)x_i$，第二部分为 $y = \sum\limits_{j \neq i}(d_j - c_j)x_j$。可以根据 y 和 x_i 的值来考察 $(d-c)x$，即

- 如果 y=0。那么当 $x_i=1$ 时，由于 $d_i \neq c_i$，则 $(d-c)x$ 第一部分一定不等于 0，显然可得 $D \neq C$；而当 $x_i=0$ 时，我们会误判 D=C。
- 如果 $y \neq 0$。那么当 $x_i=0$，可得 $D \neq C$；而 $x_i=1$ 时，如果 $y=(d_i-c_i)$，那么还是会误判 D=C；而当 $y \neq (d_i-c_i)$ 时，则不会发生误判。

综合以上的分析，问题是需判断 $AB = C$ 是否成立。按照前面介绍的通过引进一个向量 x，可以判断 ABx 是否等于 Cx 从而对 $AB = C$ 是否成立判断。其中，ABx=Cx 是否成立的输出为 "Y"（对应于 AB 等于 C），或者 "N"（AB 不等于 C），实现见代码 11.1。如果输出为 "Y"，意味着得到正确结果，即 $AB = C$；而当输出为 "N"，那么将有小于 1/2 的概率 AB=C，也就是发生了误判。

代码 11.1　判断矩阵乘积结果是否相等

```
1  import numpy as np
2  def check_equal(A, B, C):
3      size_matrix = A.shape
4      x = np.random.randint(2, size=size_matrix[0]) # 随机生成 0/1 向量 x
5      x.shape = (size_matrix[0],1)    # 将 x 变成列向量
6      D = A.dot(B.dot(x))             # D=A*(B*x)
7      C = C.dot(x)                    # C=C*x
8
9      for d,c in zip(D,C):            # 索引 D 和 C 中每一个元素
10         if d != c:
11             return False
12     return True
```

因为存在误判的可能，似乎不能得到正确的结果。那么，代码 11.1 实现的算法能得到正确结果吗？这里可以通过一个很简单的办法来提高判断结果的正确率，即 "重复"（见代码 11.2）。也就是说，可以运行 k 次如代码 11.1 所示的算法，由于每次产生 x 都是相互独立的，那么如果这 k 次中都是输出 "N"，这意味着 $AB \neq C$。由于重复运算了 k 次，因此发生误判的概率为 $1/2^k$，也就是随着重复次数的增加，误判的概率会变的很小。同时，重复 k 次，算法复杂度仍然是 $O(n^2)$。

代码 11.2 重复判断提高正确的概率

```python
if __name__ == "__main__":
    num = 10   # 矩阵大小
    A = np.random.rand(num,num)
    B = np.random.rand(num,num)
    C = np.random.rand(num,num)
    k = 20   # 重复次数

    if check_equal(A, B, C):
        print("AB is equal to C")
    else:   # 如果 AB 不等于 C, 则再重复 k 次, 判断它们是否相等
        num_false = 0
        for ik in range(k):
            if not check_equal(A, B, C):
                num_false += 1
        if num_false == k:
            print("AB is not equal to C")
        else:
            print("uncertain")
```

代码 11.1 中第 1 行导入了 Python 中最为常用的数值计算库 numpy（www.numpy.org）。代码 11.2 第 8 行判断 A(Bx) 是否等于 Cx, 如果这两者相等, 则输出 AB 等于 C。否则, 重复调用函数 check_equal() 共 k 次, 从这 k 次判断记录下函数 check_equal() 返回 False 的次数 num_false。当 num_false 等于 k 次时, 则输出 AB 不等于 C。

矩阵乘积结果验证是一个非常典型的蒙特卡罗算法随机算法。这是因为算法是以一定概率获得正确结果, 但其时间复杂度是多项式时间。但需要强调的是, 通过重复, 可以将算法获得正确解的概率提高到一个可以接受的范围。

11.3　快速排序

本节我们将学习一个使用频率很高的排序算法, 快速排序（Quick Sort）, 快速排序的实现将会利用随机算法。快速排序与第 5 章介绍的合并排序相似, 也可以看作是分治算法。

根据分治算法求解问题的三个步骤: 首先, 假设存在策略 quick_sort(), 它可以对输入序列 A 进行排序; 其次, 将输入序列根据支点数（Pivot）分为两个部分 A_right 和 A_left, 其中支点数就是从输入序列 A 中选出的某个元素; 然后, 利用递归, 也就是利用策略 quick_sort() 来完成对 A_right, A_left 的排序; 最后, 合并排序的结果, 得到有序的序列 A。

11.3.1 根据支点数划分输入序列

粗略地看，似乎快速排序和合并排序没有显著的区别。其实不然，这两个算法最大的不同就是在分解部分。合并排序算法的分解就是简单的划分，并没有涉及到计算。而快速排序是根据支点数进行划分，划分的结果是支点数左边部分的数均小于等于该支点数，而右边部分的数均大于该支点数，如图 11.3 所示。

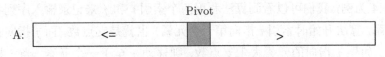

图 11.3　根据支点数划分后的结果示意图

通过一次划分，实际就是找到当前的支点数在输出序列中的位置。经过一次划分，所有在支点数左边的数均小于等于支点数，支点数右边的数都大于支点数。需要注意的是，左边数据之间的相互大小关系并没有任何限制，同时支点数右边部分的数据之间大小关系同样没有任何限制。因此，需要进一步处理划分后支点数左右两边的序列。由于每一次划分就能找到输入序列中一个元素的输出位置，因此经过若干次划分后输入序列就成为了一个有序的输出。

那么如何进行划分呢？由于划分的目的是将输入数据按照选定的 Pivot 进行重排，且大小关系如图 11.3，可以使用以下步骤来完成划分（实现见代码 11.3）：

(1) 将选定的 pivot 数放置于输入序列的第一位；

(2) 设索引 $i = 0$;

(3) 从 $j = i + 1$ 开始循环序列中每一个元素；

- 如果 j 当前索引的元素比 pivot 小，则将索引 i 右移一位，然后交换当前 j 指向的元素和 i 所指向元素的位置，将 j 右移一位

- 如果 j 当前索引的元素比 pivot 大，则仅将 j 右移一位即可

(4) 当 j 索引到元素最后一个元素后，交换第一位元素与当前 i 指向元素的位置，并返回 i。

代码 11.3　按照支点数划分序列

```
1  def partition(A,start,end):
2      pivot=randint(start,end)
3      temp=A[end]
4      A[end]=A[pivot]
5      A[pivot]=temp
6      newPivotIndex=start-1
7      for index in range(start,end):
8          if A[index]<A[end]:
9              newPivotIndex=newPivotIndex+1
10             temp=A[newPivotIndex]
```

```
11        A[newPivotIndex]=A[index]
12        A[index]=temp
13    temp=A[newPivotIndex+1]
14    A[newPivotIndex+1]=A[end]
15    A[end]=temp
16    return newPivotIndex+1
```

以图 11.4 为例，我们可以看到算法利用两个索引 i 和 j 来记录输入序列各个元素与支点数的关系，算法开始时索引 i 指向第一个元素，也就是支点数，而 j 指向输入序列的第二个元素。如果 j 指向的元素大于支点数，则移动 j 至下一个元素。当 j 指向的元素小于支点数时（如图 11.4(2) 所示），这时首先将 i 向右移动一位，并交换当前 i 和 j 所指向元素的位置，也就是序列中 5 和 10 交换位置。这样保证从支点数右边开始直到 i 指向的各个元素，它们的值都小于等于支点数。而从第 $i+1$ 到第 j 位元素都大于支点数，对应图中有深色背景单元格内的元素。按照以上算法执行，直到 j 指向输入序列的最后一个元素（图 11.4(7)），交换支点数 6 与当前 i 指向的元素 2 的位置，得到图 11.4(8) 所示的结果，返回当前 i 的位置。

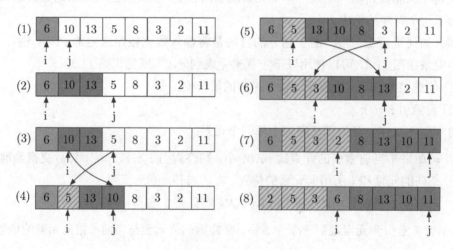

图 11.4　根据支点数划分的算法示意

以上的计算过程与合并排序的另一个不同，就是不需要额外的数组。因此从这个角度说，快速排序是一类原地排序算法（Sort in Place）。

11.3.2　选择支点数

也许看到这里，读者会奇怪似乎快速排序中并没有出现随机计算。其实，快速排序中的随机是用于挑选支点数。当需要确定序列中哪个元素作为支点数时，是通过随机的方式来选定的。每一个元素被选中的概率相等，至于谁被选中，可通过抛硬币的方式来决定。比如图 11.4 中的 8 个元素，每一元素作为支点数的概率 1/8。这相当于有 8 个相同的球放置于密封的容器内，每一个球有一个编号，编号对应于输入序列元素的位置索引，如图 11.5 所示。我们闭着眼睛，随机的从容器内取出一个球，该球上的编号就对应取为支点数的位置索引。

为什么需要利用随机算法来选择支点数？我们先考虑一种极端的选择支点数的情况，即每次选出的支点数，一端总是没有元素。也就是说，要么所有的数都比支点数小，要么所有的数都比支点数大。这种情况下快速排序算法的时间复杂度为

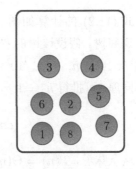

$$T(n) = T(0) + T(n-1) + \Theta(n)$$
$$= T(n-1) + \Theta(n) \qquad (11.1)$$

图 11.5　随机选择支点数

如图 11.6 所示，通过替换法不难计算得 $T(n) = \Theta(n^2)$。也就是说，这种情况下选出的支点数，导致快速排序算法的效率还没有合并排序效率高。

那么支点数具有什么样的特征能提高算法效率呢？我们可以将支点数类比为挑担子的支点，如果读者挑过担子，就会知道挑 50kg 重的物品，前后担子的重量相当的话挑起来比较省力，也就是说前后筐的重量均为 25kg（如图 11.7）。如果所有的重量都在一个筐子里，这种情况下当然挑起来就非常吃力。因此，当选出的支点数把输入序列一分为二的时候，直观上感觉算法效率会高。此时，$T(n) = 2T(n/2) + \Theta(n) = \Theta(n\log n)$。根据计算可知，我们的直观感觉符合预期的结果，即选出到支点数能均匀的分配两端元素个数时，其算法效率得到了提高。

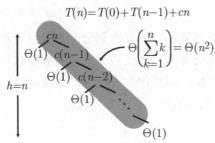

图 11.6　一端有元素情况下算法时间复杂度计算　　图 11.7　挑担子应该合理分配前后筐物品重量

根据前面的分析，我们知道合理选择支点数将会影响快速排序算法性能。并且知道，如果支点数能将两端的数划分的大致相等，那么快速排序算法的效率为 $\Theta(n\log n)$，我们称这种划分是幸运划分。而如果支点数将输入序列划分后，导致一端总没有元素，其算法效率将是 $\Theta(n^2)$，称这种划分是不幸运划分。

如果支点数的两端元素个数的比例是 $1/10 : 9/10$，这种情况下是幸运划分还是不幸运划分呢？这种划分是不平衡划分，一端的元素非常多，而另一端的元素相对非常少。也许直观来看，这种划分应该还是不幸运划分。然而，这一次的直观感觉是错误的，因为我们将证明此种情况下的划分其算法时间复杂度仍然是 $\Theta(n\log n)$。

此时，有

$$T(n) = T\left(\frac{1}{10}n\right) + T\left(\frac{9}{10}n\right) + \Theta(n) \tag{11.2}$$

式 (11.2) 的计算如图 11.8 所示。将 $T(n)$ 按照递归式展开，该树显然是一棵不对称的递归树。假设该树的左边部分高为 h_1，右边部分高为 h_2。左边部分结点从 $1/10^0 n$，$1/10^1 n$，$1/10^2 n$，$\cdots$，$1/10^{h_1} n$ 依次变化。其中，$1/10^{h_1} n = 1$。因此，$h_1 = \log_{10} n$。

同理，可推得 $h_2 = \log_{10/9} n$。因此可得：

$$cn\log_{10} n \leqslant T(n) \leqslant cn\log_{10/9} + O(n) \tag{11.3}$$

这意味着，$T(n) = \Theta(n\log n)$。这说明按照支点数按照 $1/10:9/10$ 比例划分输入序列，快速排序算法的时间复杂度仍然是 $\Theta(n\log n)$。

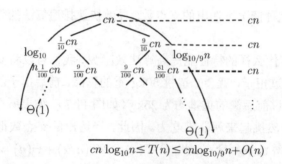

图 11.8　按 1/10:9/10 比例划分后算法时间复杂度计算

11.3.3　随机快速排序

上节的结果表明哪怕是按 $1/10:9/10$ 比例的划分，都是幸运划分。这个结论对随机快速排序来说非常重要，意味着随机的从序列中选出一个支点数，并不需要它将左右两端均匀的一分为二，而只需要能按 $1/10:9/10$ 比例将序列一分为二，就可以得到 $O(n\log n)$ 的排序算法。因此，我们得到如下所示的随机快速排序算法流程：

(1) 从输入序列中**随机**地选择一个支点数；

(2) 按照选出的这个支点数对输入序列进行划分；

(3) 如果得到一个不幸运的划分，也就是有一个部分数据占总数比例小于序列的 $1/10$，那么重复第 (1) 步，直到获得一个幸运的划分为止；

(4) 递归处理划分后得到的两个子序列。

但也许读者还会有疑问，那会不会随机选择的支点数总不能得到一个幸运划分，从而导致不停地选择支点数。也就是以上算法的第 (3) 步会循环很多次，从而降低算法的时间效率。下面我们将分析，按照以上算法可以得到一个 $O(n\log n)$ 时间复杂度的快速排序算法。

假设按照以上算法处理 n 个数据的平均时间复杂度为 $T(n)$，这个时间应该包括三个部分：

- 处理划分后左边部分的时间 $T(i)$
- 处理划分后右边部分的时间 $T(n-i)$
- 重复选择支点数的平均次数 $E[\#\text{partitions}]$ 乘以执行划分的时间 cn

也就是

$$T(n) \leqslant T(i) + T(n-i) + E[\#\text{partitions}] \times cn \tag{11.4}$$

由于我们的划分总是要得到一个幸运划分，因此 $i \in [n/10, 9n/10]$。要计算 $T(n)$，显然需要计算 $E[\#\text{partitions}]$。由于选择支点数而导致不幸运划分的概率很低，只有 $2/10$。因此尽管每次是随机选择支点数，得到幸运划分的可能仍有 $8/10$。那么，如果当前得到一个不幸运划分，我们将再次选择一个新的支点数，那我们平均需要重复多少次，才能得到一个幸运划分呢，也就是 $E[\#\text{partitions}]$ 等于多少？

我们说 $E[\#\text{partitions}] = 8/10$。就好比你有一个硬币，随机的扔 1 次它 $8/10$ 的概率正面朝上，那么你重复扔多少次，会第一次出现正面朝上，显然需要扔 $10/8$ 次，也就是平均下来不超过两次。计算出 $E[\#\text{partitions}]$ 后，式 (11.4) 就可以通过 Master 法求解，得 $T(n) = O(n \log n)$。

随机快速排序实现见代码 11.4，正是由于得到不幸运划分概率很小，因此该实现中并未判断划分是否幸运。读者可以考虑修改其实现，增加划分是否幸运的判断。

代码 11.4 快速排序算法

```
1  from random import randint
2  def inPlaceQuickSort(A,start,end):
3      if start<end:
4          pivot=randint(start,end)          # 随机选择一个支点数
5          temp=A[end]
6          A[end]=A[pivot]
7          A[pivot]=temp
8
9          p=partition(A,start,end)          # 按照支点数划分 A
10         inPlaceQuickSort(A,start,p-1)      # 递归处理左边部分元素
11         inPlaceQuickSort(A,p+1,end)        # 递归处理右边部分元素
```

随机快速排序是一个典型的拉斯维加斯算法。尽管选择支点数是采用随机策略，但是其输出结果总是正确，也就是选择的支点数能得到幸运划分。在随机快速排序中，牺牲的是重复选择支点数的时间。但是，由于总能得到幸运划分，因此确保算法总的效率在期望的范围内。

11.4 选择第 k 小的数

给定包含 n 个元素度无序序列 A，要求找到其中第 k 小的数。比如输入序列 A$=[21, 17, 30, 5, 8, 19, 10]$，当 $k = 4$ 时，返回元素 17；当 $k = 5$ 时，返回 19。当 $k = \lfloor n/2 \rfloor$

时，实际上就是求输入序列的中位数。

以上问题最直观的解法就是，先对输入序列进行排序，然后根据 k 返回排序后序列的元素。比如上例排序后的序列为 A_sorted=$[5, 8, 10, 17, 19, 21, 30]$，这时可以直接根据 k 从 A_sorted 返回对应的元素就可以。这种方法的算法复杂度为 $O(n \log n)$，算法的时间开销主要在排序上。那么有没有比 $O(n \log n)$ 效率更高的算法呢？在第 6.5 节，我们介绍了 Blum 和 Floyd 等提出的一个线性时间 $O(n)$ 的选择算法，该算法是分治算法的一个巧妙应用。下面，我们介绍利用随机算法来实现选择的方法，该算法的时间复杂度同样是 $O(n)$。

前一节我们学习了快速排序，快速排序中用到一个划分函数 patition( )（见代码 11.3）。这里还会用到该函数（实现见代码 11.6），它的功能依然是将一个序列按照支点数进行划分，使得支点数的左边所有元素都小于该支点数，而支点数右边的所有元素均大于该支点数（如图 11.5）。这里，需要在函数 quick_select(A, i) 中用到 patition( )。函数 quick_select(A, k) 的功能就是实现从序列 A 中选择第 k 小的数。如果随机选择一个支点数，它返回的下标 k' 恰好等于 k，那么显然这时支点数就是第 k 小的数。或者，还存在以下两种情况：

(1) 如果 $k < k'$，则说明需要寻找的元素在支点数的左边，此时递归调用 quick_select(A$[1 \cdots k' - 1], k'$)；

(2) 如果 $k > k'$，则说明需要寻找的元素在支点数的右边，此时递归调用 quick_select(A$[k' + 1 \cdots k'], k' - k$)。

经过这样一次比较，就可以排除近一半的元素。剩余的元素可以利用相同的办法，逐步缩小查找的范围，直到最终找到满足要求的元素为止，算法实现见代码 11.5。

代码 11.5 快速选择第 k 小的数

```python
def quick_select(a,k):
    (left,pivot,right) = partition(a)
    if len(left)==k-1:          # 支点数恰好就是第 k 大的数
        result = pivot
    elif len(left)>k-1:         # 第 k 大的数在左边部分划分，递归求解
        result = quick_select(left,k)
    else:                       # 第 k 大的数在右边部分划分，递归求解
        result = quick_select(right,k-len(left)-1)
    return result
```

比如，上例中 A=$[21, 17, 30, 5, 8, 19, 10]$，$k = 4$。假设初始支点数 pivot=10，按此划分后的序列为 A$_1 = [21, 17, 30, 19, 10, 5, 8]$。此时 $k < k' = 5$，则返回的元素应该支点数左边，即 $[21, 17, 30, 19]$ 中。依此过程，最终返回元素 17。代码 11.5 中第 2 行调用函数 partition( )，实现对 A 的划分。partition( ) 函数的实现见代码 11.6。

代码 11.6 快速选择的按支点数划分函数

```
1  def partition(a):
2      ## 边界条件
3      if len(a)==1:
4          return([],a[0],[])
5      if len(a)==2:
6          if a[0]<=a[1]:
7              return([],a[0],a[1])
8          else:
9              return([],a[1],a[0])
10     ## 随机选择支点数
11     p = random.randint(0,len(a)-1)     # 支点数索引
12     pivot = a[p]        # 支点数
13     right = []          # 右边的划分
14     left = []           # 左边的划分
15     for i in range(len(a)):
16         if not i == p:
17             if a[i] > pivot:
18                 right.append(a[i])
19             else:
20                 left.append(a[i])
21     return(left, pivot, right)
```

以上算法在选择支点数时，采用了随机策略。由于随机性的存在，它能保证这个算法的时间复杂度总是线性时间吗？下面我们将证明，以上算法的平均执行时间为 $O(n)$。为了更好地理解证明过程，我们先给出一个直观的解释。假如我们有一块蛋糕，随机的将它分为两块，其中一块的平均大小为原来蛋糕大小的 3/4。每次我们总是选择这块较大的蛋糕继续切分，那么我们切分的次数可以用递归式 $T(n) = T(3n/4) + O(n)$ 表示，可以证明该式 $T(n) < 4n$，也就是切的次数是 n 的线性函数。但是，需要注意的是，由于每次切分后较大块大小为 $3n/4$ 是一个均值，也就是切分后大块蛋糕大小会有变动。

为此，不妨设 $T(n)$ 为在个数为 n 的序列找到第 k 小元素的**平均**时间。$T(n)$ 包括两个部分：①将输入序列一分为二的时间，所需的计算步数为 n；②切分后处理剩余序列的时间。但是，由于支点数是随机选择的，因此似乎并不能准确知道这个剩余序列的大小。然而，递归分解得到的两个子序列大小要么是 $0, n-1$，或 $1, n-2$，或 $2, n-3$，直到 $n-1, 0$。因此，可得

$$T(n) = n - 1 + \sum_{i=0}^{n-1} Pr(E_i)(\max(T(i), T(n-i))) \tag{11.5}$$

式中 E_i 表示把序列划分成两个大小分别为 i 和 $n-i$ 的子序列的事件。式中之所以取最大值，是因为为了求得算法执行时间的上界，总是选择两个子序列中较长的做为下一次待切分的序列。

此外，由于 $\max(T(i), T(n-i))$ 与 $\max(T(n-i), T(i))$ 等价，式 (11.5) 可进一步化简得：

$$T(n) \leqslant n + 2 \sum_{i=0}^{n/2-1} Pr(E_i)(\max(T(i), T(n-i))) \tag{11.6}$$

由于是随机切分，因此序列被切分成 $0, n-1$，或 $1, n-2$，或 $2, n-3$，直到 $n-1, 0$ 都是等可能的，即 $Pr(E_i) = 1/n$，因此可得：

$$T(n) \leqslant n + \frac{2}{n} \sum_{i=0}^{n/2-1} (\max(T(i), T(n-i))) \tag{11.7}$$

下面将利用数学归纳法，证明根据式 (11.7) 可得 $T(n) = O(n)$。

假设对 $i < n$，都有 $T(i) \leqslant ci$。由此，得

$$
\begin{aligned}
T(n) &\leqslant n + \frac{2}{n} \sum_{i=0}^{n/2-1} (\max(ci, c(n-i))) \\
&\leqslant n + \frac{2}{n} \sum_{i=n/2}^{n-1} (ci) \\
&\leqslant n + c\frac{2}{n} \sum_{i=n/2}^{n-1} (i) \\
&\leqslant n + c(3n/4) = n(1 + 3c/4) \\
&\leqslant 4n(c = 4)
\end{aligned} \tag{11.8}
$$

因此，通过随机算法实现的选择第 k 小的算法时间复杂度为 $O(n)$。

11.5　寻找最小割边

在第 10 章，我们已经学习过图的割，并且知道了最大流最小割定理。如图 11.9 所示，把图 G=(V, E) 的结点 V 分割成两个部分 S 和 S-V 的边的集合称为割。假如现在的输入是无向图 G，输出是把图 G 分割成两个部分的最小割，意味着割的边数最小。图 11.9 中所示的割就是最小割，该割的边数为 2，它把原图一分为二。割用一对结点的集合表示，即 (S, V-S)。

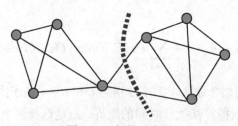

图 11.9　割的示意图

下面介绍求解最小割的随机算法，该算法由 David Karger 在 1993 年提出。该算法的基本思路就是，由于最小割是最小的边集合，因此从图中随机的选择一条边，能选到属于最小割边的概率较低，也就是说会大概率选到不属于最小割的边。不停从图中选择剩余的边，最后被选中的边就将它当作最小割的边。算法的步骤为：

(1) 如果剩余的结点超过两个，则持续进行选择；

- 随机的选择一条边 e，其中该边的两个结点为 u 和 v
- 合并结点 u 和 v，得到新的图

(2) 图中剩余边即为最小割边。

以图 11.10 所示的为例，随机的从图中选择第一条边，假如选择的是 C 连接 D 的一条边，用粗体实线表示。然后，合并这两个结点 C 和 D，得到新的图并随机选择边 (B, E)。依此步骤选择边，然后合并结点。当图剩余两个结点时，算法终止，此时剩余边即为最小割边。算法实现见代码 11.7。

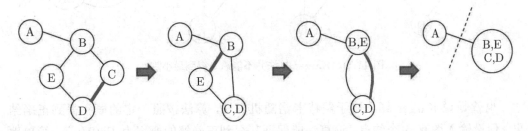

图 11.10　Karger 算法示例图

代码 11.7 寻找最小割的 Karger 算法

```
1  def choose_random_key(G):
2      v1 = random.choice(list(G.keys()))
3      v2 = random.choice(list(G[v1]))
4      return v1, v2
5
6  def karger(G):
7      length = []
8      while len(G) > 2:
9          v1, v2 = choose_random_key(G)    # 随机选择两个结点
10         G[v1].extend(G[v2])              # 合并 v1 和 v2
11         # 根据合并调整边的连接
12         for x in G[v2]:
13             G[x].remove(v2)
14             G[x].append(v1)
15         while v1 in G[v1]:
16             G[v1].remove(v1)
17         del G[v2]
```

```
18      for key in G.keys():   # 得到最小割边的数量
19          length.append(len(G[key]))
20      return length[0]
```

以上算法非常简单，由于其计算遍历了所有边，以上计算过程的时间复杂度为 $O(|E|)$。然而，由于在计算过程使用了随机策略，因此以上计算并不总能确保得到最小割边。如图 11.11 所示，初始随机选择边 E=(C, D)，然后合并结点 C 与 D。然后，随机的选择边 E=(A,B)，并合并这两个点。此时，选择合并结点 A 与 B 使得最终得到的并非最小割。

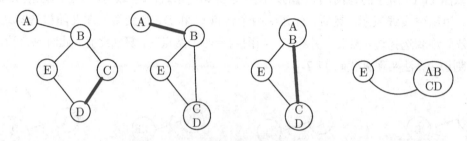

图 11.11　Karger 算法并不能总是得到最小割

也就是说 Karger 算法属于蒙特卡洛随机算法，算法按照一定的概率得到正确结果。假设输入图有 n 个结点，该算法能保证其得到正确解的概率为 $Pr(2/n^2)$。简单地说，Karger 算法只要能保证每次挑选出来的边不属于最小割就可以确保得到正确解，然而由于是随机挑选边，就有一定的概率选择的边属于最小割边，从而导致结果出错。因此，只需要计算各次挑选的边不属于最小割边的概率，且每次挑选边的事件相互独立，这样就可以算出 Karger 得到正确解的概率。需要注意的是，随着计算次数的累加，出错的概率会依次增加，这是因为合并后图会越来越小。这个结论的详细证明可以参考 https://www.cs.princeton.edu/courses/archive/fall13/cos521/lecnotes/lec2final.pdf。

如果输入图有 10 个结点，那么按照 Karger 算法，获得正确解的概率将是 1/50。也许读者会觉得这个概率非常小，但是如果重复执行 Karger 算法多次，如 50^2 次，然后选择这 2500 次重复计算结果的最优值作为最终的解，那么获得正确解的概率将非常大。重复 Karger 算法 n^2 次，不能得到最小割的概率为

$$(1 - 2/n^2)^{\frac{n^2}{2}} \leqslant 1/e \text{ ①}$$

那么如果重复 Karger 算法 $n^2 \log n$ 次，不能得到最小割的概率为

$$(1 - 2/n^2)^{\frac{n^2}{2} \log n} \leqslant (1/e)^{\log n} \leqslant 1/n$$

因此，如果重复 Karger 算法 $100^2 \log 100$ 次，那么不能得到最小割的概率为 1/100，也就是说获得正确解的概率达到 99%。

① 对任何大于 1 的数 x，有 $1/4 \leqslant (1 - 1/x)^x \leqslant 1/e$ 成立。

11.6　小结

学习了随机算法，读者应该了解到随机并非占卜，完全靠运气。随机算法是一个科学的计算方法。就蒙特卡洛算法而言，大部分时候算法输出的是正确结果，很小一部分时候是不正确的结果。但是，之所以能够容忍有错误的时候，是为了加快算法总体执行效率。特别是，通过增加重复，可以提高得到正确解的概率。

对拉斯维加斯算法而言，其计算结果总是正确的。为了得到这个正确的结果，其算法执行时间只能是在一定概率下是多项式时间。尽管鱼与熊掌不可兼得，但我们仍然可以设计算法，让它以很高的概率高效执行。

课后习题

习题 11-1　列举生活中你采用随机算法来完成的事件。

习题 11-2　古代占卜、算卦常常用来帮助人们做出决策，请从算法角度解读占卜和算卦背后的错误。

习题 11-3　设计一个随机算法，输出一个素数。

习题 11-4　修改代码 11.7，让它可以返回最小割的边。

第 12 章 算法复杂度

本章学习目标

- 了解计算问题的基本分类
- 理解 P 问题、NP 问题、NPC 问题的定义
- 了解几个典型的 NPC 问题，理解为什么证明 P 是否 NP 是计算机领域最为重要的问题之一

12.1 引言

到目前为止，我们已经学习了分治、贪心、动态规划等各种设计算法的方法，利用这些方法已经高效地解决了许多问题。也许读者会想，只要我们足够聪明，对于所有的问题似乎都能找到一个高效的算法。通过这章的学习，将会发现原来并不是所有问题都有高效的算法，甚至有些问题根本就没有解。

这章将学习如何对问题进行分类，并且会介绍一类特殊的问题集合，叫 NPC 问题 (NP-Complete)。NPC 问题到目前为止，依然困扰着计算机理论科学家，因为我们还不知道是否有多项式时间的算法去求解这类问题。也许有，也许没有，没有人能给出确定的回答。

通过本章还将学习到，在什么情况下我们放弃尝试设计多项式时间复杂度的算法去求解一个问题。本章将首先介绍问题的分类，然后再分别介绍 P 问题、NP 问题和 NPC 问题的定义。最后，将简单介绍被认为是计算机科学王国上的皇冠的一个问题 —— P 问题是否等于 NP 问题。

12.2 问题的分类

12.2.1 易解与难解

为了便于研究动物，动物学家会把动物依次分为各种等级，即域、界、门、纲、目、科、属、种等八个主要等级。每一种动物，都可以给它们在这个等级序列中冠以适当的名称和位置。如大熊猫，属于动物界，脊椎动物门、哺乳纲、食肉目、大熊猫科、大熊猫

属。那么为什么要给动物进行分类呢？主要的目的是建立反映动物系统发展、亲疏远近的"家谱"——亲缘关系，从而反映动物进化的过程和趋向。

与动物分类类似，在前面章节遇到的各种问题，我们能否根据一定的准则对它们进行分类？分类的好处之一就是，对于同一类问题，也许求解它们的算法具有共性。那么该根据什么准则来对问题进行分类呢？一个简单的准则就是求解问题的难度，即将问题分为易解和难解两类。

前面章节遇到的大部分问题都是易解问题，比如：

- 给 n 个数进行排序（第 5.2.1 节、第 5.2.2 节和第 5.2.3 节）
- 在给定的有向无环图中，找到从源点到目的点的最短路径（第 8.4 节）
- 求连续子序列和的最大值（第 9.3.2 节）等

以上问题的共性是，其算法复杂度为多项式时间，也就是算法复杂度都是形如 $O(n^2)$，$O(n \log n)$，$O(n^3)$。一般而言，如果求解一个问题的算法复杂度为 $O(n^k)$，其中 k 为常数，n 是问题的输入规模，那么就将这个问题称为易解问题，或者 P（Polynomial）问题，英文单词 Polynomial 的意思就是多项式。

也许有读者会产生疑问，多项式的定义是

$$a_k n^k + a_{k-1} n^{k-1} + \cdots + a_1 n + a_0 \tag{12.1}$$

其中，$a_k, a_{k-1}, \cdots, a_1, a_0$ 均为常数。那为什么算法时间复杂度为 $O(\log n)$ 或 $O(n \log n)$ 的问题也是易解问题？尽管 $\log n$ 和 $n \log n$ 不是多项式形式，但它们的上界 n 和 n^2 是多项式，因此我们称算法复杂度为 $O(\log n)$ 或 $O(n \log n)$ 的问题为易解问题。

如果某个问题，其算法复杂度是形如 $\Omega(2^n)$，$\Omega(n!)$ 或 $\Omega(k^n)$，其中 k 为常数，那么这类问题就不能称为易解问题，而是难解问题。比如 4.4.3 节遇到的汉诺塔问题，2.5.3 节的子集和问题，以及 4.4.2 节介绍的列出 n 个元素的全排列问题，求解这些问题的算法时间复杂度均为 $O(2^n)$。这些问题当输入数据规模较大时，根据本书的算法其运行时间都是按照年来计算的天文时间，因此称这些问题为难解问题。

根据求解问题算法的时间复杂度，我们将问题分为了易解与难解问题。难解问题的时间复杂度尽管是指数规模，但依然是可求解的问题。这是不是意味着所有的问题都可以求解呢？其实不然，除了可解问题外，其实还有许多问题是无解的。比如著名的停时问题 (Halting Problem) 就没有解。

12.2.2　无解的问题

以 Python 语言为例，假如存在一段程序 P 以及输入 I，我们要确定的是这个输入为 I 的程序 P 是否会运行终止？也就是说程序 P 会不会无限循环下去。比如，代码 12.1 对任意的输入而言，编译运行会无限循环下去，也就是说函数 is_not_stop() 不会终止。

代码 12.1 无限循环的函数

```python
1  def is_not_stop():
2      while True:
3          continue
```

而代码 12.2 中的函数 is_stop() 对于任意的输入 I，都可以终止。

代码 12.2 可终止的函数

```python
1  def is_stop():
2      print("Hello World!")
```

假如存在一个算法 A 可以解决停时问题，也就是说可以通过算法 A 来判断代码 P 及输入 I 是否不会陷入无限循环。也就是，

- A(P, I) = 1，如果输入为 I 的程序 P 停时；
- A(P, I) = 0，如果输入为 I 的程序 P 无限循环。

下面我们将构造一个特殊的函数 ABASHER，并证明当该函数输入是代码 ABASHER 时，既不能确定它是停时，也不能确定它是否为无限循环，即该问题 无解。

代码 12.3 构造的不可解函数

```python
1  def ABASHER(P):
2      if A(P, P) = 1:
3          enter infinite loop
4      else if A(P, P) = 0:
5          stop
```

ABASHER(ABASHER) 是否可以运行终止？这里函数为 ABASHER，函数的输入 为代码 ABASHER。

如果 ABASHER(ABASHER) 可以运行终止，那么根据代码 12.3 第 4 行，意味 着 A(ABASHER, ABASHER) = 0。而根据之前的假设，则意味着当 A(ABASHER, ABASHER) = 0 时，ABASHER (ABASHER) 应该无限循环下去。这意味着不能确定 ABASHER(ABASHER) 是否可以运行终止。

此外，如果 ABASHER(ABASHER) 无限循环，根据代码 12.3 第 2 行，意味着 A(ABASHER, ABASHER) = 1。同样根据之前的假设，当 A(ABASHER, ABASHER) = 1 时，ABASHER (ABASHER) 应该停时，同样得到矛盾的结果。也就是不能确定 ABASHER(ABASHER) 是否会无限循环。

以上表明对于 ABASHER(ABASHER) 既不能判定它可以停时，也不能判定它无限 循环运行。也就是说，这个问题不能用算法 A 给出"正确"或者"错误"的结论，即该问 题不可解。

12.2.3　难解问题的证明

根据前面的分析,我们将问题分为可解与无解两个大类,可解的问题集合里面又分为易解与难解两类(如图 12.1)。然而,在可解的问题集合中,在易解的上界与难解问题的下界之间,还存在一类问题。这类问题目前的算法是指数复杂度,但是目前我们还不能证明这些问题一定没有多项式时间复杂度的算法。下面将举例来介绍这些问题。

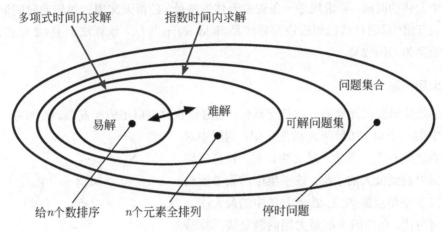

图 12.1　问题分类

旅行商问题

中国电子商务的发展得益于物流的迅猛发展,比如在京东、亚马逊等网站购物后,也许第二天就可以收到购买的商品。假如某个物流公司为了分销某类商品,需要跑遍国内的 661 个城市(如图 12.2 左图)。已知每一个城市之间的距离,需要规划一条从杭州出发,途经 661 个城市中的每一个城市,最后回到杭州的路径。要求这条路径是所有可行路径中,总的里程数最短的一条路径(如图 12.2 右图)。

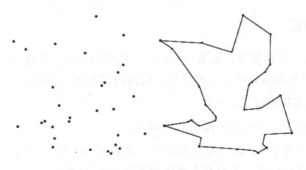

图 12.2　TSP 问题的输入与解

以上就是著名的旅行商问题(Traveling Salesman Problem,TSP),又译为旅行推销员问题、货郎担问题,简称为 TSP 问题。TSP 的历史悠久,最早的描述是 1759 年欧拉研究的骑士周游问题,即对于国际象棋棋盘中的 64 个方格,走访 64 个方格一次且仅一次，并且最终返回到起始点。TSP 问题在数学上的形式化描述是由爱尔兰数学家 W.R. Hamilton 和英国数学家 Thomas Kirkman 在 1800 年提出。

TSP 问题有许多的应用，比如基因（DNA）排序。DNA 的片段代表城市，DNA 片段间的相似度为城市之间的距离，目标是将 DNA 片段进行排序，得到总的相似度最小。TSP 问题在天文学中也有应用，天文学家通过天文望远镜观察天体中的行星和恒星，行星和恒星就代表 TSP 问题中的城市，城市间的距离则是天文望远镜从一个天体转向另一个天体的时间，要求规划一条观察天体的路径，使得天文望远镜转向时间最小。

解决 TSP 问题目前已知最快的算法是 Held-Karp 算法，该算法于 1962 年提出，其算法复杂度为 $O(n^2 2^n)$。

最大团问题

微信是腾讯公司开发的一款社交软件，通过该软件可以形成朋友圈。假如每一个人代表图中的一个点，如果两人相互认识，则图中对应的两点之间存在一条边。最大团问题，就是需要从给定图中找到最大的子集，该子集中的人彼此认识。图 12.3 中结点集 [5, 1, 2] 就是图中的最大团。

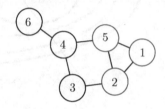

目前为止，已知的求解最大团问题最快的算法复杂度为 $O(1.1888^n)$，由 Robson 于 2001 年提出。

图 12.3　最大团问题

12.3　NPC 问题应用

如果遇到一个复杂的问题，利用已经学习的算法设计技术，尝试解决这个问题，但是却只能得到一个指数时间的算法。我们是继续钻研这个问题，并力图找到一个多项式时间的算法，还是放弃寻找更优化算法的尝试。如果放弃尝试，那我们的理由是什么？为了得到这个理由，我们需要先了解什么是决策问题。

12.3.1　决策问题

决策问题的定义非常简单，如果一个问题它的解要么是"正确"，要么是"错误"，那么这个问题就是一个决策问题。也就是说，问题的答案非此即彼。之前章节遇到的许多问题，都可以转化为决策问题。比如：

(1) 给定一个序列，该序列是递增序列吗？

(2) 给定一个扑克序列，是否存在满足"疯狂的 8"的序列，且该序列的长度小于 b。

(3) 给定一个背包问题，是否存在总价值至少为 V 的解？

(4) 给定一个带权重的图，是否存在一条从点 s 到点 t 的路径，使得该路径总的权重和小于 L。

(5) 给定一个带权重的图，是否存在一条 TSP 路径，使得该路径总的长度小于 C。

以上问题都是典型的决策问题。引入决策问题这一概念主要有两个原因。第一，任何的计算问题都可以转换为复杂度大致相等的决策问题。比如最大团问题，可以转换为判定是否存在一个比 k 还大的团这一决策问题。如果该决策问题的解确定了，就可以通过二分法来求解原问题。第二，有了决策问题，我们就可以对问题进行化约 (Reduction)。

12.3.2　问题的化约

为什么要对问题进行化约？回到我们前面的问题，对于问题 X 何时放弃尝试得到它的多项式算法？如果能找到这个问题 X 等价的复杂问题 Q，而 Q 问题是已经被证明了不能确定它是否有多项式时间算法。这时就有充分的理由，考虑放弃寻找 X 问题的多项式时间算法。找到 X 问题等价的问题 Q，就需要用到化约。

对于化约有以下两个重要的定理。第一个定理是：如果问题 L_1 可以在多项式时间化约到问题 L_2，L_2 存在多项式时间的算法，那么问题 L_1 也存在多项式时间算法。

这里需要注意的是，问题 L_2 的复杂度比问题 L_1 的复杂度高。比如求解一元一次方程的问题为 P_1，求解一元二次方程的问题为 P_2。可以从问题 P_1 化约到问题 P_2，只需要对问题 P_2 增加一项系数为 0 的二次项。显然，求解一元二次方程的算法要比求解一元一次方程复杂。并且，如果已知一元二次方程的求解算法，不难得到一元一次方程的求解算法。因此，问题 L_1 化约到问题 L_2，问题复杂度增加。

化约的第二个定理表明化约满足传递性。如果 L_1 可以化约到 L_2，L_2 可以化约到 L_3，那么就可以从 L_1 化约到 L_3。有了化约传递性的概念，我们自然会想到，能否将一个问题，不停地化约后得到一个复杂度最高的问题。按照化约的定理，只要解决了这个复杂度最高的问题，那么所有能化约到它的问题就自然有解了。是否存在能把所有问题都化约为它的问题，或者说是否存在能把所有 NP 问题都"吃掉"的问题？答案是存在，而且不止一个，这类问题就是 NPC 问题。为了介绍 NPC 问题，我们首先需要了解什么是NP 问题。

12.3.3　NP 问题

有了决策问题，我们就可以给出 NP 问题的定义。简单地说，NP（Nondeterministic Polynomial）问题就是能够在多项式时间确定其解是否正确的问题。需要注意的是，NP问题不是 Non-Polynomial 的缩写，也就是说 NP 问题不是多项式时间不能求解的问题。NP 的中文意思是多项式复杂程度的非确定性，它的意思是我们可以猜出一个解，然后在多项式时间内验证这个解是否正确。

一个 P 问题是不是 NP 问题呢？比如说对 n 个输入序列进行排序，这是一个 P 问题，可以在多项式时间求解。显然，排序问题也是 NP 问题，因为我们可以在 $O(n)$ 时间内验证排序问题的解是否正确，只需要依次比较各个数即可。因此，我们说 P 问题是NP 问题的子集，也就是说一个 P 问题它一定也属于 NP 问题。

对于给定一个带权重的图，是否存在一条 TSP 路径，使得该路径总的长度小于 C这一决策问题，它也属于 NP 问题。因为，同样可以在多项式时间验证问题给出的解是否正确。因此，对问题的分类便增加了一类新的问题集合，NP 问题（见图 12.4）。

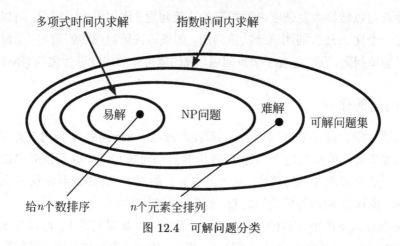

图 12.4　可解问题分类

前面举例的最大团问题、旅行商问题都是 NP 问题，因为它们都可以在多项式时间判定给定的解是否正确。那么有没有不属于 NP 问题的问题呢？给定图中是否不存在 Hamilton 回路这一问题就不属于 NP 问题。为了理解这个问题，我们首先介绍什么是 Hamilton 回路。

Hamilton 回路

这个问题由天文学家 Hamilton 提出。给定一个无向图，从图中的任意一点出发，路途中经过图中每一个结点当且仅当一次，则称为 Hamilton 回路（如图 12.5）。构成 Hamilton 回路要满足两个条件：

- 封闭的环；
- 是一个连通图，且图中任意两点可达。

如果问题是：给定一个无向图，求出一条 Hamilton 回路。这个问题是一个 NP 问题，因为可以根据 Hamilton 回路的定义，在多项式时间验证解是否正确。然而，如果问题是：图中是否不存在 Hamilton 回路？这个问题的解需要尝试图中所有路径，才能给出解，而尝试所有路径显然不能在多项式时间完成，因此这个问题不属于 NP 问题。

之所以引入 NP 问题，是因为通常只有 NP 问题才可能找到多项式的算法。我们不会指望一个连多项式验证其解都不行的问题，存在一个解决它的多项式的算法。

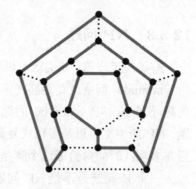

图 12.5　Hamilton 回路

12.3.4　NPC 问题

NPC（NP Complete）[①] 问题需要满足两个条件。首先，它是一个 NP 问题；其次，所有的 NP 问题都可以化约为它。因此，NPC 问题就是前面我们说的能"通吃"所有 NP

---

① NPC 是 D.Kuth 在 1973 年通过邮件投票的形式，最终选定的名字。

问题的问题。由定义我们知道以下两个事实：

- 如果能给出一个多项式算法求解一个 NPC 问题，意味着所有 NP 问题都有多项式时间算法；
- NPC 问题是 NP 问题集合中最难的问题。

1971 年，S.Cook 在计算机理论界一个非常著名的会议上宣布了布尔可满足性问题是一个 NPC 问题，他也因为这项工作而获得了 1982 年的图灵奖 [①]。另一位计算机理论科学家 R.Karp 随后证明了有 21 个问题是 NPC 问题，Karp 也因这项工作获得了 1985 年度的图灵奖。目前，已知的 NPC 问题有近 3000 个。

布尔可满足性问题

布尔表达式是由布尔变量和运算符（NOT，AND，OR）所构成的表达式。如果对于变量的某个 true，false 赋值，使得一个布尔表达式的值为 true，则该布尔表达式是可满足的。例如布尔公式 A = ((NOT x) AND y) OR (x AND (NOT z))；当 x = false，y = true，z = false 时，该布尔表达式值为 true，则表达式 A 就是可满足的。可满足性问题就是判定一个给定的合取范式的布尔公式是否是可满足的。

证明布尔可满足性问题是 NPC 问题的难点在于，如何证明所有的 NP 问题都可以化约为布尔可满足性问题。总不能列出所有的 NP 问题，然后一个个去进行化约。Cook 的证明巧妙的利用了图灵机，有兴趣的读者可以在 *The complexity of Theorem Proving Procedures* 这篇论文里面看到 Cook 精妙的证明技巧。

何时放弃

回到本节开始的问题。在遇到一个问题时，如果不能找到多项式时间算法，我们应该放弃吗？如果放弃继续耗费精力解决该问题，那么放弃的理由是什么？有了 NPC 问题的定义，我们就可以给出放弃的理由。如果该问题被证明是 NPC 问题，那么我们就有充足的理由放弃该问题。因为，目前还没有人能提出一个多项式时间算法求解 NPC 问题。

那么，该如何证明一个问题 Q 是 NPC 问题？简单地说，其主要步骤如下：

- 首先，证明该问题 Q 是一个 NP 问题；
- 选择一个已知的 NPC 问题 R；
- 证明该 NPC 问题 R 可以化约到问题 Q。

有趣的 NPC 问题

本章出现的 Hamilton 回路、最大团问题、布尔可满足性问题和旅行商问题都已经被证明了是 NPC 问题。而一些常见的游戏也属于 NPC 问题，比如数独游戏问题和扫雷问题。

数独问题是起源于日本的填数字游戏，使用 9×9 的格子。需要根据 9×9 盘面上的已知数字，推理出所有剩余空格的数字，并满足每一行、每一列、每一个粗线宫内的数字均含 $1 \sim 9$ 且不重复 (如图 12.6 所示)。

---

① 苏联科学家 Leonid Levin 也在 1972 年独立地证明了类似的定理。

5	3			7				
6			1	9	5			
	9	8					6	
8				6				3
4			8		3			1
7				2				6
	6					2	8	
			4	1	9			5
				8			7	9

5	3	4	6	7	8	9	1	2
6	7	2	1	9	5	3	4	8
1	9	8	3	4	2	5	6	7
8	5	9	7	6	1	4	2	3
4	2	6	8	5	3	7	9	1
7	1	3	9	2	4	8	5	6
9	6	1	5	3	7	2	8	4
2	8	7	4	1	9	6	3	5
3	4	5	2	8	6	1	7	9

图 12.6　数独游戏

微软的扫雷游戏也是 NPC 问题。游戏主区域由很多个方格组成，如图 12.7 所示。使用鼠标左键随机单击一个方格，方格即被打开并显示出方格中的数字；方格中数字则表示其周围的 8 个方格隐藏了几颗雷；如果点开的格子为空白格，即其周围有 0 颗雷，则其周围格子自动打开；如果其周围还有空白格，则会引发连锁反应；在你认为有雷的格子上，单击右键即可标记雷；如果一个已打开格子周围所有的雷已经正确标出，则可以在此格上同时单击鼠标左右键以打开其周围剩余的无雷格。

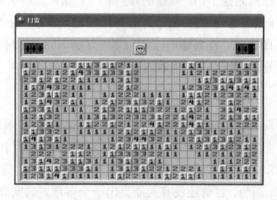

图 12.7　扫雷游戏

12.4　P 等于 NP 吗

如果说歌德巴赫猜想是数学王国的皇冠，那么 P=NP? 问题就是计算机科学王国的皇冠。有一个叫 Clay Math 的研究所，甚至悬赏 100 万美元给解决它的人。当然，这个研究所还悬赏了另外 6 个问题，它们分别是：

- 霍奇 (Hodge) 猜想
- 庞加莱 (Poincare) 猜想
- 黎曼 (Riemann) 假设
- 杨－米尔斯 (Yang-Mills) 存在性
- 纳维叶－斯托克斯 (Navier-Stokes) 方程的存在性与光滑性
- 贝赫 (Birch) 和斯维讷通－戴尔 (Swinnerton-Dyer) 猜想

其中，庞加莱 (Poincare) 猜想被俄罗斯数学家格里戈里·佩雷尔曼于 2003 年左右证明。2006 年，数学界最终确认佩雷尔曼的证明解决了庞加莱猜想。但是，令人意外的是佩雷尔曼拒绝领取 Clay Math 研究所的这 100 万美元奖金。

为什么 P=NP? 问题值得巨额悬赏？不妨设 P=NP 成立，因为 NPC 是 NP 的子集，那也意味着 P=NPC。NPC 问题是 NP 问题中复杂度最高的问题集合，其中每一个 NP 问题都可以在多项式时间化约到某个 NPC 问题。这意味着所有 NP 问题都有多项式时间的解。也许这样的描述读者还不一定清楚其中的意义，下面通过一些更具体的描述来表明，如果 P=NP 后会发生些什么有趣的变化。

- 一大批耳熟能详的游戏，如扫雷、俄罗斯方块、超级玛丽等，人们将为它们编写出高效的算法，使得电脑玩游戏的水平无人能及
- 整数规划、旅行商问题等许多运筹学中的难题会被高效地解决，这个方向的研究将提升到前所未有的高度
- 蛋白质的折叠问题也是一个 NPC 问题，新的算法无疑是生物与医学界的一个福音，对人类疾病预防和制药水平将会产生极大的促进
- 现实中用的好多加密算法，核心都是归结到 NP 不等于 P 上的。如果我们找到了多项式时间算法，很多密码的破解时间会被大大减少，现在的网银将不再安全

12.5　小结

P 问题是易解问题，可以找到多项式时间的算法来求解 P 问题。对于 NPC 问题，似乎目前还不能找到多项式时间算法。但是，这并不意味着 NPC 问题不可求解。大量的近似算法（Approximation Algorithm）能够保证结果与最优解的误差在某个固定范围。

近似算法的设计和普通的算法设计没有两样，可能用到贪心，也可能用到线性规划，它就是一个普通的算法。应用近似算法要求算法执行时间必须是多项式时间，这是因为我们牺牲准确度就是为了换取时间。另外一个常用的求解 NPC 问题的方法就是临域搜索和启发式搜索。本书并未涉及以上算法，感兴趣的读者可以参考 DP Williamson 写的《近似算法设计》一书。

NP 问题简单地说就是多项式时间可以验证解是否正确的问题，目前理论计算机界对于 P=NP? 并不能给出一个令人信服的证明。这意味着对于已知的近 3000 个 NPC 问题，我们并不知道是否存在多项式时间复杂度的算法去求解它们。

我们畅想了如果 P=NP 后的前景，它可能给我们的生活带来诸多便利，也会给生活带来许多隐患。它好比一柄双刃剑，掌握它的人类也许目前还没有足够的力量去利用好这柄双刃剑，这也许就是目前大部分计算机科学家都倾向于认为 P 问题不等于 NP 问题的原因吧。

课后习题

习题 12-1　NPC 问题就是很难的问题吗？说明理由。

习题 12-2　给出 NP 和 NPC 问题的区别。

习题 12-3　图的覆盖是一些顶点（或边）的集合，使得图中的每一条边（每一个顶点）都至少接触集合中的一个顶点（边）。寻找最小的顶点覆盖的问题称为顶点覆盖问题，它是一个 NPC 问题。请给出一个近似算法求解该问题。

习题 12-4　给出一个求解旅行商问题的近似算法。

索　引

代 码 列 表

参 考 文 献

[1] Cormen, Thomas, Charles Leiserson, Ronald Rivest, and Clifford Stein. Introduction to Algorithms(3rd ed). MIT Press, 2009.

[2] Sanjoy Dasgupta, Christos H. Papadimitriou, and Umesh Vazirani. Algorithms, McGrawHill, 2006.

[3] Jon Kleinberg and Eva Tardos. Algorithm Design. Addison-Wesley, 2005.

[4] Steven S. Skiena. The Algorithm Design Manual. Springer-Verlag, 1997.

[5] Jon Bentley. Programming Pearls. Applications of algorithm design techniques to software engineering. Addison-Wesley, 1986.

[6] Miller, Bradley N., and David L. Ranum. Problem Solving with Algorithms and Data Structures Using Python (SECOND EDITION). Franklin, Beedle & Associates Inc., 2011.

[7] Miller, B., Ranum, D., Elkner, J., Wentworth, P., Downey, A.B., Meyers, C. and Mitchell, D. Problem Solving with Algorithms and Data Structures. 2013.

[8] 邹恒明. 算法之道 [M]. 北京: 机械工业出版社, 2011.

[9] William J. Cook. In pursuit of the traveling salesman:Mathematics at the limits of computation. 北京: 人民邮电出版社, 2013.

[10] 王晓华. 算法的乐趣 [M]. 北京: 人民邮电出版社, 2015.

[11] Manber, Udi. Introduction to algorithms: a creative approach. Addison-Wesley Longman Publishing Co., Inc., 1989.

[12] Edmonds, Jeff. How to think about algorithms. Cambridge University Press, 2008.